21世纪全国应用型本科计算机案例型规划教材

# ASP.NET动态网页案例教程
# (C# .NET版)

主　编　江　红
副主编　余青松　杨锋英
参　编　刘会超　刘　珂

## 内 容 简 介

本书通过案例教学结合任务驱动的方式并采用 C#语言循序渐进地讲述基于 ASP.NET 的动态网页设计和开发技术，具体内容包括建立 ASP.NET 开发平台、创建 ASP.NET 页面、使用 ASP.NET 服务器控件创建表单、控制 ASP.NET 页面导航、使用 ASP.NET 验证控件检验表单、ASP.NET 复杂控件和用户控件、设计 ASP.NET Web 网站、Web 数据库操作基础、ASP.NET 数据源访问基础、ASP.NET 数据绑定控件的使用、ASP.NET 登录控件的使用、使用 ASP.NET 开发学生成绩管理系统、ASP.NET 应用程序的配置和部署、ASP.NET 应用程序的优化和调试、综合应用(网上书店)。本书选用的实例典型实用、可操作性强，讲解深入细致、分析清楚透彻，具有很强的可读性。

本书可作为高等院校相关专业的教材，也可作为基于 ASP.NET 的网页开发和网站建设与管理技术的培训教材，以及广大网站建设者、开发者、爱好者的自学参考用书。

**图书在版编目(CIP)数据**

ASP.NET 动态网页案例教程：C#.NET 版/江红主编. —北京：北京大学出版社，2012.9
(21 世纪全国应用型本科计算机案例型规划教材)
ISBN 978-7-301-20328-6

Ⅰ. ①A… Ⅱ. ①江… Ⅲ. ①网页制作工具—程序设计—高等学校—教材②C 语言—程序设计—高等学校—教材 Ⅳ. ①TP393.092②TP312

中国版本图书馆 CIP 数据核字(2012)第 197099 号

| | |
|---|---|
| 书　　　　名： | ASP.NET 动态网页案例教程(C#.NET 版) |
| 著作责任者： | 江　红　主编 |
| 策划编辑： | 郑　双 |
| 责任编辑： | 郑　双 |
| 标准书号： | ISBN 978-7-301-20328-6/TP·1238 |
| 出版者： | 北京大学出版社 |
| 地　　　址： | 北京市海淀区成府路 205 号　100871 |
| 网　　　址： | http://www.pup.cn　http://www.pup6.cn |
| 电　　　话： | 邮购部 62752015　发行部 62750672　编辑部 62750667　出版部 62754962 |
| 电子邮箱： | pup_6@163.com |
| 印刷者： | 北京鑫海金澳胶印有限公司 |
| 发行者： | 北京大学出版社 |
| 经销者： | 新华书店 |
| | 787 毫米×1092 毫米　16 开本　23.5 印张　537 千字 |
| | 2012 年 9 月第 1 版　　2012 年 9 月第 1 次印刷 |
| 定　　　价： | 45.00 元 |

未经许可，不得以任何方式复制或抄袭本书之部分或全部内容。
版权所有　侵权必究　　举报电话：010-62752024
电子邮箱：fd@pup.pku.edu.cn

# 21世纪全国应用型本科计算机案例型规划教材

## 专家编审委员会

(按姓名拼音顺序)

| | | | | |
|---|---|---|---|---|
| 主　任 | 刘瑞挺 | | | |
| 副主任 | 陈　钟 | 蒋宗礼 | | |
| 委　员 | 陈代武 | 房爱莲 | 胡巧多 | 黄贤英 |
| | 江　红 | 李　建 | 娄国焕 | 马秀峰 |
| | 祁亨年 | 王联国 | 汪新民 | 谢安俊 |
| | 解　凯 | 徐　苏 | 徐亚平 | 宣兆成 |
| | 姚喜妍 | 于永彦 | 张荣梅 | |

# 信息技术的案例型教材建设

## (代丛书序)

刘瑞挺

北京大学出版社第六事业部在 2005 年组织编写了《21 世纪全国应用型本科计算机系列实用规划教材》，至今已出版了 50 多种。这些教材出版后，在全国高校引起热烈反响，可谓初战告捷。这使北京大学出版社的计算机教材市场规模迅速扩大，编辑队伍茁壮成长，经济效益明显增强，与各类高校师生的关系更加密切。

2008 年 1 月北京大学出版社第六事业部在北京召开了"21 世纪全国应用型本科计算机案例型教材建设和教学研讨会"。这次会议为编写案例型教材做了深入的探讨和具体的部署，制定了详细的编写目的、丛书特色、内容要求和风格规范。在内容上强调面向应用、能力驱动、精选案例、严把质量；在风格上力求文字精练、脉络清晰、图表明快、版式新颖。这次会议吹响了提高教材质量第二战役的进军号。

案例型教材真能提高教学的质量吗？

是的。著名法国哲学家、数学家勒内·笛卡儿(Rene Descartes，1596—1650)说得好："由一个例子的考察，我们可以抽出一条规律。(From the consideration of an example we can form a rule.)"事实上，他发明的直角坐标系，正是通过生活实例而得到的灵感。据说是在 1619 年夏天，笛卡儿因病住进医院。中午他躺在病床上，苦苦思索一个数学问题时，忽然看到天花板上有一只苍蝇飞来飞去。当时天花板是用木条做成正方形的格子。笛卡儿发现，要说出这只苍蝇在天花板上的位置，只需说出苍蝇在天花板上的第几行和第几列。当苍蝇落在第四行、第五列的那个正方形时，可以用(4，5)来表示这个位置……由此他联想到可用类似的办法来描述一个点在平面上的位置。他高兴地跳下床，喊着"我找到了，找到了"，然而不小心把国际象棋撒了一地。当他的目光落到棋盘上时，又兴奋地一拍大腿："对，对，就是这个图"。笛卡儿锲而不舍的毅力，苦思冥想的钻研，使他开创了解析几何的新纪元。千百年来，代数与几何，井水不犯河水。17 世纪后，数学突飞猛进的发展，在很大程度上归功于笛卡儿坐标系和解析几何学的创立。

这个故事，听起来与阿基米德在浴缸洗澡而发现浮力原理，牛顿在苹果树下遇到苹果落到头上而发现万有引力定律，确有异曲同工之妙。这就证明，一个好的例子往往能激发灵感，由特殊到一般，联想出普遍的规律，即所谓的"一叶知秋"、"见微知著"的意思。

回顾计算机发明的历史，每一台机器、每一颗芯片、每一种操作系统、每一类编程语言、每一个算法、每一套软件、每一款外部设备，无不像闪光的珍珠串在一起。每个案例都闪烁着智慧的火花，是创新思想不竭的源泉。在计算机科学技术领域，这样的案例就像大海岸边的贝壳，俯拾皆是。

事实上，案例研究(Case Study)是现代科学广泛使用的一种方法。Case 包含的意义很广：包括 Example 例子，Instance 事例、示例，Actual State 实际状况，Circumstance 情况、事件、境遇，甚至 Project 项目、工程等。

我们知道在计算机的科学术语中，很多是直接来自日常生活的。例如 Computer 一词早在 1646 年就出现于古代英文字典中，但当时它的意义不是"计算机"而是"计算工人"，即专门从事简单计算的工人。同理，Printer 当时也是"印刷工人"而不是"打印机"。正是

由于这些"计算工人"和"印刷工人"常出现计算错误和印刷错误,才激发查尔斯·巴贝奇(Charles Babbage,1791—1871)设计了差分机和分析机,这是最早的专用计算机和通用计算机。这位英国剑桥大学数学教授、机械设计专家、经济学家和哲学家是国际公认的"计算机之父"。

20世纪40年代,人们还用Calculator表示计算机器。到电子计算机出现后,才用Computer表示计算机。此外,硬件(Hardware)和软件(Software)来自销售人员。总线(Bus)就是公共汽车或大巴,故障和排除故障源自格瑞斯·霍普(Grace Hopper,1906—1992)发现的"飞蛾子"(Bug)和"抓蛾子"或"抓虫子"(Debug)。其他如鼠标、菜单……不胜枚举。至于哲学家进餐问题,理发师睡觉问题更是操作系统文化中脍炙人口的经典。

以计算机为核心的信息技术,从一开始就与应用紧密结合。例如,ENIAC用于弹道曲线的计算,ARPANET用于资源共享以及核战争时的可靠通信。即使是非常抽象的图灵机模型,也受益于二战时图灵博士破译纳粹密码工作的关系。

在信息技术中,既有许多成功的案例,也有不少失败的案例;既有先成功而后失败的案例,也有先失败而后成功的案例。好好研究它们的成功经验和失败教训,对于编写案例型教材有重要的意义。

我国正在实现中华民族的伟大复兴,教育是民族振兴的基石。改革开放30年来,我国高等教育在数量上、规模上已有相当的发展。当前的重要任务是提高培养人才的质量,必须从学科知识的灌输转变为素质与能力的培养。应当指出,大学课堂在高新技术的武装下,利用PPT进行的"高速灌输"、"翻页宣科"有愈演愈烈的趋势,我们不能容忍用"技术"绑架教学,而是让教学工作乘信息技术的东风自由地飞翔。

本系列教材的编写,以学生就业所需的专业知识和操作技能为着眼点,在适度的基础知识与理论体系覆盖下,突出应用型、技能型教学的实用性和可操作性,强化案例教学。本套教材将会有机融入大量最新的示例、实例以及操作性较强的案例,力求提高教材的趣味性和实用性,打破传统教材自身知识框架的封闭性,强化实际操作的训练,使本系列教材做到"教师易教,学生乐学,技能实用"。有了广阔的应用背景,再造计算机案例型教材就有了基础。

我相信北京大学出版社在全国各地高校教师的积极支持下,精心设计,严格把关,一定能够建设出一批符合计算机应用型人才培养模式的、以案例型为创新点和兴奋点的精品教材,并且通过一体化设计、实现多种媒体有机结合的立体化教材,为各门计算机课程配齐电子教案、学习指导、习题解答、课程设计等辅导资料。让我们用锲而不舍的毅力,勤奋好学的钻研,向着共同的目标努力吧!

**刘瑞挺教授** 本系列教材编写指导委员会主任、全国高等院校计算机基础教育研究会副会长、中国计算机学会普及工作委员会顾问、教育部考试中心全国计算机应用技术证书考试委员会副主任、全国计算机等级考试顾问。曾任教育部理科计算机科学教学指导委员会委员、中国计算机学会教育培训委员会副主任、PC Magazine《个人电脑》总编辑、CHIP《新电脑》总顾问、清华大学《计算机教育》总策划。

# 前　言

随着 Internet 的发展，基于 B/S 架构的 Web 应用程序日趋普及。ASP.NET 作为 Microsoft Active Server Page（ASP）的后继产品，是目前最流行的开发动态网页的理想平台之一。本书采用 Microsoft Visual Studio 2010 作为开发工具。Microsoft Visual Studio 2010 集成了 ASP.NET Web 应用系统所需的开发环境和工具，可以帮助开发人员快速、高效地开发基于 ASP.NET 的动态网站。

本书共分 16 章：第 1 章介绍如何建立 ASP.NET 开发平台；第 2 章讲述如何创建 ASP.NET 页面；第 3 章讲述使用 ASP.NET 服务器控件创建表单；第 4 章讲述控制 ASP.NET 页面导航的各类方法；第 5 章讲述使用 ASP.NET 验证控件检验表单；第 6 章讲述 ASP.NET 用户控件和复杂控件的使用方法；第 7 章讲述如何设计 ASP.NET 网站；第 8 章介绍 Web 数据库操作基础；第 9 章讲述 ASP.NET 数据库访问基础；第 10 章和第 11 章深入阐述 ASP.NET 数据绑定控件的使用；第 12 章讲述 ASP.NET 登录控件的使用；第 13 章讲述如何使用 ASP.NET 开发学生成绩管理系统；第 14 章讲述 ASP.NET 应用程序的配置和部署；第 15 章讲述 ASP.NET 应用程序的优化和调试；第 16 章通过典型的电子商务网站——网上书店 ASP.NET 综合应用程序的设计与实现，使读者巩固前面章节学到的理论和技术。

本书每章通过针对本章内容的具有典型意义的实例的示范效果，详细地说明了章节的重要知识点。本书集"教材、上机指导、练习册"于一体，通过实例制作任务驱动的方式循序渐进地引出基于 ASP.NET 的动态网页设计和开发的基本操作方法、技巧和经验。本书选用的实例典型实用、可操作性强，讲解深入细致、分析清楚透彻，具有很强的可读性。

本书遵循理论与实践相结合的原则，力求由浅入深地阐述基于 ASP.NET 的动态网页的设计和开发技术。本书由浅入深、循序渐进、重点突出、通俗易学；形式新颖，采用"操作步骤＋图例显示"的讲解方式，为读者营造轻松愉快、明了清晰的学习环境，大大激发了读者的学习热情，提高读者的学习效率；各示例不是简单的罗列程序代码，而是借助 ASP.NET 设计界面自动生成代码的功能，尽量减少读者手工编程的繁琐。

本书涉及的各章节所有的源程序代码和相关素材，以及供教师参考的教学电子文稿均可以通过北京大学出版社第六事业部的网站(www.pup6.cn)下载，也可以通过 hjiang@cc.ecnu.edu.cn 直接与作者联系。

本书根据同类课程在各大高校的开设情况以及相关教材的使用情况进行了调研，通过较大范围的任课教师间的交流讨论和学生意见征询，对书中的内容进行了增删、调整、升级和完善，并强化了书中的习题（采用选择题、填空题、思考题和实践题等多种形式）。本书的第 1 章、第 2 章、第 5 章、第 8 章由华东师范大学江红编写，第 3 章、第 4 章、第 13 章由黄淮学院刘珂编写，第 6 章、第 7 章由黄淮学院刘会超编写，第 9 章、第 10 章、第 11 章由黄淮学院杨锋英编写，第 12 章、第 14 章、第 15 章、第 16 章由华东师范大学余青松编写。全书由江红主编并统稿。

由于时间和编者学识有限，书中难免有不足之处，敬请专家和读者批评指正。

编　者<br>2012 年 4 月

# 目 录

## 第1章 创建 ASP .NET 开发平台 ............ 1
任务1：建立 ASP.NET 的开发环境 .............. 3
  练习1：设置 Visual Studio 预定义
    开发环境 ...................................... 4
任务2：使用 Microsoft Visual Studio 2010
    快速创建 ASP.NET 应用程序 ......... 5
  练习2：使用 MSDN 帮助系统 ............... 9
任务3：使用 ASP.NET 在线视频教程 ......... 10
  练习3：使用 ASP.NET 学习资源 ......... 10
  练习4：使用 ASP.NET 示例网站 ......... 11
学习小结 ................................................... 12
习题 ........................................................... 12

## 第2章 创建 ASP .NET 页面 ................. 13
任务1：创建本地 ASP.NET 网站 ................ 15
  练习1：创建本地 ASP.NET
    空网站 ........................................ 17
  练习2：创建服务器 ASP.NET
    网站 ............................................ 18
  练习3：打开本地 ASP.NET 网站
    (独立练习) ................................. 19
任务2：创建简单的 ASP.NET 页面 ............ 20
  练习4：使用内嵌代码显示欢迎
    信息 ............................................ 22
任务3：处理控件事件 ................................ 23
  练习5：使用客户端脚本事件开发
    任务 ............................................ 24
任务4：处理页面事件 ................................ 25
  练习6：使用 Page.IsPostBack 属性
    求解两个随机数的乘积 ............. 27
任务5：创建邮件发送 ASP.NET 页面 ........ 29
  练习7：使用 ASP.NET 应用程序配置
    文件导入名称空间 ..................... 31
学习小结 ................................................... 32
习题 ........................................................... 33

## 第3章 使用 ASP .NET 服务器控件
##    创建表单 ..................................... 35
任务1：使用 ASP.NET 服务器基本控件
    设计表单程序 ................................ 38
  练习1：设计程序，实现姓名、性别、
    爱好的输入与显示 ..................... 40
任务2：用使 ASP.NET 服务器列表控件
    设计表单程序 ................................ 42
  练习2：使用列表控件实现信息的
    输入与输出 ................................ 44
任务3：控件 AutoPostBack 属性的使用 .... 46
  练习3：使用列表控件的 AutoPost
    Back 自动提交表单 ............... 47
任务4：用户注册程序 ................................ 49
学习小结 ................................................... 51
习题 ........................................................... 51

## 第4章 控制 ASP .NET 页面导航 ........... 53
任务1：使用 HTML 表单实现页面导航 ..... 55
  练习1：设计程序，实现姓名、性别
    的输入，利用表单导航，
    跳转到新的页面并输出 ........... 57
任务2：使用 ASP.NET 页面按钮实现页面
    导航 ............................................... 59
  练习2：使用 ImageMap 控件导航 .... 62
任务3：在服务器端控制页面导航 ........... 64
  练习3：使用服务器端代码 Server.
    Transfer、Server.Execute
    导航 ............................................ 66
任务4：在浏览器端控制页面导航 ............. 67
  练习4：使用<meta http-equiv=
    "refresh" content=";url=">
    导航 ............................................ 68
学习小结 ................................................... 69
习题 ........................................................... 70

## 第 5 章 使用 ASP .NET 验证控件检验表单 ...... 72

任务 1：使用必需验证控件验证用户登记信息 ...... 73
  练习 1：配置显示弹出式错误信息 ... 76
任务 2：使用正则表达式验证用户登记信息 ...... 77
  练习 2：使用正则表达式验证个人主页网址信息 ...... 80
任务 3：使用比较和范围验证控件验证拍卖商品信息 ...... 81
  练习 3：禁用商品信息页面的验证检查 ...... 85
任务 4：使用自定义验证控件验证商品说明信息 ...... 86
学习小结 ...... 89
习题 ...... 89

## 第 6 章 ASP .NET 复杂控件和用户控件 ...... 92

任务 1：使用 Calendar 控件添加标记 ...... 95
  练习 1：设计为特定日期添加备注信息的日历 ...... 98
任务 2：使用 FileUpload 控件上传文件 ...... 99
  练习 2：使用 FileUpload 控件上传用户文件并显示其大小 ...... 102
任务 3：使用 AdRotator 控件做广告 ...... 103
  练习 3：使用 AdRotator 控件显示多条广告 ...... 105
任务 4：设计按姓名或学号查询的程序 ... 106
  练习 4：使用 MultiView 控件和 View 控件实现导航操作 ...... 109
任务 5：使用 Wizard 控件实现会员注册 ... 112
  练习 5：使用 Wizard 控件实现免费邮箱申请操作 ...... 115
任务 6：创建并使用用户控件 ...... 115
  练习 6：使用用户控件实现用户登录 ...... 118
学习小结 ...... 119
习题 ...... 119

## 第 7 章 设计 ASP .NET Web 网站 ...... 122

任务 1：创建内容页，并在内容页中引用母版页 ...... 126
  练习 1：设计 1 个母版页并利用母版页设计网站 ...... 129
任务 2：使用站点地图文件作为数据源实现 TreeView 导航 ...... 130
  练习 2：使用 XML 文件作为数据源实现 Menu 导航 ...... 133
任务 3：创建并使用主题外观文件 ...... 136
  练习 3：设计登录页面，使用外观文件设置控件外观 ...... 138
任务 4：在主题中创建并使用 CSS 文件 ... 139
  练习 4：将自动生成的 CSS 样式表应用于网页 ...... 143
学习小结 ...... 146
习题 ...... 146

## 第 8 章 Web 数据库操作基础 ...... 150

任务 1：使用 Microsoft Visual Studio 2010 图形界面创建 SQL 网上书店数据库 ...... 154
任务 2：使用 sqlcmd 命令行创建 SQL 教务数据库 ...... 156
  练习 1：修改数据表 Exam 的结构信息 ...... 158
任务 3：自动创建完整的网上商店数据库 ...... 159
  练习 2：重新创建完整的教务数据库 (独立练习) ...... 160
任务 4：使用 Microsoft Visual Studio 2010 图形界面查询数据表 Exam 的信息 ...... 160
  练习 3：使用 sqlcmd 命令行实用程序查询数据表 Exam 的信息 ... 161
  练习 4：查询网上书店数据库的信息 ...... 163
任务 5：更新数据表 Exam 的记录信息 ... 164
学习小结 ...... 165
习题 ...... 168

# 目 录

## 第 9 章 ASP .NET 数据源访问基础 ...... 171
任务 1：使用 Connection 对象连接 SQL Server 数据库 ...... 175
　　练习 1：使用 SqlConnection()对象连接 WebJWDB 数据库 ...... 177
任务 2：使用 Command 对象与 DataReader 对象实现学生成绩信息的查询 ... 177
　　练习 2：使用 Command 对象与 DataReader 对象实现图书信息查询 ...... 179
任务 3：使用 Command 对象维护学生成绩表 ...... 179
　　练习 3：使用 Command 对象实现对库 WebBookshopDB 中 Categories 表进行添加、修改和删除操作 ...... 184
任务 4：DataAdapter 对象和 DataSet 对象结合使用实现读取库 WebJWDB 中 Exam 表的数据 ...... 185
　　练习 4：DataAdapter 对象和 DataSet 对象结合使用实现读取 WebBookshopDB 数据库中 Book 表的数据 ...... 187
任务 5：DataAdapter 对象和 DataSet 对象结合使用进行数据维护操作 ...... 187
　　练习 5：DataAdapter 对象和 DataSet 对象结合使用维护图书分类库中的数据 ...... 192
任务 6：Command 对象实现利用存储过程访问数据库 ...... 192
　　练习 6：创建一个基于图书分类表的查询存储过程，并返回查询结果 ...... 194
任务 7：创建一个事务对两个不同数据表进行操作 ...... 195
　　练习 7：创建一个事务删除同一数据源内两个不同数据表的某一行记录 ...... 197
学习小结 ...... 198
习题 ...... 198

## 第 10 章 ASP .NET 数据绑定控件的使用(1) ...... 201
任务 1：使用 SqlDataSource 控件连接数据库 ...... 203
　　练习 1：使用 SqlDataSource 控件连接 WebBookshopDB 数据库 ...... 206
任务 2：使用 DropDownList 控件，绑定显示数据 ...... 207
　　练习 2：使用 ListBox 控件，绑定显示数据 ...... 209
　　练习 3：使用 RadioButtonList 控件，绑定显示数据 ...... 211
　　练习 4：使用 CheckBoxList 控件，绑定显示数据 ...... 212
　　练习 5：使用 BulletedList 控件，绑定显示数据 ...... 213
任务 3：使用 GridView 控件维护学生成绩表 ...... 214
　　练习 6：使用 GridView 控件实现数据绑定，并显示用户表中的所有数据 ...... 219
任务 4：使用 DetailsView 控件维护学生成绩表 ...... 219
　　练习 7：使用 DetailsView 控件显示用户表中数据 ...... 222
学习小结 ...... 222
习题 ...... 223

## 第 11 章 ASP .NET 数据绑定控件的使用(2) ...... 225
任务 1：使用 DataList 控件实现对 Exam 表的数据绑定，并对表中数据执行显示、修改、删除等操作 .... 226
　　练习 1：使用 DataList 控件实现对 Exam 表的数据绑定，并显示表中的所有数据 ...... 232
任务 2：使用 Repeater 控件实现对 Exam 表的数据绑定，并显示表中所有

　　　　　　　数据 ............................................. 233
　　　　练习 2：使用 Repeater 控件绑定
　　　　　　　Categories 表并将表中数据
　　　　　　　按自定义样式显示 .............. 236
　　　任务 3：使用 FormView 控件绑定 Exam
　　　　　　　表，并显示表中指定字段的全部
　　　　　　　数据 ............................................. 237
　　　　练习 3：使用 FormView 控件绑定
　　　　　　　Exam 表并实现将输入数据
　　　　　　　插入到 Exam 表中 ............... 238
　　　任务 4：使用 ListView 控件绑定 Exam 表并
　　　　　　　实现对 Exam 表的数据显示、
　　　　　　　更新、插入及删除操作 ............... 239
　　　　练习 4：使用 ListView 控件绑定
　　　　　　　Books 表并实现对表中
　　　　　　　数据的显示、更新、插入及
　　　　　　　删除操作 ................................ 243
　　学习小结 ................................................... 245
　　习题 ........................................................... 246
第 12 章　ASP .NET 登录控件的
　　　　　使用 ........................................... 249
　　　任务 1：使用 CreateUserWizard 控件创建
　　　　　　　注册页面 ................................ 251
　　　任务 2：使用 Login 控件创建登录页面 ....253
　　　　练习 1：使用 LoginView 控件检测
　　　　　　　用户身份 ................................ 255
　　　任务 3：使用 ChangePassword 控件创建
　　　　　　　密码修改页面 ........................ 257
　　　　练习 2：使用 PasswordRecovery 控件
　　　　　　　创建密码恢复页面 ................ 258
　　　任务 4：使用角色管理器控制页面访问
　　　　　　　授权 ........................................ 261
　　　　练习 3：使用编程方式检查登录
　　　　　　　用户的权限 ............................ 265
　　学习小结 ................................................... 267
　　习题 ........................................................... 267
第 13 章　使用 ASP .NET 开发学生成绩
　　　　　管理系统 ................................... 269
　　　任务 1：创建主页：登录页面 ............. 270

　　　　练习 1：完善登录页面的功能 ......... 273
　　　任务 2：创建母版页 ............................. 274
　　　　练习 2：使用母版页创建主菜单
　　　　　　　页面 ........................................ 278
　　　任务 3：使用母版页创建教师查询学生
　　　　　　　信息页面 ................................ 279
　　　　练习 3：使用母版页创建学生查询
　　　　　　　自己信息页面 ........................ 283
　　　任务 4：使用母版页创建教师修改学生成绩
　　　　　　　页面 ........................................ 285
　　　　练习 4：使用母版页创建教师增加
　　　　　　　学生成绩页面 ........................ 290
　　　任务 5：使用母版页创建教师删除学生成绩
　　　　　　　页面 ........................................ 294
　　　　练习 5：使用母版页创建无权访问
　　　　　　　信息提示页面 ........................ 297
　　学习小结 ................................................... 298
　　习题 ........................................................... 299
第 14 章　ASP .NET 应用程序的配置和
　　　　　部署 ........................................... 300
　　　任务 1：创建 ASP.NET 应用程序默认
　　　　　　　主页 ........................................ 302
　　　任务 2：创建 ASP.NET 应用程序访问
　　　　　　　计数器 .................................... 305
　　　　练习 1：显示 ASP.NET 应用程序
　　　　　　　计数 ........................................ 306
　　　任务 3：使用 ASP.NET 配置文件设定应用
　　　　　　　程序自定义字符串 ................ 307
　　　任务 4：配置 ASP.NET 的安全 ........... 309
　　　任务 5：发布和测试学生成绩管理
　　　　　　　系统 ASP.NET 应用程序 ........... 311
　　　　练习 2：利用复制网站在 wwwroot 中
　　　　　　　发布和测试学生成绩管理
　　　　　　　系统 ASP.NET 应用程序 ....313
　　学习小结 ................................................... 314
　　习题 ........................................................... 315
第 15 章　ASP .NET 应用程序的优化和
　　　　　调试 ........................................... 316
　　　任务 1：使用页面输出缓存调整 ASP.NET
　　　　　　　应用程序性能 ........................ 318

## 目　录

任务 2：跟踪和监视 ASP.NET 应用
　　　　程序.................................................320
　　练习 1：配置错误定位与修改.........321
　　练习 2：分析器错误定位与修改.....322
　　练习 3：编译错误定位与修改.........323
　　练习 4：运行错误定位与修改.........324
任务 3：使用 try...catch...finally 进行错误
　　　　处理.................................................325
　　练习 5：错误页面重定向.................326
任务 4：使用断点单步调试 ASP.NET 应用
　　　　程序.................................................328
学习小结...............................................................329
习题.......................................................................331

## 第 16 章　综合应用：网上书店................332

任务 1：自动创建完整的网上书店
　　　　数据库.............................................334
任务 2：创建网上书店母版页.....................334
　　练习 1：创建网上书店默认主页.....338

任务 3：创建网上书店用户注册页面........339
　　练习 2：创建网上书店用户登录
　　　　　　页面.....................................341
　　练习 3：使用 ASP.NET 配置文件设定
　　　　　　授权页面.............................342
任务 4：创建网上书店书籍一览页面........343
　　练习 4：创建网上书店书籍详细信息
　　　　　　页面(独立练习).....................347
任务 5：创建网上书店书籍信息查询
　　　　页面.................................................
　　　　　　页面.................................349
任务 6：创建网上书店购物车管理页面...351
　　练习 5：创建网上书店添加到
　　　　　　购物车页面.........................353
任务 7：发布和测试网上书店 ASP.NET
　　　　应用程序.........................................355
学习小结...............................................................355

## 参考文献...................................................356

第 1 章

# 创建 ASP .NET 开发平台

**通过本章您将学习：**

- ASP .NET 的运行和开发环境要求
- 建立 ASP .NET 的运行环境
- 建立 ASP .NET 的开发环境
- 浏览 ASP .NET 快速入门教程
- 使用 Microsoft Visual Studio 2010 快速创建 ASP .NET 应用程序
- 使用 MSDN 帮助系统
- 使用 ASP .NET 在线视频教程

(1) ASP .NET 为开发动态 Web 应用程序提供基础结构。ASP .NET 作为 Microsoft Active Server Page(ASP)的后继产品，是开发 Web 应用系统的理想平台。

(2) Microsoft .NET Framework 是支持生成和运行下一代应用程序和 XML Web Services 的 Windows 组件，提供了托管执行环境、简化的开发和部署以及与各种编程语言的集成。

(3) Microsoft .NET Framework 包括公共语言运行库和.NET Framework 类库。

① 公共语言运行库(Common Language Runtime，CLR)，又称为公共语言运行环境，是.NET Framework 的基础。运行库作为执行时管理代码的代理，提供了内存管理、线程管理和远程处理等核心服务，并且还强制实施严格的类型安全检查，以提高代码的准确性。

② .NET Framework 类库(.NET Framework Class Library，.NET FCL)是一个与公共语言运行库紧密集成、综合性的、面向对象的类型集合，使用该类库，可以高效率开发各种应用程序，包括控制台应用程序、Windows GUI 应用程序(Windows 窗体)、ASP .NET Web 应用程序、XML Web Services、Windows 服务等。

(4) ASP .NET 应用程序的结构如图 1-1 所示。这是典型的 B/S 架构：Web 客户端(浏览器 Browser)通过 Microsoft Internet 信息服务(IIS)与 ASP .NET 应用程序通信，大多数 Web 应用程序使用数据库服务器存储数据。

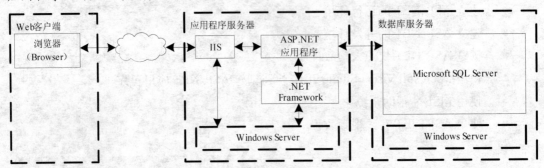

图 1-1　ASP .NET 应用程序的结构

(5) 典型的.NET Framework 运行环境包括下列组件。

① Windows Server。例如，Windows Server 2003/Windows Server 2008。

② Microsoft Internet 信息服务(IIS)。Windows Server 组件之一，一般情况下，安装 Windows Server 系统时默认情况下不会自动安装 IIS，在控制面板中双击【添加/删除程序】图标，打开【添加/删除程序】窗口，单击【添加/删除 Windows 组件】按钮，打开【Windows 组件向导】对话框，在其中安装 Windows 的 IIS 组件。

③ .NET Framework 可再发行组件包和.NET Framework 语言包。.NET Framework 可再发行组件包支持使用.NET Framework 开发的程序的运行。.NET Framework 语言包支持本地化信息文本(如错误信息)的显示，每种语言对应 1 个语言包，可以同时安装多个语言包。

④ Microsoft SQL Server。Microsoft SQL Server 是目前最流行的关系数据库平台之一。Microsoft SQL Server 是用于大规模联机事务处理(OLTP)、数据仓库和电子商务应用的数据库和数据分析平台。Microsoft SQL Server 与.NET Framework 紧密集成，可以构建完备的基于.NET Framework 的企业级应用。

(6) 如果安装 .NET Framework 前操作系统没有安装 IIS,则当安装 .NET Framework 后,再安装 IIS 时,需要手工配置 IIS 支持 ASP .NET 运行环境,以激活 ASP .NET 功能。

(7) Visual Studio 是开发 .NET 应用程序的一套完整的开发工具集,集设计、编辑、运行、调试等多种功能于一体的集成开发环境(IDE)。

(8) 本书使用下列软件组成一个完整的、基于 .NET 的 Web 应用系统的开发运行环境。
① Windows 7 Professional,并安装了 IIS。
② Microsoft .NET Framework 4.0。
③ Microsoft SQL Server 2008 Express Edition。
④ Microsoft Visual Studio 2010 Professional Edition。
⑤ Microsoft Internet Explorer 8.0。
⑥ Microsoft Access。

(9) ASP .NET 的官方网站 http://www.ASP.NET 包含大量的关于 ASP .NET 的教程、技术文档、样例文件和各种控件。读者可以访问该网站,学习和了解有关 ASP .NET 的最新信息。

(10) 进入本书的正式学习之前,需在 C 盘根目录下建立一个名为 ASP .NET 的工作目录;本书学习过程中的所有程序文件将保存于此。

(11) 本书所需要的配套素材包,可到前言所指明的网址去下载。

## 任务 1:建立 ASP .NET 的开发环境

**操作任务:**

Microsoft Visual Studio 2010 提供一套完整的 .NET 应用程序开发工具集,安装的主要组件包括以下几项。

(1) 安装 Microsoft .NET Framework 4.0。
(2) 安装 Microsoft .NET Framework 4.0 语言包—简体中文。
(3) 安装 Microsoft Visual Studio 2010。
(4) 安装 Microsoft SQL Server 2008 Express Edition。

**操作提示:**

运行 Microsoft Visual Studio 2010 安装文件 setup.exe,根据安装向导的提示完成 Visual Studio 2010 功能和所需组件的安装过程。

**操作小结:**

(1) 常用的 .NET Framework 开发环境包括以下两项。

① .NET Framework SDK。Microsoft 公司提供了 .NET Framework 软件开发工具包 SDK。SDK 包括开发人员编写、生成、测试和部署 .NET Framework 应用程序时所需要的一切,如文档、示例以及命令行工具和编译器等。

② Microsoft Visual Studio。Microsoft Visual Studio 是开发 .NET 应用程序的一套完整的开发工具集,用于生成 ASP .NET Web 应用程序、XML Web Services、桌面应用程序和移动应用程序。Visual Studio 2010 支持 4 种内置的开发语言:Visual Basic、Visual C++、Visual C#

和 Visual F#，它们使用相同的集成开发环境 IDE，因而有助于创建混合语言解决方案。

(2) Microsoft Visual Studio 2010 自带了一个内置的 Web 服务器，可方便基于 ASP .NET 的 Web 应用系统开发。

(3) Microsoft Visual Studio 2010 包括下列产品系列。

① Visual Studio 2010 Professional：面向开发人员，是执行基本开发任务的重要工具，可简化在各种平台上创建、调试和开发应用程序的过程。自带对测试驱动开发的集成支持以及调试工具，以帮助提供高质量的解决方案。

② Visual Studio 2010 Premium：面向个人或团队，是一个功能全面的工具集，可简化应用程序开发过程，支持交付可扩展的高质量应用程序。

③ Visual Studio 2010 Ultimate：面向企业级软件开发团队，是一个综合性的应用程序生命周期管理工具套件，可供团队用于确保从设计到部署的整个过程都能取得较高质量的结果。

④ Visual Studio 2010 Test Professional：面向质量保障团队，是质量保障团队的专用工具集，可简化测试规划和手动测试执行过程。Test Professional 与开发人员的 Visual Studio 软件配合运行，可在整个应用程序开发生命周期内实现开发人员和测试人员之间的高效协作。

⑤ Visual Studio 2010 Express Edition：面向学习目的和个人的免费开发软件，其中包括以下几项。

➢ Visual Web Developer 2010 Express：用于开发 Web 应用的开发环境。

➢ Visual Basic 2010 Express Edition：基于 Visual Basic.NET 的开发环境，适用于初学者，可以提供理想的开发效率。

➢ Visual C# 2010 Express Edition：基于 Visual C#的开发环境，提供开发能力与开发效率的完美结合。

➢ Visual C++ 2010 Express Edition：基于 Visual C++的开发环境，相比其他 Express 产品，它提供了更强大的开发能力，以及更为出色灵活地控制力。

(4) Microsoft Visual Studio 2010 专业版(试用版)，可以到 Microsoft 站点下载并安装 90 天试用版(http://go.microsoft.com/?linkid=9734837)。

练习 1：设置 Visual Studio 预定义开发环境

**开发任务：**

恢复 Visual Studio 的开发环境为预定义的"Web 开发"设置集合。

**操作步骤：**

(1) 运行 Visual Studio 应用程序。选择【开始】→【所有程序】→【Microsoft Visual Studio 2010】→【Microsoft Visual Studio 2010】命令，启动 Visual Studio。

(2) 选择【工具】→【导入和导出设置】命令。

(3) 打开"导入与导出设置向导"对话框，选择【重置所有设置】单选按钮，单击【下一步】按钮。

(4) 选择【否，仅重置设置，从而覆盖我的当前设置】单选按钮，单击【下一步】按钮。

(5) 在【要重置为哪个设置集合(W)?】列表中选择【Web 开发】。

(6) 单击【完成】按钮，重置完成后单击【关闭】按钮关闭向导。

## 任务 2：使用 Microsoft Visual Studio 2010 快速创建 ASP .NET 应用程序

**操作任务：**

创建 ASP .NET 页面 Task2.aspx，显示 Access 范例数据库 Northwind 中产品表的内容，运行效果(按【库存量】降序排序)如图 1-2 所示。

图 1-2 显示产品数据表的内容

(1) 分页显示记录信息，并且 1 页只显示 6 行记录。
(2) 数据表各字段具有自动排序功能。

**操作提示：**

(1) 本书的素材包中提供 Access 的范例数据库 Northwind(FPNWIND.MDB)。
(2) 使用 Microsoft Visual Studio 2010 的【服务器资源管理器】窗口建立与 Access 提供的范例数据库 Northwind(FPNWIND.MDB)的连接，执行针对该数据库的操作，断开与该数据库的连接。

**操作步骤：**

(1) 运行 Microsoft Visual Studio 2010 应用程序。Microsoft Visual Studio 2010 启动后的初始界面如图 1-3 所示。

图 1-3 Microsoft Visual Studio 2010 的初始界面

(2) 添加数据库连接。在 Microsoft Visual Studio 2010 的【服务器资源管理器】窗口中，单击连接到数据库按钮 以添加数据库连接。

(3) 选择数据源。在随后打开的【添加连接】对话框中单击【更改】按钮，打开【更改数据源】对话框，选择【Microsoft Access 数据库文件】，如图 1-4 所示，然后单击【确定】按钮。

（4）连接到 Northwind 数据库。回到【添加连接】对话框，单击【浏览】按钮，选择要连接到的 Access 数据库文件名：FPNWIND.MDB；确保登录到数据库的用户名和密码正确；然后单击【确定】按钮，如图 1-5 所示，连接到 Northwind 数据库。

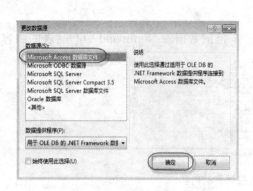
图 1-4　选择数据源

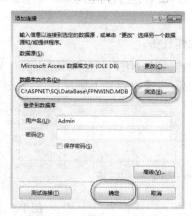
图 1-5　连接到 Northwind 数据库

（5）查看 Northwind 数据库的表清单。在【服务器资源管理器】窗口中展开所创建的数据库连接；然后展开其【表】清单，如图 1-6 所示。

（6）浏览数据表结构信息。在 Northwind 数据表清单中双击【产品】，展开其结构信息，如图 1-7 所示，单击某个字段名称(如"产品 ID")，在其下的【属性】面板中将显示该字段的具体属性信息。

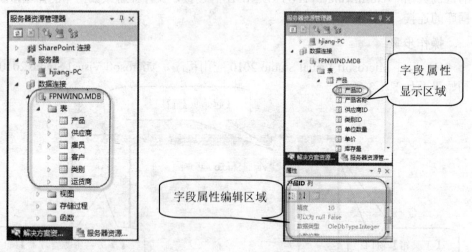
图 1-6　查看 Northwind 数据库的表清单　　图 1-7　浏览数据表结构信息

（7）浏览数据表内容。在 Northwind 数据表清单中右击【产品】，在弹出的快捷菜单中选择【检索数据】命令，显示该表所有的记录信息，如图 1-8 所示。

（8）新建 ASP .NET 网站。选择【文件】→【新建网站】命令，打开【新建网站】对话框，选择【Visual C#】语言类型和【ASP .NET 空网站】模板；【位置】处保持默认设置"文件系统"，并在其后的文本框中输入网站位置："C:\ASPNET\Chapter01"；【语言】处保持默认设置"Visual C#"；单击【确定】按钮，将 C:\ASPNET\Chapter01 创建为 ASP .NET 网站。

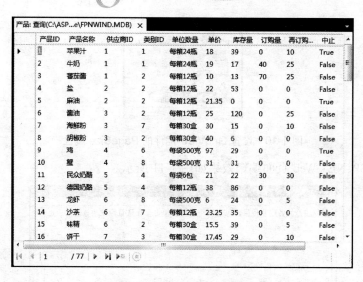

图 1-8 浏览数据表记录信息

(9) 新建 Web 窗体。选择【文件】→【新建文件】命令，或者单击常用工具栏上的添加新项按钮，或者在【解决方案资源管理器】中，右击网站"C:\ASPNET\Chapter01"，在弹出的快捷菜单中选择【添加新项】命令，打开【添加新项】对话框，选择【Web 窗体】中选择模板；在【名称】文本框中输入"Task2.aspx"；取消勾选【将代码放在单独的文件中】复选框，以使 Web 窗体的标记和代码位于同一个.aspx 文件中。单击【添加】按钮，在 C:\ASPNET\Chapter01 网站中创建 1 个名为 Task2.aspx 的 ASP .NET Web 窗体。

(10) 设计 Web 窗体。单击【设计】标签，切换到设计视图，从【服务器资源管理器】窗口中将产品数据表拖动到 ASP .NET 设计页面，系统将在设计界面上自动生成显示产品数据表记录内容的 GridView 控件。

① 单击 GridView 控件右上角的智能标记，打开 GridView 控件的【GridView 任务】菜单，勾选【启用分页】和【启用排序】复选框，如图 1-9 所示。

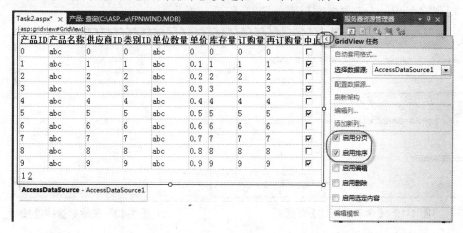

图 1-9 启用 GridView 控件的分页和排序功能

②选中 GridView 控件，在【属性】面板中设置 GridView 控件的 PageSize 属性为"6"，如图 1-10 所示。

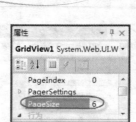

图 1-10 设置 GridView 控件的 PageSize 属性

最后的 ASP .NET Web 页面编辑效果如图 1-11 所示。

图 1-11 Task2.aspx 的设计界面

(11) 保存并运行 Task2.aspx Web 窗体。分别通过单击 Microsoft Visual Studio 2010 工具栏的保存按钮和启动调试按钮，保存并运行 ASP .NET Web 页面。在随后打开的【未启用调试】对话框中，如图 1-12 所示，采用默认设置(即"修改 Web.config 文件以启用调试")，并单击【确定】按钮，则启动 ASP .NET Development Server。

(12) 删除数据库连接。在【服务器资源管理器】窗口的树形显示结构中，右击"ACCESS.C:\ASPNET\SQLDatabase\FPNWIND.MDB"数据库节点，在弹出的快捷菜单中选择【删除】命令，如图 1-13 所示。在随后打开的移除数据库连接确认对话框中单击【是】按钮，则删除 Northwind 数据库与服务器的连接。

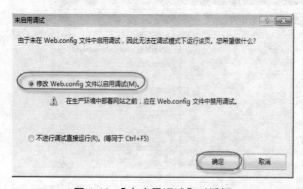

图 1-12 【未启用调试】对话框

图 1-13 删除数据库连接

**操作小结：**

(1) 使用 Microsoft Visual Studio 2010 的【服务器资源管理器】窗口对数据库操作之前，首先建立与 SQL Server 服务器上数据库或者其他数据源(如 Access 数据库)的连接。

(2) 在【服务器资源管理器】窗口的树形显示结构中，右击某个数据库节点，在弹出的快捷菜单中选择【关闭连接】命令，在随后打开的关闭数据库连接确认对话框中单击【是】按钮，则可以暂时关闭该数据库与服务器的连接。

(3) 使用 Microsoft Visual Studio 2010 可以方便地创建功能丰富的数据库应用程序。

(4) 在如图 1-12 所示的【未启用调试】对话框中，有两个选项。

① 修改 Web.config 文件以启用调试：系统会自动修改 Web.config 文件，在<compilation>标记中添加 "debug="true"" 的属性代码，从而以调试的方式运行程序。

② 不进行调试直接运行：不修改 Web.config 文件，直接以非调试方式运行程序。

(5) 当第一次使用 ASP .NET Development Server 运行 Web 应用程序时，才会打开【未启用调试】对话框和 ASP .NET Development Server 系统图标启动提示状态。

**练习 2：使用 MSDN 帮助系统**

**操作任务：**

使用 MSDN 帮助系统。

**操作步骤：**

(1) 打开本地 ASP .NET Web 网站：C:\ASPNET\Chapter01。

(2) 双击 Task2.aspx，切换到【代码】视图。

(3) 鼠标指针定位到 GridView，按 F1 键，查看有关 GridView 的帮助信息，如图 1-14 所示。

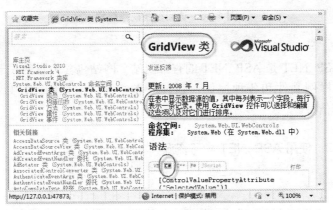

图 1-14  GridView 的帮助信息

**操作小结：**

(1) 使用 Visual Studio 开发.NET Framework 应用程序，涉及大量的主题信息，包括开发语言本身(如 C#语言)、.NET Framework 以及 Visual Studio 本身的使用。Visual Studio 提供的完备的帮助系统，包括基本概念、类库参考、示例代码等，读者应该充分利用。

(2) 在 Visual Studio 中按 F1 键便可查看帮助信息。可以使用本地安装的"帮助"文件，也可以使用 MSDN Online 和其他联机资源获得"帮助"信息。

## 任务 3：使用 ASP .NET 在线视频教程

**操作任务：**

访问 http://www.ASP .NET 网站，使用在线教程学习 ASP .NET 程序设计。

**操作步骤：**

访问在线视频教程。在 http://www.ASP .NET/web-forms 中通过单击"Essential Videos"部分中的超链接，如图 1-15 所示，访问各在线教程。

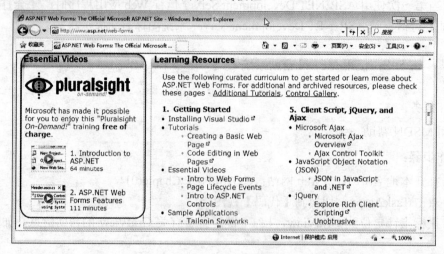

图 1-15　访问在线视频教程

**操作小结：**

http://www.ASP .NET 是 ASP .NET 的官方网站。网站包含大量的关于 ASP .NET 的教程、技术文档、样例文件和各种控件。建议读者经常访问该网站，以学习和了解有关 ASP .NET 的最新信息。

练习 3：使用 ASP .NET 学习资源

**操作任务：**

访问 http://www.ASP .NET 网站，使用在线资源学习 ASP .NET 程序设计。

**操作步骤：**

在 http://www.ASP .NET/web-forms 中通过"Learning Resources"中的超链接，如图 1-16 所示，访问各在线教程。

**操作小结：**

http://www.ASP .NET/web-forms 提供了有关 ASP .NET Web 窗体的学习资源。建议读者学习相关内容，访问该网站的相关资源，以增强对有关知识的理解。

图 1-16　访问在线学习资源

 练习 4：使用 ASP .NET 示例网站

**操作任务：**

访问 http://www.ASP .NET 网站，使用 ASP .NET 示例网站。

**操作步骤：**

在 http://www.ASP .NET/community/projects#jm_starter_kits_and_samples 中下载或访问 ASP .NET 示例网站，如图 1-17 所示。

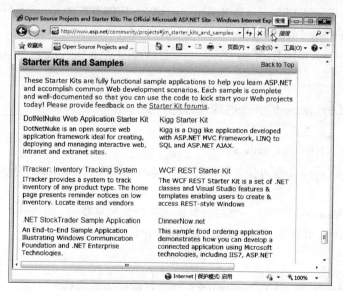

图 1-17　ASP .NET 示例网站

**操作小结：**

微软网站提供了一些 ASP .NET 的示例网站。这些网站既可以用于 ASP .NET 的应用学习，用户也可以在此基础上进行定制，从而快速地实现一些常用 ASP .NET 应用程序。

## 学习小结

通过本章您学习了：
(1) Microsoft .NET Framework 基本概念。
(2) .NET Framework 包含的主要组件。
(3) 创建 ASP .NET 的运行环境。
(4) 创建 ASP .NET 的开发环境。
(5) 使用 Microsoft Visual Studio 2010 快速创建 ASP .NET 应用程序。
(6) 使用在线教程学习 ASP .NET 程序设计。

## 习题

一、单选题

1. 下列 Visual Studio 版本中，_____属于面向学习目的的免费开发软件。
   A. Visual Studio 2010 Ultimate　　　　B. Visual Studio 2010 Professional
   C. Visual Studio 2010 Express　　　　 D. Visual Studio 2010 Test Professional
2. 下列 Visual Studio Express 版本中，用于 Web 应用开发的是_____。
   A. Visual Basic 2010 Express　　　　 B. Visual C# 2010 Express
   C. Visual C++ 2010 Express　　　　　 D. Visual Web Developer 2010 Express

二、填空题

1. 使用.NET Framework 开发的应用程序种类包括_____、_____、_____、_____和_____等。
2. Microsoft .NET Framework 包括_____和_____。
3. 公共语言运行库又称为公共语言运行环境，是.NET Framework 的基础，其英文缩写为_____。
4. .NET Framework 类库是一个与公共语言运行库紧密集成、综合性的面向对象的类型集合，使用该类库，可以高效率开发各种应用程序，其英文缩写为_____。

三、思考题

1. 什么是 Microsoft .NET Framework？它包括哪些主要组件？
2. 常用的.NET Framework 开发环境有哪些？
3. 如何建立.NET Framework 开发环境？
4. ASP .NET 的运行环境包含哪些组件？
5. 如何建立 ASP .NET 的运行环境？
6. 如何使用 Microsoft Visual Studio 2010 快速创建 ASP .NET 应用程序？
7. 如何使用在线教程学习 ASP .NET 程序设计？

# 第 2 章

# 创建 ASP .NET 页面

通过本章您将学习：

- ASP .NET Web 应用程序的构成
- ASP .NET 页面基本概念
- 创建 ASP .NET 网站
- 创建简单的 ASP .NET 页面
- 处理 ASP .NET 控件事件
- 处理 ASP .NET 页面事件
- 理解 ASP .NET 页面的构成元素

## 学习入门

(1) ASP .NET 是建立在公共语言运行库上的编程框架，可用于在服务器上生成功能强大的 Web 应用程序。

(2) 所谓 ASP .NET Web 应用程序就是基于 ASP .NET 创建的 Web 网站。一个 ASP .NET Web 应用程序(网站)是由页、控件、代码模块和服务组成的集合，所有这四个组成部分均在一个 Web 服务器应用程序目录(通常是 IIS)下运行。

(3) ASP .NET 提供了一种基于.NET Framework 的简单编程模型，使用多种内置控件和服务可以高效地创建各种 Internet 应用程序方案。

(4) ASP .NET 页是采用.aspx 文件扩展名的文本文件。页由代码和标记组成，并在服务器上动态编译和执行以呈现给发出请求的客户端浏览器。它们可部署在 IIS 虚拟根目录树中。当浏览器客户端请求.aspx 资源时，ASP .NET 运行库会对目标文件进行分析并将其编译为.NET Framework 类，然后可以使用此类动态处理传入的请求。

(5) 只需获取现有的 HTML 文件并将该文件的扩展名更改为.aspx(不需要对代码进行任何修改)，就可以创建一个 ASP .NET 页。

(6) ASP .NET 页面不需要手工编译，而是在页面被调用的时候，由 CLR 自行决定是否编译。一般来说，下面两种情况下，ASP .NET 会被重新编译：

① ASP .NET 页面第一次被浏览器请求；
② ASP .NET 被改写。

(7) 由于 ASP .NET 页面可以被编译，所以 ASP .NET 页面具有与组件一样的性能。这就使得 ASP .NET 页面比同样功能的 ASP 页面快许多。

(8) ASP .NET 的 Web 页面处理过程和所有的服务器端进程一样，当 ASPX 页面被客户端请求时，页面的服务器端代码被执行，执行结果被送回到浏览器端。ASP .NET 的架构会自动处理浏览器提交的表单，把各个表单域的输入值变成对象的属性，使用户可以像访问对象属性那样访问客户的输入；它还把客户的点击映射到不同的服务器端事件。

(9) ASP .NET 提供与现有 ASP 页的语法兼容性。例如，支持在.aspx 文件内与 HTML 内容混合的<%  %>代码块。这些代码块在页面调用时按由上而下的方式执行。

(10) ASP .NET 页开发人员还可使用 ASP .NET 服务器控件编写 Web 页代码。服务器控件在.aspx 文件内由自定义标记或包含 runat="server"属性值的内部 HTML 标记声明。使用 ASP .NET 提供的内置服务器控件，或第三方生成的控件，可以创建复杂灵活的用户界面，大幅度减少了生成动态网页所需的代码量。

(11) 每个 ASP .NET 服务器控件都能公开包含属性、方法和事件的对象模型。ASP .NET 开发人员可以编程处理服务器控件事件，使用对象模型修改页以及与页进行交互。

(12) ASP .NET 页框架还公开了各种页级事件，可以处理这些事件以编写要在页处理过程中的某个特定时刻执行的代码。

(13) ASP .NET 是.NET Framework 的一部分，可以使用.NET Framework 类库。.NET Framework 的类由名称空间组成层次结构。

(14) 使用 Import 指令将命名空间显式导入 ASP .NET 应用程序文件中，可以使导入的命名空间的所有类和接口可用于文件，而无须使用全限定名称。导入的命名空间可以是 .NET Framework 类库或用户定义的命名空间的一部分。

(15) ASP .NET 应用程序可以包括一个特殊的文件 Global.asax，该文件必须位于 ASP .NET 应用程序的根目录下。在 Global.asax 文件中，可以定义应用程序作用范围的事件处理过程，或定义应用程序作用范围的对象。

(16) 在 Web 应用程序运行时，ASP .NET 将维护有关当前应用程序、每个用户会话、当前 HTTP 请求、请求的 Web 窗体页等的信息。

(17) Page 类与扩展名为 .aspx 的文件相关联。这些文件在运行时编译为 Page 对象，并缓存在服务器内存中。ASP .NET 页框架包含一系列封装此上下文信息的类。用户可以通过使用这些类的实例访问 ASP .NET 的内置对象。

(18) ASP .NET 4.0 平台目前提供对以下两种语言的内置支持：C#和 Visual Basic。本教程采用 C#作为范例代码语言。

(19) ASP .NET 提供两个用于管理可视元素和代码的模型：单文件页模型和代码隐藏页模型。单文件页模型和代码隐藏页模型的功能与性能相同。当页面和代码的编写分工不同时，适于采用代码隐藏页模型。其他情况则采用单文件页模型。

① 单文件页模型的标记和代码位于同一个以 .aspx 为扩展名的文件，其中编程代码位于 script 块中，该块包含 runat="server" 属性；

② 代码隐藏页模型的标记位于一个以 .aspx 文件，而编程代码则位于另一个以 .aspx.cs 为扩展名的文件(使用 C#.NET 编程语言时)。

(20) 本教程采用单文件页模型，即标记和代码位于同一个以 .aspx 为扩展名的文件中。

## 任务 1：创建本地 ASP .NET 网站

**操作任务**：

创建本地 ASP .NET 网站：C:\ASPNET\Chapter02A。

**操作步骤**：

(1) 运行 Microsoft Visual Studio 2010 应用程序。

(2) 新建 ASP .NET 网站。选择【文件】→【新建网站】，打开【新建网站】对话框，选择【Visval C#】语言类型的【ASP .NET 网站】模板；【位置】处保持默认设置"文件系统"，并在其后的文本框中输入网站位置"C:\ASPNET\Chapter02A"；【语言】处保持默认设置"Visual C#"；单击【确定】按钮，如图 2-1 所示。

(3) 系统将在 C:\ASPNET\Chapter02A 网站中自动创建 Account、App_Data、Scripts 和 Styles 文件夹以及 About.aspx、Default.aspx、Global.asax、Site.master 和 Web.config 文件，如图 2-2 所示。

(4) 观察代码。系统为 Default.aspx ASP .NET 页面自动生成如下代码：

```
<%@ Page Title=" 主页 " Language="C#" MasterPageFile="~/Site.master" AutoEventWireup="true"
```

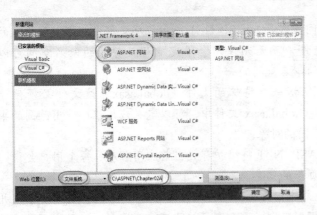

图 2-1　新建本地 ASP .NET 网站　　　　图 2-2　C:\ASPNET\Chapter02A 网站内容

```
    CodeFile="Default.aspx.cs" Inherits="_Default" %>
<asp:Content ID="HeaderContent" runat="server" ContentPlaceHolderID=
"HeadContent">
</asp:Content>
<asp:Content ID="BodyContent" runat="server" ContentPlaceHolderID=
"MainContent">
    <h2>
        欢迎使用 ASP .NET！
    </h2>
    <p>
        若要了解关于 ASP .NET 的详细信息，请访问 <a href="http://www.ASP .NET/cn"
title="ASP .NET 网站">www.ASP .NET/cn</a>。
    </p>
    <p>
        您还可以找到 <a href="http://go.microsoft.com/fwlink/?LinkID=152368"
        title="MSDN ASP .NET 文档">MSDN 上有关 ASP .NET 的文档</a>。
    </p>
</asp:Content>
```

**操作小结：**

（1）ASP .NET 应用程序需要在 Web 服务器上运行，Visual Studio 包含一个内置的 Web 服务器，可以用于开发和调试 ASP .NET 应用程序。本任务创建的基于文件系统的 ASP .NET 网站即使用 Visual Studio 2010 内置的 Web 服务器。

（2）默认主页为包含一个服务器表单控件的空白页面。

（3）默认情况下，Visual Studio 2010 应用程序创建的默认主页是代码隐藏页模型，即页面的编写在 Default.aspx 文件中，而代码的编写则在 Default.aspx.cs 文件中。

（4）本教程一般采用单文件页模型，即标记和代码位于同一个以 .aspx 为扩展名的文件中。

（5）创建符合 XHTML 标准的网页。XHTML 是将 HTML 定义为 XML 文档的 WWW 联合会(W3C)标准，可以保证页中的元素都采用了正确的格式。创建符合 XHTML 标准的页在所有浏览器中具有一致的呈现格式。

（6）ASP .NET Web 应用程序一般包含在一个目录中，其中包含各种类型的 ASP .NET 文件、配置文件、资源文件以及子目录。ASP .NET 保留了下列用于特定类型的文件夹名称。

➢ App_Data：包含应用程序数据文件，如 MDF 文件、XML 文件和其他数据存储文件。ASP .NET 使用 App_Data 文件夹存储用于维护成员和角色信息的应用程序的本地数据库。

➢ App_Themes：包含用于定义 ASP .NET 网页和控件外观的文件集合(SKIN 和 CSS 文件以及图像文件和一般资源)。

➢ App_Browsers：包含 ASP .NET 用于标志个别浏览器并确定其功能的浏览器定义(BROWSER)文件。

➢ App_Code：包含作为应用程序一部分进行编译的实用工具类和业务对象(CS、VB 文件)的源代码。

➢ App_GlobalResources：包含编译到具有全局范围的程序集中的资源(RESX 和 RESOURCES 文件)。

➢ App_LocalResources：包含与应用程序中的特定页、用户控件或母版页关联的资源(RESX 和 RESOURCES 文件)。

➢ App_WebReferences：包含用于定义在应用程序中使用的 Web 引用的引用协定文件(WSDL 文件)、架构(XSD 文件)和发现文档文件(DISCO 和 DISCOMAP 文件)。

➢ Bin：包含要在应用程序中引用的控件、组件或其他代码的已编译程序集(DLL 文件)。

(7) 使用 Visual Studio，可以创建 ASP .NET Web 网站或 ASP .NET Web 应用程序项目。其中 ASP .NET Web 网站可以位于本地文件系统、本地 IIS、FTP 网站或远程 IIS。

(8) 默认情况下，ASP .NET Web 网站模板(本地文件系统)包括以下内容。

➢ Account 文件夹：包含成员资格页面。

➢ App_Data 文件夹：包含用于成员资格的数据文件，它被授予允许 ASP .NET 在运行时读写该文件夹的权限。

➢ Scripts 文件夹：包含客户端脚本文件。

➢ Styles 文件夹：包含级联样式表文件。

➢ Site.master：母版页。

➢ Default.aspx：默认主页。

➢ About.aspx：关于信息 Web 页面。

➢ Global.asax：全局应用程序类文件。

➢ Web.config：网站配置文件。

 练习 1：创建本地 ASP NET 空网站

**开发任务：**

创建本地 ASP .NET 空网站 C:\ASPNET\Chapter02。

**操作步骤：**

(1) 新建 ASP .NET 空网站。选择【文件】→【新建网站】命令，打开【新建网站】对话框，选择【Visval C#】语言类型的【ASP .NET 空网站】模板；【位置】处保持默认设置"文件系统"，并在其后的文本框中输入网站位置："C:\ASPNET\Chapter02"；【语言】处保持默认设置"Visual C#"；单击【确定】按钮，如图 2-3 所示。

(2) 系统将在 C:\ASPNET\Chapter02 中自动创建文件，如图 2-4 所示。

图 2-3　新建本地 ASP .NET 空网站　　　　图 2-4　C:\ASPNET\Chapter02 网站内容

　**练习 2：创建服务器 ASP .NET 网站**

**开发任务：**

在本地计算机(localhost)的 IIS 服务器上创建 1 个名为 Chapter02B 的 ASP .NET 网站。

**操作步骤：**

(1) 新建 ASP .NET 网站。选择【文件】→【新建网站】命令，打开【新建网站】对话框，选择【Visual C#】语言类型的【ASP .NET 网站】模板；在【位置】下拉列表中选择"HTTP"；【语言】处保持默认设置"Visual C#"；在【名称】文本框中输入"http://localhost/Chapter02B"；单击【确定】按钮，如图 2-5 所示，系统将在 localhost(本地)服务器上创建 1 个名为 Chapter02B 的 ASP .NET 网站。

(2) 系统将在服务器 ASP .NET 网站中自动创建 Account、App_Data、Scripts 和 Styles 文件夹以及 About.aspx、Default.aspx、Global.asax、Site.master 和 Web.config 文件，如图 2-6 所示。

图 2-5　新建服务器 ASP .NET 网站　　　　图 2-6　服务器网站内容

(3) 观察服务器网站的位置信息。默认情况下，系统将所创建的服务器 ASP .NET 网站置于 IIS 默认 Web 站点主目录下，如图 2-7 所示，Chapter02B 服务器 ASP .NET 网站位于"C:\Inetpub\wwwroot"文件夹中。

第 2 章 创建 ASP .NET 页面

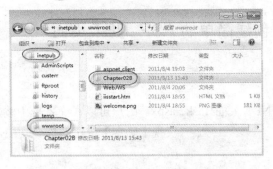

图 2-7 服务器网站的位置信息

 练习 3：打开本地 ASP .NET 网站(独立练习)

**开发任务：**

重新打开本地 ASP .NET 网站：C:\ASPNET\Chapter02。

**操作步骤：**

自行完成。

**操作小结：**

打开本地 ASP .NET 网站有以下 4 种方法。

① 在【起始页】窗口中单击最近处理的网站，如图 2-8 所示，即可重新打开 ASP .NET 网站。

② 选择【文件】→【打开网站】命令，打开【打开网站】对话框，如图 2-9 所示，选择所需打开的网站。

图 2-8 【起始页】对话框　　　　　图 2-9 【打开网站】对话框

③ 选择【文件】→【最近使用的项目和解决方案】命令，选择所需打开的网站。

④ 选择【视图】→【起始页】命令，可以打开【起始页】窗口。

## 任务 2：创建简单的 ASP .NET 页面

**开发任务：**

创建简单的 ASP .NET 页面 Task2.aspx。用户可以在文本框中输入姓名。本任务暂时未实现【确定】按钮的提交功能，故运行效果如图 2-10 所示。

图 2-10 Task2.aspx 的运行效果

**解决方案：**

该 ASP .NET Web 页面使用表 2-1 所示的 Web 服务器控件完成指定的开发任务。

表 2-1 Task2.aspx 的页面控件

| 类 型 | ID | 说 明 |
| --- | --- | --- |
| Label | Label1 | 输入信息标签 |
| TextBox | Name | 姓名文本框 |
| Button | Button1 | 确定按钮 |
| Label | Message | 信息显示标签 |

**操作步骤：**

(1) 打开本地 ASP .NET 网站：C:\ASPNET\Chapter02。

(2) 新建 ASP .NET 页面。在【解决方案资源管理器】窗口中，右击网站"C:\ASPNET\Chapter02"，在弹出的快捷菜单中选择【添加新项】命令，打开【添加新项】对话框，选择【Visual C#】语言类型的【Web 窗体】模板，在【名称】文本框中输入文件的名称：Task2.aspx；取消勾选【将代码放在单独的文件中】复选框，以使 ASP .NET 页面的标记和代码位于同一个 ASPX 文件中，如图 2-11 所示。单击【添加】按钮，在 C:\ASPNET\Chapter02 网站中创建 1 个名为 Task2.aspx 的 ASP .NET 页面。

(3) 设计 ASP .NET 页面。单击【设计】标签，在【标准】工具箱中分别将 2 个 Label 控件、1 个 TextBox 控件、1 个 Button 控件拖动到 ASP .NET 设计页面。最后 1 个 Label 控件与其他 3 个控件之间按 Enter 键以分隔，如图 2-12 所示。

图 2-11 新建 ASP .NET 页面

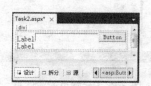

图 2-12 Task2.aspx 初始设计页面

(4) 观察代码。在文档窗口底部单击【源】标签，切换到源代码视图，观察以上 4 个拖放(drag-and-drop)操作后系统自动生成的代码。

```
<%@ Page Language="C#" %>
<!DOCTYPE html PUBLIC "-//W3C//DTD XHTML 1.0 Transitional//EN" "http://www.
w3.org/TR/xhtml1/DTD/xhtml1-transitional.dtd">
<script runat="server">
</script>
<html xmlns="http://www.w3.org/1999/xhtml">
<head runat="server">
    <title></title>
</head>
<body>
    <form id="form1" runat="server">
    <div>
        <asp:Label ID="Label1" runat="server" Text="Label"></asp:Label>
        <asp:TextBox ID="TextBox1" runat="server"></asp:TextBox>
        <asp:Button ID="Button1" runat="server" Text="Button" />
        <br />
        <asp:Label ID="Label2" runat="server" Text="Label"></asp:Label>
    </div>
    </form>
</body>
</html>
```

(5) 在文档窗口底部单击【设计】标签，切换到设计视图，分别在【属性】面板中修改各控件属性。

① 设置输入信息 Label 的字体为加粗、大小为 Medium、文本内容为"请输入您的姓名："。如图 2-13(a)所示。

② TextBox 的 ID 改为 "Name" 如图 2-13(b)所示。

③ Button 的文本内容为 "确定"，如图 2-13(c)所示。

④ 信息显示 Label 的文本内容为空、ID 改为 "Message" 如图 2-13(d)所示。

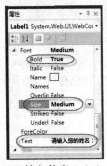   

(a)输入信息 Label　　(b)姓名 TextBox　　(c)确定 Button　　(d)信息显示 Label

图 2-13　修改各控件属性

最后的 ASP .NET 页面编辑结果如图 2-14 所示。

(6) 保存并运行 Task2.aspx ASP .NET 页面。分别单击 Microsoft Visual Studio 常用工具栏的保存按钮和启动调试按钮，保存并运行 ASP .NET 页面。在随后打开的【未启用调试】对话框中，采用默认设置（即"修改 Web.config 文件以启用调试"），并单击【确定】按钮，则启动 ASP .NET Development Server。

图 2-14　Task2.aspx 最终设计页面

**操作小结：**

(1) Label(标签)控件用于用户在页面的设定位置显示文本。

(2) TextBox(文本框)控件用于用户在页面的设定位置输入文本信息。TextBox 控件的文本模式(TextMode)默认是 1 个单行的文本框。

练习 4：使用内嵌代码显示欢迎信息

**开发任务：**

在任务 2 的基础上，增加如下功能：先显示系统当前的日期和时间，然后从小到大依次显示 7 行 "Welcome to ASP .NET" 的欢迎信息，7 行文字的字体大小依次是 1～7 号，运行效果如图 2-15 所示。

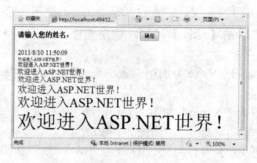

图 2-15　Exercise3.aspx 的运行效果

**操作提示：**

(1) 将任务 2 生成的 Task2.aspx 另存为 Exercise4.aspx，并打开 Exercise4.aspx。

(2) 加入内嵌代码。切换到代码视图，在 Exercise4.aspx 页面的 HTML 代码中加入如下粗体阴影的内嵌代码。

```
<body>
    <form id="form1" runat="server">
    <div>

        <asp:Label ID="Label1" runat="server" Font-Bold="True" Font-Size="Medium"
            Text="请输入您的姓名："></asp:Label>
        <asp:TextBox ID="Name" runat="server"></asp:TextBox>
        <asp:Button ID="Button1" runat="server" Text="确定" />
        <br />
        <asp:Label ID="Message" runat="server"></asp:Label>
```

```
            <br />
        <% =DateTime.Now %>
        <br />
        <% int i;
           for (i = 1; i <= 7; i++)
           {%>
        <font size="<%=i%>">欢迎进入ASP .NET 世界！</font>
        <br />
        <%} %>
    </div>
    </form>
</body>
```

(3) 保存并运行 Exercise4.aspx。

## 任务 3：处理控件事件

**开发任务：**

完善任务 2 的功能，当用户在文本框中输入姓名后，单击【确定】按钮，页面即显示所输入的姓名和欢迎信息，运行效果如图 2-16 所示。

图 2-16　处理控件事件 Task3.aspx 的运行效果

**操作步骤：**

(1) 将任务 2 生成的 Task2.aspx 另存为 Task3.aspx，并打开 Task3.aspx。

(2) 生成按钮事件。在设计窗口双击 ASP .NET 设计页面的【确定】Button 控件，系统将自动生成 1 个名为"Button1_Click"的 ASP .NET 事件函数，同时打开代码编辑窗口。

(3) 加入按钮 Click 事件的处理代码。在"Button1_Click"的 ASP .NET 事件函数的 body 中加入如下粗体阴影语句，以在 Message Label 中显示欢迎信息。

```
protected void Button1_Click(object sender, EventArgs e)
{
    Message.Text = Name.Text + " 您好,欢迎进入ASP .NET 世界！";
}
```

(4) 保存并运行 Task3.aspx。

**操作小结：**

(1) Button(按钮)控件提供命令按钮样式的控件，用于将 Web 窗体页面回发给服务器。

(2) 通过将 1 个子例程与事件相关联，就可以处理控件引发的事件，如本任务中的按钮 Click 事件。

(3) ASP .NET 控件事件函数在页面顶部的<script runat="server">标记中声明。
(4) "Button1_Click" 的 ASP .NET 事件函数有两个参数：
① 第 1 个参数的类型为 Object，这个参数判断触发该事件函数的是哪个对象，并且做出相应的响应；
② 第 2 个参数是 EventArgs 参数，其中包含被引发的事件所特有的信息。对于 Button 控件而言，EventArgs 参数没有任何属性。而对于诸如 ImageButton 控件而言，其 EventArgs 参数则包含按钮所点击位置的像素坐标。

### 练习 5：使用客户端脚本事件开发任务

**开发任务：**

在任务 3 的基础上，增加如下功能：当用户未在文本框中输入姓名，即单击【确定】按钮时，页面将弹出"请输入您的姓名！"提示对话框，运行效果如图 2-17 所示。

**操作步骤：**

(1) 将任务 3 生成的 Task3.aspx 另存为 Exercise5.aspx，并打开 Exercise5.aspx。
(2) 设置按钮 OnClientClick 属性。在文档窗口底部单击【设计】标签，切换到设计视图，在【属性】面板中设置按钮控件的 OnClientClick 属性，如图 2-18 所示，输入 "return Check()"。

图 2-17 Exercise5.aspx 的运行效果

图 2-18 设置按钮 OnClientClick 属性

(3) 加入按钮 OnClientClick 事件的 Check( )处理代码。在文档窗口底部单击【源】标签，切换到源代码视图，在<head>标记对中加入如下粗体阴影语句，当用户未在文本框中输入姓名，单击【确定】按钮时，页面将弹出"请输入您的姓名！"的提示对话框，并返回 false。

```
<head runat="server">
    <title>无标题页</title>
    <script type="text/javascript">
    function Check()
    {
        if (document.forms[0].Name.value=="") {
            alert("请输入您的姓名！")
            return false
        }
    }
    </script>
</head>
```

(4) 保存并运行 Exercise5.aspx。

**操作小结：**

(1) 使用客户端脚本事件，比服务器端脚本事件具有更好的响应速度，但由于其存在着安全隐患，在 ASP.NET 中一般建议使用服务器端脚本事件编写应用程序逻辑。

(2) 客户端脚本一般在浏览器中运行，使用 JavaScript 编程语言。客户端脚本记述在 <head> 标记对中。

(3) Button 控件的 OnClick 属性指向服务器端事件处理程序，而 OnClientClick 属性指向客户端事件处理程序。

(4) 使用 "return Check( )"，保证 Check( ) 事件返回 false 时，中断事件处理程序的执行。

## 任务 4：处理页面事件

**开发任务：**

创建 ASP.NET 页面 Task4.aspx，测试 ASP.NET Web 页面的处理过程。运行效果如图 2-19 所示。

**解决方案：**

该 ASP.NET Web 页面使用表 2-2 所示的 Web 窗体控件完成指定的开发任务。

表 2-2  Task4.aspx 的页面控件

| 类 型 | ID | 说 明 |
| --- | --- | --- |
| Label | Message | 输入信息标签 |

**操作步骤：**

(1) 新建 ASP.NET 页面。在【解决方案资源管理器】中，右击网站 "C:\ASPNET\Chapter02"，在弹出的快捷菜单中选择【添加新项】命令，打开【添加新项】对话框，选择【Visual C#】语言类型的【Web 窗体】模板，在【名称】文本框中输入文件的名称：Task4.aspx，单击【添加】按钮，在 C:\ASPNET\Chapter02 网站中创建 1 个名为 Task4.aspx 的 ASP.NET 页面。

(2) 设计 ASP.NET 页面。单击【设计】标签，在【标准】工具箱中将 1 个 Label 控件拖动到 ASP.NET 设计页面。

(3) 在【属性】面板中修改信息显示 Label 控件的属性：文本内容为空、ID 改为 Message。最后的设计效果如图 2-20 所示。

图 2-19  Task4.aspx 的运行效果

图 2-20  Task4.aspx 页面的设计效果

(4) 生成 Page_Load 事件代码。在设计视图中，双击页面空白处，自动生成页面的主事件 Load 的处理过程"Page_Load"；在源视图中，在"Page_Load"事件函数体中加入如下粗体阴影代码，以在 Label1 控件中以列表形式显示页面 Load 事件信息。

```
protected void Page_Load(object sender, EventArgs e)
{
    Message.Text &= "<li>页面载入中……"
}
```

(5) 手工添加其他页面事件代码。在源视图中，在"Page_Load"事件函数后面，手工添加如下粗体阴影代码，以在 Label1 控件中以列表形式显示各页面事件的提示信息。

```
protected void Page_Init(object sender, EventArgs e)
{
    Message.Text += "<li> 页面初始化……";
}
protected void Page_PreInit(object sender, EventArgs e)
{
    Message.Text += "<li> 页面预初始化……";
}
protected void Page_PreRender(object sender, EventArgs e)
{
    Message.Text += "<li> 页面预呈现中……";
}
protected void Page_Unload(object sender, EventArgs e)
{
    Message.Text += "<li> 页面卸载中……";
}
```

(6) 保存并运行 Task4.aspx。

**操作小结：**

(1) Web 页面处理过程如下：

① 当 ASPX 页面被客户端请求时，页面的服务器端代码被执行，执行结果被送回到浏览器端；

② 当用户对 Server Control 的一次操作(如 Button 控件的 OnClick 事件)，就可能引起页面的一次往返处理：页面被提交到服务器端，执行响应的事件处理代码，重建页面，然后返回到客户端；

③ 页面处理时，常用的代码一般编写在 Page_Load 事件处理中。根据 IsPostBack 属性判定页面是否为第一次被请求，并执行一些只需要在页面第一次被请求时进行的操作；

④ 然后，依次处理各种控件的事件，如 Button 控件的 OnClick 事件。

(2) 页面事件处理的顺序一般为：

① PreInit，在页初始化开始时发生；

② Init，在初始化控件时发生；

③ InitComplete，在页初始化完成时发生；

④ PreLoad，在页 Load 事件之前发生；
⑤ Load，服务器控件加载到 Page 控件中时发生；
⑥ LoadComplete，在页 Load 事件完成时发生；
⑦ PreRender，服务器控件将要呈现给其包含的 Page 控件时发生；
⑧ PreRenderComplete，在呈现页内容之前发生；
⑨ SaveStateComplete，在页已完成对页和页上控件的所有视图状态和控件状态信息的保存后发生；
⑩ Unload，当服务器控件从内存中卸载时发生。

**练习 6：使用 Page.IsPostBack 属性求解两个随机数的乘积**

**开发任务：**

创建 ASP .NET 页面 Exercise6.aspx，求解两个随机数(1~10 之间的随机整数，包含 1 和 10)的乘积。通过使用 Page_Load 事件的 IsPostBack 属性，使得第一个随机数在页面第一次被请求时赋初值(但其后一直保持不变)，而第二个随机数在每次装载页面时均随机生成。

(1) 第一次运行时，单击【求解】按钮，页面显示效果如图 2-21(a)所示。
(2) 可以任意次地生成随机数，单击【求解】按钮，求解两个随机数的乘积。

注意：第一个随机数在页面第一次被请求时赋 1 个随机值后，其后不会改变(如图 2-20(a) 所示，第 1 个随机数为 2)；而第 2 个随机数在每次单击【求解】按钮时均随机生成。第 n(>1) 次运行时页面显示效果如图 2-21(b)所示。

 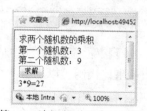

(a) 第 1 次运行时两个随机数的乘积　　(b) 第 n(>1)次运行时两个随机数的乘积

图 2-21　Exercise6.aspx 的运行效果

**开发目的：**

使用 Page_Load 事件的 IsPostBack 属性。

**解决方案：**

该 ASP .NET Web 页面使用表 2-3 所示的 Web 服务器控件完成指定的开发任务。

表 2-3　Exercise6.aspx 的页面控件

| 类　　型 | ID | 说　　明 |
| --- | --- | --- |
| Label | Label1 | 第 1 个随机数(Text 为空) |
| Label | Label2 | 第 2 个随机数(Text 为空) |
| Button | Button1 | 乘积求解按钮 |
| Label | Label3 | 乘积结果显示标签(Text 为空) |

**操作提示：**

(1) 新建 ASP .NET 页面。在【解决方案资源管理器】窗口中，右击网站"C:\ASPNET\Chapter02"，在弹出的快捷菜单中选择【添加新项】命令，打开【添加新项】对话框，选择【Visual C#】语言类型的【Web 窗体】模板，在 C:\ASPNET\Chapter02 网站中创建 1 个名为 Exercise6.aspx 的 ASP .NET 页面。

(2) 设计 ASP .NET 页面。单击【设计】标签，在【标准】工具箱中分别将 3 个 Label 控件和 1 个 Button 控件拖动到 ASP .NET 设计页面。

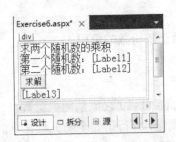

图 2-22 Exercise6.aspx 页面最终设计效果

(3) 在设计界面，参照表 2-3 所示页面控件说明和图 2-22 所示页面最终的设计效果，利用【属性】面板，设置各控件的属性。

(4) 创建 Page_Load 事件函数代码。每次装载页面时，随机生成第 2 个乘数；并使用 Page_Load 事件的 IsPostBack 属性，使得第 1 个随机数在页面第 1 次被请求时赋一个随机初值后，其后保持改变，代码如粗体阴影所示。

```
protected void Page_Load(object sender, EventArgs e)
{
    Random rNum = new Random();
    Label2.Text = rNum.Next(1, 11).ToString();// 1-10 之间的随机整数
    if (!Page.IsPostBack)//页面第 1 次被请求时赋随机值，其后保持改变
        Label1.Text = rNum.Next(1, 11).ToString();
}
```

(5) 双击【求解】按钮，系统自动生成其所对应的 ASP .NET 事件函数"Button1_Click"，编写如下加粗阴影事件代码，以求解两个随机数的乘积。

```
protected void Button1_Click(object sender, EventArgs e)
{
    Label3.Text = Label1.Text + "*" + Label2.Text + "=" + Convert.ToInt16(Label1.Text) * Convert.ToInt16(Label2.Text);
}
```

(6) 保存并运行 Exercise6.aspx。

**操作步骤：**

自行完成。

**操作小结：**

(1) Page_Load 事件的 IsPostBack 属性用于判定页面是否为第 1 次被请求，若是第 1 次被请求，则执行一些只需要在页面第 1 次被请求时进行的操作，如对页面上的一些变量或控件进行初始化。

(2) 使用 Page.IsPostback 可以避免额外往返行程(Round Trips)的处理操作，提高应用程序的性能。

## 任务 5：创建邮件发送 ASP .NET 页面

**开发任务：**

创建邮件发送 ASP .NET 页面 Task5.aspx，实现通过 Web 页面发送电子邮件消息。邮件发送运行效果如图 2-23 所示。

**解决方案：**

该 ASP .NET Web 页面使用表 2-4 所示的 Web 窗体控件完成指定的开发任务。

表 2-4  Task5.aspx 的页面控件

| 类型 | ID | 说明 |
| --- | --- | --- |
| TextBox | SenderFrom | 【发件人】文本框 |
| TextBox | ToReceiver | 【收件人】文本框 |
| TextBox | Subject | 【主题】文本框 |
| TextBox | MessageText | 【正文】文本框 |
| Button | Send | 【发送】按钮 |
| Label | Message | 发送结果显示标签 |

**操作步骤：**

(1) 新建 ASP .NET 页面。在【解决方案资源管理器】窗口中，右击网站"C:\ASPNET\Chapter02"，在弹出的快捷菜单中选择【添加新项】命令，打开【添加新项】对话框，选择【Visual C#】语言类型的【Web 窗体】模板，在【名称】文本框中输入文件的名称：Task5.aspx，单击【添加】按钮，在 C:\ASPNET\Chapter02 网站中创建 1 个名为 Task5.aspx 的 ASP .NET 页面。

(2) 设计 ASP .NET 页面。单击【设计】标签，选择【表】→【插入表】命令，插入 1 个 5 行 2 列的表格以实现页面内容的对齐功能，在表格的第 1 列输入相应的提示信息(发件人、收件人、主题、正文)，然后从【标准】工具箱中分别将 4 个 TextBox 控件、1 个 Button 控件和 1 个 Label 控件拖动到 ASP .NET 设计页面。

(3) 在设计界面中，利用【属性】面板，设置各控件的属性：

① 发件人 TextBox 的 ID 改为 "SenderFrom"；
② 收件人 TextBox 的 ID 改为 "ToReceiver"；
③ 主题 TextBox 的 ID 改为 "Subject"；
④ 正文 TextBox 的 ID 改为 "MessageText"、TextMode 为 "MultiLine"；
⑤ 发送 Button 的文本内容为 "发送"、ID 改为 "Send"；
⑥ 发送结果 Label 的文本内容为 "空"、ID 改为 "Message"。

最后的设计效果如图 2-24 所示。

(4) 在文档窗口底部单击【源】标签，切换到源代码视图，在代码的头部添加下列语句，以导入用于电子邮件发送的类的名称空间。

```
<%@ Import Namespace="System.Net.Mail" %>
```

图 2-23 Task5.aspx 的运行效果

图 2-24 Task5.aspx 页面最终的设计效果

(5) 双击【发送】按钮，系统自动生成其所对应的 ASP .NET 事件函数"Button1_Click"，编写如下加粗阴影事件代码，以实现发送电子邮件消息的功能。

```
protected void Send_Click(object sender, EventArgs e)
{
    SmtpClient client = new SmtpClient();
    client.Host = "localhost";
    client.Port = 25;
    try
    {
        client.Send(SenderFrom.Text, ToReceiver.Text, Subject.Text, MessageText.Text);
        Message.Text = "邮件成功发送！";
    }
    catch (Exception ex)
    {
        Message.Text = "邮件发送失败！" + "<br/>";
        Message.Text += ex.Message;
    }
}
```

(6) 保存并运行 Task5.aspx。

**操作小结：**

(1) ASP .NET 的页面结构包括下列重要元素。

① 指令：ASP .NET 页通常包含一些指令，这些指令允许为相应页指定页属性和配置信息。

➢ @Page 指令：允许为页面指定多个配置选项。例如页面中代码的服务器编程语言；调试和跟踪选项；页面是否具有关联的母版页等。

➢ @Import 指令：允许指定要在代码中引用的命名空间。

➢ @OutputCache 指令：允许指定应缓存的页面，以及缓存参数，即何时缓存该页面、缓存该页面需要多长时间。

➢ @Implements 指令：允许指定页面实现.NET 接口。

➢ @Register 指令：允许注册其他控件以便在页面上使用。

② 代码声明块：包含 ASP .NET 页面的所有应用逻辑和全局变量声明、子例程和函数。在单文件模型中，页面的代码位于<script runat="server">标记中。

③ ASP .NET 控件：ASP .NET 服务器控件的标记一般以前缀 asp:开始，包含 runat="server"属性和一个 ID 属性。

④ 代码显示块：ASP .NET 可以包含两种代码显示块，内嵌代码(如<%Response.write ("Hello") %>)以及内嵌表达式(如<%=Now() %>)。

⑤ 服务器端注释：用于向 ASP .NET 页面添加注释(如<%--显示当前系统时间--%>)。

⑥ 服务器端包含指令：可以将 1 个文件包含在 ASP .NET 页面中。例如，<!--#INCLUDE file="includefile.aspx" -->。

⑦ 文本和 HTML 标记：页面的静态部分使用文本和一般的 HTML 标记实现。

(2) 使用 Import 指令将命名空间显式导入 ASP .NET 应用程序文件中，可以使导入的命名空间的所有类和接口可用于文件，而无须使用全限定名称。导入的命名空间可以是 .NET Framework 类库或用户定义的命名空间的一部分。例如，本任务在 ASP .NET 页面代码的头部添加下列语句，以导入用于电子邮件发送的类的名称空间。

```
<%@ Import namespace=" System.Net.Mail " %>
```

(3) 可以使用 try...catch...finally 进行错误处理。具体内容将在第 15 章中详细阐述。

(4) 可以选择【表】→【插入表】命令插入表格，在如图 2-25 所示的【插入表格】对话框中设置表格的行数和列数等属性。本教程常常借助表格以实现页面内容的对齐功能。

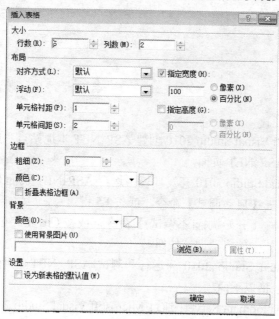

图 2-25 【插入表格】对话框

练习 7：使用 ASP .NET 应用程序配置文件导入名称空间

**开发任务：**

使用 ASP .NET 应用程序配置文件 Web.config 完成任务 5 的功能。

**操作提示：**

（1）将任务 5 生成的 Task5.aspx 另存为 Exercise7.aspx，并打开 Exercise7.aspx。

（2）删除 Exercise7.aspx 页面代码头部添加的引用指定名称空间的如下语句：

<%@ Import Namespace="System.Net.Mail" %>。

（3）修改 Web.config，增加如下粗体阴影所示的电子邮件发送功能的名称空间。

```
<system.web>
    <compilation debug="true" targetFramework="4.0"/>
    <pages>
     <namespaces>
      <add namespace="System.Net.Mail"/>
     </namespaces>
    </pages>
</system.web>
```

（4）保存并运行 Exercise7.aspx。

**操作步骤：**

参照任务 5 自行完成。

## 学习小结

通过本章您学习了：

（1）使用 Microsoft Visual Studio 2010 创建 ASP .NET 本地站点和服务器站点。

（2）创建简单的 ASP .NET 页面。

（3）Microsoft Visual Studio 2010 开发环境中运行 ASP .NET 页面有以下几种方法：

① 选择【调试】→【启动调试】命令，或按 F5 键；

② 选择【调试】→【开始执行(不调试)】命令，或按 Ctrl+F5 组合键；

③ 单击标准工具栏中的启动调试按钮 ▶ 。

（4）Microsoft Visual Studio 2010 为运行和测试 ASP .NET 应用程序，支持多种 Web Server 的配置选项，包括以下两项。

① ASP .NET Development Server：通过 Microsoft Visual Studio 2010 内置的 Web Server 运行 ASP .NET 页面时，第 1 次运行 ASP .NET 页面，任务栏右下角会显示 ASP .NET Development Server 消息提示；其后，任务栏右下角会显示如图 2-26 所示的 ASP .NET Development Server 的图标。

② Microsoft Internet Information Server(IIS)：通过 IIS Web Server 运行 ASP .NET 页面时，任务栏右下角不会显示任何系统图标或者消息提示。可使用 IIS 管理工具修改 Web 服务器的有关配置或者删除虚拟目录。

（5）使用内嵌<% %>代码块输出动态页面内容。

（6）通过编写服务器控件事件处理程序和页面事件处理程序，实现应用程序的逻辑。

(7) 使用按钮控件的 Click()事件。

(8) 使用客户端脚本进行 ASP .NET 网页编程。

(9) 使用 Page 的 Load()事件。

(10) 使用 Page 的 IsPostBack 属性。

(11) @Import 指令不能有多个 namespace 属性。若要导入多个命名空间，则使用多条 @Import 指令。

(12) 一些常用的命名空间可以在 Web.config 文件中定义，具体位置为<pages>元素的 <namespaces>节内。下面的命名空间将自动导入到所有的页中：
①System；②System.Collections；③System.Collections.Specialized；④System.Configuration；⑤System.Text；⑥System.Text.RegularExpressions；⑦System.Web；⑧System.Web.Caching；⑨System.Web.Profile；⑩System.Web.Security；⑪System.Web.SessionState；⑫System.Web.UI；⑬System.Web.UI.HtmlControls；⑭System.Web.UI.WebControls；⑮System.Web.UI. WebControls. WebParts。

(13) ASP .NET 的页面结构包括下列重要元素：① 指令；② 代码声明块；③ ASP .NET 控件；④ 代码显示块；⑤ 服务器端注释；⑥ 服务器端包含指令；⑦ 文本和 HTML 标记；

(14) ASP .NET 页面事件处理的顺序一般为：①PreInit；②Init；③InitComplete；④PreLoad；⑤Load；⑥LoadComplete；⑦PreRender；⑧PreRenderComplete；⑨SaveStateComplete；⑩Unload。

## 习题

一、单选题

1. ASP .NET 保留的特定类型的文件夹中，用于保存应用程序数据文件的是_____。

   A. App_Data    B. App_Code    C. Bin    D. App_Themes

2. ASP .NET 页通常包含一些用于指定页属性和配置信息的指令，其中用于引用命名空间的是_____。

   A. @Page    B. @Import    C. @Implements    D. @Register

3. 在 ASP .NET 页面中，如果要禁用某服务器控件，可设置其_____属性的值为 false。

   A. Enable    B. Visible    C. TabIndex    D. Text

4. ASP .NET 页的文件扩展名是_____。

   A. .htm    B. .html    C. .aspx    D. .asp

5. 下列服务器控件中，不响应鼠标单击事件的是_____。

   A. Button    B. Image    C. ImageMap    D. ImageButton

二、填空题

1. ASP .NET 提供两个用于管理可视元素和代码的模型：_____模型和_____模型。

2. ASP .NET 应用程序可以包括 1 个用于定义应用程序作用范围的事件处理过程的特殊文件，其名称为_____。

3. 如果要隐藏某服务器控件，可设置其 Visible 属性的值为_____。

4. 在页面中，如果要使用 TextBox 控件输入密码，则可设置其 TextMode 属性的值为_____。

5. Page_Load 事件的_____属性用于判定页面是否为第 1 次被请求，若是第 1 次被请求，则执行一些只需要在页面第 1 次被请求时进行的操作。

三、思考题

1. 什么是 ASP .NET Web 应用程序？它包含哪些组成部分？
2. 什么是 ASP .NET 页面？它有哪些特点？
3. 简述 ASP .NET Web 页面的处理过程。
4. 什么是 ASP .NET 服务器控件？使用 ASP .NET 服务器控件有什么优越性？
5. 什么是.NET Framework 命名空间？如何导入特定的命名空间？
6. ASP .NET 提供哪两种代码模型？各有什么优缺点？
7. 如何使用 Microsoft Visual Studio 2010 创建本地 ASP .NET 网站？如何创建服务器 ASP .NET 网站？
8. 如何使用 Microsoft Visual Studio 2010 打开已经创建的 ASP .NET 网站？
9. 如何使用 Microsoft Visual Studio 2010 处理控件服务器端事件？
10. 如何使用 Microsoft Visual Studio 2010 处理控件客户端脚本事件？
11. 如何使用 Microsoft Visual Studio 2010 处理页面事件？

四、实践题

1. 参照练习 6，编程实现求解两个随机数的加、减、乘、除的功能。其中除法要求判断"零除"错误。
2. 参照任务 5，编程实现创建邮件发送 ASP .NET 页面，要求增加密码功能。

# 第 3 章

# 使用 ASP .NET 服务器控件创建表单

通过本章您将学习：

- ASP .NET 控件的分类
- 使用基本 ASP .NET 服务器控件创建表单
- 使用列表 ASP .NET 服务器控件创建表单
- 服务器控件 AutoPostBack 属性的使用
- 使用 Panel 服务器控件编写注册程序

## 学习入门

(1) 在网页上经常会遇到填写注册信息的一类界面，其中一般包括文本框、单选按钮、复选框、下拉列表和按钮等基本元素，这些基本元素就是控件，服务器控件是一种在服务器端完成的控件，服务器端在处理完控件动作后，再生成标准的 HTML 文件发送给客户端的浏览器执行。

(2) ASP .NET 在创建表单程序时，可以使用的对象分为 HTML 元素、HTML 服务器控件、Web 服务器控件(ASP .NET 服务器控件)。以文本框为例，它们的语法标记分别是：

① HTML 元素：`<input type="text" id=" MyText ">;`
② HTML 服务器控件：`<input type="text" id="MyText" runat="server">;`
③ Web 服务器控件：`<asp:TextBox id="Mytext" runat="server"/>。`

可以看出服务器控件都具有 runat="server"标记，代表在服务器端执行。

(3) ASP .NET 引入了 Web 表单的概念。从代码上看，Web 表单和 HTML 表单并没有多大的区别，它们都是用`<form>`和`</form>`标记表示，但在具体的处理上两者有很大的不同，HTML 表单只包含了表单内部控件和相应的布局信息，而 Web 表单中则包含了表单内部控件、相应的布局信息及数据提交后的数据处理代码。

① 简单的 HTML 表单：

```
<form method="POST" action="s1.asp">
输入你的姓名：<input type="text" name="xm">
<input type="submit" name="ok" value="提交">
</form>
```

② Web 表单：

```
<form ruant="server">
输入你的姓名：<asp:TextBox ID="TextBox1" runat="server" ></asp:TextBox>
</form>
```

Web 表单没有 method 和 action 这两个属性。因为所有的 Web 表单在提交时都采用 POST 方法，并且表单处理程序就是这个程序本身；另外，使用 HTML 表单时提交数据后进入其他页面，当再回到这个页面时，数据丢失，因为 HTTP 是无状态的，而 Web 表单提交数据后数据不丢失，因为每个 Web 表单提交后都有个 ViewState 隐藏控件存储用户提交的数据。

(4) ASP .NET 表单是用户与 Web 应用程序交互的界面，它收集用户输入数据并传递给服务器进行处理，因此必须了解 HTML 表单与 Web 表单数据接收的不同。HTML 表单数据一般需要单击【提交】按钮进行提交，提交后根据 method 标记的值是"POST"或"GET"，接收数据页需要用相应的 Request.form[]或 Request.querystring[]来接收数据。Web 表单提交数据后，本页进行接收，可以不使用 Request 对象接收，而直接使用服务器控件的 Text、Value、Checked 等属性获得用户输入的数据。数据接收与处理代码可以书写在 Page_Load()事件或在 Button 的单击事件中完成。

(5) ASP .NET 提供如表 3-1 所示的内置对象。

表 3-1 ASP.NET 提供的内置对象

| 对象名 | 说明 |
| --- | --- |
| Application | 记录不同客户端共享的变量，无论有几个浏览者同时访问网页，都只会产生 1 个 Application 对象 |
| Session | 记录个别客户端专用的变量 |
| Response | 决定服务器端在何时或如何输出数据至客户端 |
| Request | 捕获由客户端返回服务器端的数据 |
| Context | 提供对整个当前上下文(包括请求对象)的访问 |
| Server | 提供服务器端最基本的属性和方法 |
| Trace | 提供获取要在 HTTP 页输出中显示的系统和自定义跟踪诊断消息的方法 |

(6) HTML 服务器控件包含很多属性，可以在服务器端编程，它和 HTML 标记一一对应。Web 服务器控件比 HTML 服务器控件具有更多的内置功能，Web 服务器控件与 HTML 服务器控件相比更为抽象，因为其对象模型不一定反映 HTML 语法。

(7) 服务器控件的基本事件及其对应的控件如表 3-2 所示。

表 3-2 服务器控件的基本事件及控件

| 事件 | 服务器控件 |
| --- | --- |
| Click | Button、ImageButton |
| TextChanged | TextBox |
| CheckChanged | CheckBox、RadioButton |
| SelectedIndexChanged | DropDownList、ListBox、CheckBoxList、RadioButtonList |

(8) 服务器控件的基本属性如表 3-3 所示。

表 3-3 服务器控件的基本属性

| 属性名 | 说明 |
| --- | --- |
| AccessKey | 获取或设置 Web 服务器控件的快捷访问键 |
| BackColor | 获取或设置 Web 服务器控件背景色 |
| BorderColor | 获取或设置 Web 服务器控件边框颜色 |
| ForeColor | 获取或设置 Web 服务器控件的前景色 |
| BorderWidth | 获取或设置 Web 服务器控件的边框宽度 |
| BorderStyle | 获取或设置 Web 服务器控件的边框样式 |
| CssClass | 获取或设置由 Web 服务器控件在客户端呈现的级联样式表类 |
| Style | 作为控件的外部标记上的 CSS 样式属性呈现的文本属性集合 |
| Enabled | 当此属性设置为 True 时控件起作用，设置为 False 时禁用控件 |
| EnableViewState | 获取或设置 1 个值，该值指示服务器控件是否向发出请求的客户端保持自己的视图状态以及所包含的任何子控件的视图状态 |
| Font | 指定 Web 服务器控件的字体属性 |
| Height,Width | 获取或设置控件的高度、控件的宽度 |
| SkinID | 获取或设置要应用于服务器控件的外观 |
| ToolTip | 获取或设置当鼠标指针悬停在 Web 服务器控件上时显示的文本信息 |
| TabIndex | 获取或设置 Web 服务器控件的选项卡索引 |
| ID | 获取或设置 Web 服务器控件的标示，相当于 HTML 标记的 name 属性 |

## 任务1：使用ASP .NET服务器基本控件设计表单程序

**开发任务：**

使用基本的ASP .NET服务器控件设计1个表单程序Task1.aspx，用户可以输入姓名、性别、地址信息，并在单击【确定】按钮后显示所输入的信息。运行效果如图3-1所示。

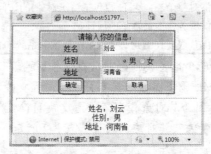

图 3-1　Task1.aspx 运行效果

**解决方案：**

该Task1.aspx表单页面使用表3-4所示的ASP .NET服务器控件完成指定任务。

表 3-4　Task1.aspx 的页面控件

| 类　型 | ID | 属　性 | 说　明 |
| --- | --- | --- | --- |
| Label | xm | Text：姓名 | 【姓名】提示标签 |
| Label | xb | Text：性别 | 【性别】提示标签 |
| Label | dz | Text：地址 | 【地址】提示标签 |
| Label | Label1 | Text：空 | 输出信息标签 |
| TextBox | xm1 | | 【姓名】文本框 |
| TextBox | dz1 | | 【地址】文本框 |
| RadioButton | rd1 | Text：男　GroupName：xb | 【男】单选按钮 |
| RadioButton | rd2 | Text：女　GroupName：xb | 【女】单选按钮 |
| Button | Button1 | Text：确定 | 【确定】按钮 |
| Button | Button2 | Text：取消 | 【取消】按钮 |
| Table | Table1 | | 控制Web控件布局 |

**操作步骤：**

(1) 运行Microsoft Visual Studio 2010应用程序。

(2) 新建ASP .NET Web站点。选择【文件】→【新建网站】命令，打开【新建网站】对话框。在【已安装的模板】列表下选择【Visual C#】语言类型的【ASP .NET 网站】模板；在【Web位置】处保持默认设置"文件系统"；单击【浏览】按钮，打开【选择位置】对话框，在【文件夹】文本框中输入"C:\ASPNET\Chapter03"，单击【确定】按钮，系统将开始在"C:\ASPNET\Chapter03"目录中创建名称为Chapter03的网站。

(3) 添加 ASP .NET 页面。在【解决方案资源管理器】窗口中右击项目"C:\ASPNET\Chapter03",在弹出的快捷菜单中选择【添加新项】命令,打开【添加新项】对话框。在【已安装的模版】列表下选择【Visual C#】语言类型的【Web 窗体】模板,在【名称】文本框中输入文件的名称"Task1.aspx",取消勾选【将代码放在单独的文件中】复选框,单击【添加】按钮,系统将创建名为"Task1.aspx"的页面。

(4) 设计 Task1.aspx 页面。单击【设计】标签,切换到设计视图。选择【表】→【插入表】命令,弹出【插入表格】对话框。如图 3-2 所示在页面中插入 1 个 5 行 2 列的表格(Table1),并设置适当的背景色。将表格的第 1 行合并,并输入"请输入你的信息:",设置为居中格式。从【工具箱】的【标准】组中分别将 3 个 Label 控件、2 个 RadioButton 控件、2 个 TextBox 控件、2 个 Button 控件拖动到 Table1 的 2 至 5 行的对应位置中。再从【工具箱】的【HTML】组中将 1 个 Horizontal Rule 控件拖动到表格 Table1,双击该控件,在弹出的对话框中设置合适的宽度和颜色。最后再从【工具箱】的【标准】组中将 1 个 Label 控件拖动到 Horizontal Rule 控件之后,设置为居中对齐。最终布局如图 3-3 所示。

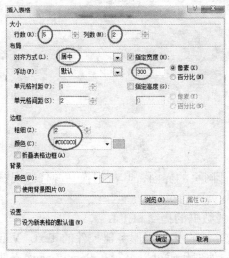

图 3-2 插入 5 行 2 列的布局表格

图 3-3 Task1.aspx 最终设计界面

(5) 根据表 3-4 所列信息,在属性面板中设置各控件属性值如下:
① 姓名 Label 的 Text 属性为"姓名"、ID 为 xm;
② 性别 Label 的 Text 属性为"性别"、ID 为 xb;
③ 地址 Label 的 Text 属性为"地址"、ID 为 dz;
④ 输出 label 的 Text 属性为空、ID 为 label1;
⑤ 姓名 TextBox 的 Text 属性为空、ID 为 xm1;
⑥ 地址 TextBox 的 Text 属性为空、ID 为 dz1;
⑦ 男性 RadioButton 的 Text 属性为"男"、ID 为 rd1,GroupName 属性为 xb;
⑧ 女性 RadioButton 的 Text 属性为"女"、ID 为 rd2,GroupName 属性为 xb;
⑨ 确定 Button 的 Text 属性为"确定"、ID 为 Button1;
⑩ 取消 Button 的 Text 属性为"取消"、ID 为 Button2。

(6) 添加事件代码。在 Task1.aspx 页面的设计视图分别双击【确定】、【取消】按钮,并分别在源代码视图中添加如下粗体阴影部分代码,实现 Button1、Button2 单击事件功能,完成数据的接收和输出。

① 【确定】按钮事件代码：

```
protected void Button1_Click(object sender, EventArgs e)
{
    String str = "姓名：" + xm1.Text + "<br>";
    if(rd1.Checked)
        str = str + "性别：男" + "<br>";
    else
        str = str + "性别：女" + "<br>";
    str = str + "地址：" + dz1.Text;
    Label1.Text = str;
}
```

② 【取消】按钮事件代码：

```
protected void Button2_Click(object sender, EventArgs e)
{
    xm1.Text = "";
    dz1.Text = "";
    rd1.Checked = false;
    rd2.Checked = false;
}
```

(7) 保存并运行 Task1.aspx 文件。

**操作小结：**

(1) 设计网页时一般分为两大步骤，首先设计网页的界面，其次切换到源代码视图编写 ASP .NET 代码，设计界面时通常使用表格控制页面的布局。

(2) ASP .NET 表单页面的数据一般在本页完成数据的提交和接收。

(3) 数据接收时可以不使用 Request 对象接收，而直接使用服务器控件的 Text、Value、Checked 等属性获得用户输入的数据。数据接收与处理代码可以书写在 Page_Load()事件或在 Button 的单击事件中完成。

(4) 使用 RadioButton 控件时如果有多个选项，为了保证只选其一，必须设置每个 RadioButton 的 GroupName 属性具有相同的值。

 练习 1：设计程序，实现姓名、性别、爱好的输入与显示

**开发任务：**

在任务 1 的基础上，设计 1 个输入表单程序 Exercise1.aspx，实现"姓名"、"性别"、"爱好"的输入与显示，要求"性别"使用 RadioButton 控件、"爱好"使用 CheckBox 控件，内容不少于三项。运行效果如图 3-4 所示。

**操作步骤：**

(1) 打开 ASP .NET 网站。选择【文件】→【打开网站】命令，打开【打开网站】对话框，选择 "C:\ASPNET\Chapter03" 文件夹，打开第 3 章的网站。

(2) 添加 ASP .NET 页面。按照任务 1 的第(3)步创建名为"Exercise1.aspx"的 ASP .NET 页面。

(3) 设计 ASP .NET 页面。在任务 1 的基础上，将表格第 4 行的 Label 控件的 Text 属性改为"爱好"，删除右边单元格里面的 TextBox 控件，并添加 3 个 CheckBox 控件 CheckBox1、CheckBox2、CheckBox3，各自的 Text 属性分别设为"体育"、"跳舞"和"唱歌"，Exercise1.aspx 程序设计界面如图 3-5 所示。

图 3-4　Exercise1.aspx 运行效果　　图 3-5　Exercise1.aspx 设计界面

(4) 添加事件代码。在 Exercise1.aspx 设计视图分别双击【确定】、【取消】按钮，并分别在源代码视图中添加各自的 Click 事件代码。

① 【确定】按钮事件代码：

```
protected void Button1_Click(object sender, EventArgs e)
{
    String str = "姓名：" + xm1.Text + "<br>";
    if (rd1.Checked)
        str = str + "性别：男" + "<br>";
    else
        str = str + "性别：女" + "<br>";
    str = str + "爱好：";
    if (CheckBox1.Checked)
        str = str + CheckBox1.Text;
    if (CheckBox2.Checked)
        str = str + CheckBox2.Text;
    if (CheckBox3.Checked)
        str = str + CheckBox3.Text;
    Label1.Text = str;
}
```

② 【取消】按钮事件代码：

```
protected void Button2_Click(object sender, EventArgs e)
{
    xm1.Text = "";
    rd1.Checked = false;
    rd2.Checked = false;
    CheckBox1.Checked = false;
    CheckBox2.Checked = false;
    CheckBox3.Checked = false;
}
```

(5) 保存并运行 Exercise1.aspx 文件。

**操作小结：**

(1) CheckBox 控件和 RadioButton 控件类似，都具有 Checked 属性和 Text 属性，如果 Checked 值为 True 表示选中该项，其为 False 表示没有选中。不同的是 CheckBox 不具有 Groupname 属性，由于是复选框允许多选，因此不需要设置 Groupname 属性。

(2) 清除已输入和选中的内容时，设置文本框的 Text 属性值为空即可，单选和复选控件需设置 Checked 属性值为 False。

(3) 常用于表单设计的 ASP .NET 服务器基本控件主要有 Label、TextBox、Button、HiddenField、Panel、RadioButton、Checkbox。其中 HiddenField 用于数据的隐含传递；Panel 是容器控件，可以包含其他控件，主要用于注册程序的设计。

## 任务 2：用使 ASP .NET 服务器列表控件设计表单程序

**开发任务：**

利用 RadioButtonList 和 DropdownList 列表控件设计 1 个表单程序 Task2.aspx，实现"专业"和"选修课"的选择，每项内容不少于 3 项，运行效果如图 3-6 所示。

**解决方案：**

图 3-6　Task2.aspx 运行效果

该 Web 表单页面使用表 3-5 所示的 ASP .NET 服务器控件完成指定的开发任务。

表 3-5　Task2.aspx 的页面控件

| 类型 | ID | 属性 | 说明 |
|---|---|---|---|
| Label | Label1 | Text：专业 | 选择【专业】信息标签 |
| Label | Label2 | Text：选修课 | 选择【选修课】信息标签 |
| Label | Label3 | Text：空 | 输出信息标签 |
| RadioButtonList | RadioButtonList1 | RepeatDirection：Horizontal<br>Items：计算机，英语，数学 | 【专业】的单选按钮列表 |
| DropDownList | DropDownList1 | Items：大学英语，有机化学，新概念英语 | 【选修课】的下拉列表 |
| Button | Button1 | Text：确定 | 【确定】按钮 |
| Button | Button2 | Text：取消 | 【取消】按钮 |
| table | Table1 | | 控制 Web 控件布局 |

**操作步骤：**

(1) 打开第 3 章的网站。

(2) 新建 ASP .NET 页面。添加名称为"Task2.aspx"的 Web 窗体页面。

(3) 设计 Task2.aspx 页面。单击【设计】标签，切换到设计视图。首先选择【表】→【插入表】命令，插入 1 个 3 行 2 列的表格。在设计窗口选中表，在【属性】面板中单击 Style 后的按钮...，打开【修改样式】对话框，如图 3-7 所示对背景进行设置。然后从【工具箱】的【标准】组中分别将 3 个 Label 控件(Label3 放到表格 Table1 之后)、1 个 RadioButtonList 控件、1 个 DropDownList 控件、2 个 Button 控件拖到 ASP .NET 设计界面，如图 3-8 所示。

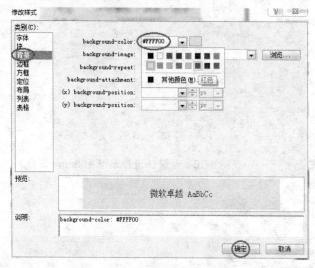

图 3-7 设置 Table1 的背景色

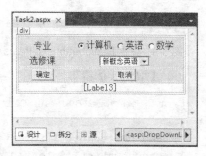

图 3-8 Task2.aspx 设计界面

(4) 根据表 3-5 所列各控件的信息，在控件属性面板中设置各属性值：
① 设置 Label1 的 Text 属性为"专业"、ID 为 Label1；
② 设置 Label2 的 Text 属性为"选修课"、ID 为 Label2；
③ 设置 Label3 的 Text 属性为空、ID 为 Label3；
④ 设置 RadioButtonList1 的列集合 Items 为"计算机"、"英语"和"数学"。单击 RadiobuttonList1 控件的智能标记按钮，打开 RadioButtonList 任务菜单，选择【编辑项】命令，打开【ListItem 集合编辑器】如图 3-9 所示在编辑器中添加三个成员并依次设置各个成员的 Text 属性，然后单击【确定】按钮即可。最后在【属性】面板中将属性 RepeatDirection 设置为"Horizontal(水平排列)"。
⑤ 设置 DropDownList1 的列集合 Items 为"大学英语"、"有机化学"和"新概念英语"。单击 DropDownList1 控件的智能标记按钮，打开 DropDownList 任务菜单，选择【编辑项】命令，打开【ListItem 集合编辑器】对话框，如图 3-10 所示在编辑器中添加三个成员并依次设置各个成员的 Text 属性，然后单击【确定】按钮即可。

(5) 编写事件代码。分别双击【确定】、【取消】按钮，并分别在源代码视图中添加各自的 Click 事件代码。
① 【确定】按钮事件代码：

```
protected void Button1_Click(object sender, EventArgs e)
{
    String str;
    str = "你选的专业是:" + RadioButtonList1.SelectedValue + "<br>";
    str = str + "你选的选修课是：" + DropDownList1.SelectedValue;
    Label3.Text = str;
}
```

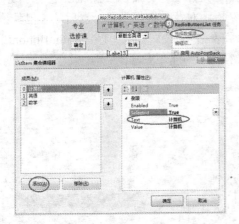

图 3-9 设置 RadiobuttonList Items 集合

图 3-10 设置 DropDownList Items 集合

② 【取消】按钮事件代码：

```
protected void Button2_Click(object sender, EventArgs e)
{
    RadioButtonList1.SelectedIndex = -1;
    DropDownList1.SelectedIndex = -1;
}
```

(6) 保存并运行 Task2.aspx 文件。

**操作小结：**

(1) 常用的列表控件有 ListBox、DropDownList、CheckBoxList、RadioButtonList，它们几乎都具有相同的属性、集合和事件，操作方法几乎一样。

(2) 列表控件都可以有多种方法和数据进行绑定，首先可以通过可视化的方法对 Items 集合进行输入，本例就采用此方法；其次可用后台代码添加数据，方法是：

① 控件 ID.Items.Add("文本")；

② 也可通过 DataSocure 和 DataTextField、DataValueField 属性和数据库进行绑定。

(3) 取消用户选择项目的方法是把控件的 SelectedIndex 属性设置为"-1"。

(4) 可以通过列表控件的 RepeatDirection 属性改变列表内容的垂直和水平排列。

 练习 2：使用列表控件实现信息的输入与输出

**开发任务：**

设计 1 个输入表单程序 Exercise2.aspx，实现对"姓名"、"性别"、"爱好"信息的输入，要求"性别"使用 RadioButtonList 控件、"爱好"使用 CheckBoxList 控件，内容不少于 3 项，程序运行结果输出到 ListBox 控件中，运行效果如图 3-11 所示。

**操作步骤：**

(1) 打开第 3 章的网站。

(2) 新建 ASP .NET 页面。添加名为"Exercise2.aspx"的 Web 窗体程序。

(3) 设计 ASP.NET 页面。单击【设计】标签，切换到设计视图。先向页面中插入 1 个 5 行 2 列的表格，用以控制页面布局，设置表格背景为黄色，并将第 5 行合并；然后依次往页面中插入如下控件：

① 4 个 Label 控件 label1、label2、label3、label4，Text 属性分别设为"姓名"、"性别"、"爱好"和"输出结果"；

② 1 个文本框 TextBox，ID 为 TextBox1；

③ 1 个 RadioButtonList 控件，ID 为 RadioButtonList1，列集合 Items 内容设置为"男"和"女"，属性 RepeatDirection 设置为 Horizontal；

④ 1 个 CheckBoxList 控件，ID 为 CheckBoxList1，列集合 Items 内容设置为"体育"、"跳舞"和"唱歌"，属性 RepeatDirection 设置为 Horizontal；

⑤ 1 个 ListBox 控件，ID 为 ListBox1，该控件作为程序输出。

Exercise2.aspx 程序界面如图 3-12 所示。

图 3-11　Exercise2.aspx 运行效果

图 3-12　Exercise2.aspx 界面设计

(4) 添加事件代码。在设计窗口分别双击【确定】按钮和页面空白处，在源代码视图中添加事件代码。

① 【确定】按钮事件代码：

```
protected void Button1_Click(object sender, EventArgs e)
{
    String str = "";
    int i;
    ListBox1.Visible = true; //设置 ListBox 控件为显示状态
    for (i = 0; i < CheckBoxList1.Items.Count - 1; i++)
        if (CheckBoxList1.Items[i].Selected) str = str + CheckBoxList1.Items[i].Text;
    ListBox1.Items.Add(TextBox1.Text);
    ListBox1.Items.Add(RadioButtonList1.SelectedValue);
    ListBox1.Items.Add(str);
}
```

② Page_Load 事件代码：

```
protected void Page_Load(object sender, EventArgs e)
{
    ListBox1.Visible = false; //设置 ListBox 控件为不显示状态
}
```

(5) 保存并运行 Exercise2.aspx 文件。

**操作小结：**

（1）ListBox 控件的两个属性与其他列表控件不同：通过 SelectionMode 属性设置为 Multiple 和 Single 实现多选和单选，通过 Rows 属性可以设置显示的行数。

（2）为了界面运行的美观，在用户输入和选择之前，ListBox 设置为不显示，代码为"ListBox1.Visible = False"，在用户输入和选择之后，ListBox 设置为显示，代码为"ListBox1.Visible =True"。

（3）RadioButtonList 控件和 RadioButton 控件外观相同，不同的是 RadioButtonList 没有 Groupname 属性，而 RadioButton 控件有 Groupname 属性，为了实现单选须设置 Groupname 属性具有相同的组名。

## 任务 3：控件 AutoPostBack 属性的使用

**开发任务：**

设计程序 Task3.aspx，用户可以在复选框中选择喜欢的水果后，不需单击【提交】按钮而自动实现信息的输出。运行效果如图 3-13 所示。

**解决方案：**

该 Web 表单页面使用表 3-6 所示的 ASP .NET 服务器控件完成指定的开发任务。

表 3-6  Task3.aspx 的页面控件

| 类 型 | ID | 属 性 | 说 明 |
| --- | --- | --- | --- |
| Label | Label1 | Text：空 | 输出选择信息 |
| CheckBoxList | CheckBoxList1 | AutoPostBack：True<br>Items：苹果，香蕉，橘子，菠萝 | 显示待选水果项 |

**操作步骤：**

（1）打开第 3 章的网站。

（2）添加 ASP .NET 页面。新建名为 Task3.aspx 的 Web 窗体程序。

（3）设计 ASP .NET 页面。单击【设计】标签，切换到设计视图。从【工具箱】的【标准】组中分别将 1 个 Label 控件、1 个 CheckBoxList 控件拖动到 ASP .NET 设计界面，如图 3-14 所示。

图 3-13  Task3.aspx 运行效果

图 3-14  Task3.aspx 界面设计

(4) 根据表 3-6 所示的各控件信息,在属性面板中设置各控件属性值如下:
① 设置 Label 的 Text 属性为空、ID 为 Label1;
② 设置 CheckBoxList1 的属性 AutoPostBack 为 "True";
③ 设置 CheckBoxList1 的列集合 Items 为 "苹果"、"香蕉"、"橘子"、"菠萝"。可以通过单击 CheckBoxList1 控件的智能标记按钮,打开 CheckBoxList 任务菜单,选择【编辑项】命令,打开【ListItem 集合编辑器】对话框,在编辑器中添加 4 个成员并依次设置各个成员的 Text 属性,然后单击【确定】按钮即可。

(5) 编写事件代码。在 Task3.aspx 设计窗口中双击网页的空白处,然后编写 Page_Load 事件代码如下:

```
protected void Page_Load(object sender, EventArgs e)
{
    int i;
    String str = "";
    for (i = 0; i < CheckBoxList1.Items.Count - 1; i++)
        if (CheckBoxList1.Items[i].Selected)
            str = str + CheckBoxList1.Items[i].Value + "<br/>";
    Label1.Text = "你选择的水果是:" + "<br/>" + str;
}
```

(6) 保存并运行 Task3.aspx 文件。

**操作小结:**

(1) CheckBoxList 控件和其他大部分控件都具有 AutoPostBack 属性,如果该属性设置为 True,表示该控件选项和内容发生改变时自动提交网页到服务器进行处理。该属性默认值为 False,一般情况下不要设置为 True,因为网页反复提交服务器会降低服务器的性能。

(2) CheckBoxList 的 Items 集合的属性 Count 用于统计集合中元素的个数。由于元素在集合中的下标从 0 开始,因此用于循环控制时,下标要减去 1。如果属性 CheckBoxList1.Items(i).Selected 为真,表示第 i 个该项被选中,否则,表示未被选中。通过遍历所有成员的 Selected 属性,可以统计用户已选择项目的数目。

(3) 列表控件(ListBox、DropDownList、CheckBoxList、RadioButtonList 等)通常应用于数据库的操作,可以把数据集与列表控件的 DataSource 属性连接,再通过 DataBind 方法进行绑定,即可显示数据库中的数据。

**练习 3:使用列表控件的 AutoPostBack 自动提交表单**

**开发任务:**

设计程序 Exercise3.aspx,要求使用 DropdownList 和 ListBox 控件完成,DropdownList 控件显示 "省份",ListBox 控件自动根据用户选择的省份显示该省的 "城市",运行效果如图 3-15 所示。

**操作步骤:**

(1) 打开第 3 章的网站。
(2) 添加 ASP .NET 页面。新建 Web 窗体程序 Exercise3.aspx。

(3) 设计 ASP .NET 页面。添加以下两个控件:

① 1 个 DropDownList 控件,ID 为 DropDownList1,按照任务 2 第(5)步的方法设置列集合 Items 内容为"河南省"和"河北省",AutoPostBack 属性设置为 True;

② 1 个 ListBox 控件,ID 为 ListBox1。

Exercise3.aspx 程序界面如图 3-16 所示。

图 3-15 Exercise3.aspx 运行效果

图 3-16 Exercise3.aspx 界面设计

(4) 添加事件代码。在设计视图中双击网页空白处,添加 Page_Load()事件代码如下:

```
protected void Page_Load(object sender, EventArgs e)
{
    ListBox1.Visible = true;
    if (DropDownList1.SelectedIndex == 0)
    {
        ListBox1.Items.Clear();
        ListBox1.Items.Add("郑州市");
        ListBox1.Items.Add("洛阳市");
        ListBox1.Items.Add("开封市");
        ListBox1.Items.Add("安阳市");
    }
    if (DropDownList1.SelectedIndex == 1)
    {
        ListBox1.Items.Clear();
        ListBox1.Items.Add("石家庄市");
        ListBox1.Items.Add("邢台市");
        ListBox1.Items.Add("邯郸市");
    }
}
```

(5) 保存并运行 Exercise3.aspx 文件。

**操作小结:**

(1) 本程序没有使用提交按钮,通过设置 DropDownList 控件的属性 AutoPostBack 为 True,使网页具有自动提交服务器处理的功能。

(2) 在 Page_Load()事件中根据用户选择的省份,为 ListBox1 控件加载相应的城市名称。

(3) ListBox1.Items.Clear()方法使每次加载时清除原来的值,否则,当用户多次选择时,ListBox1 控件会重复加载相同的内容。

(4) 在实际设计中,一般把省份放在数据库的表中,城市名放在另一个表中,然后把 DropDownList 和 ListBox 控件与数据库相绑定。

## 任务 4：用户注册程序

**开发任务：**

设计程序 Task4.aspx，综合使用本章所学内容设计用户注册程序，能完成"姓名"、"性别"、"邮箱"、"密码"等内容的输入。运行效果如图 3-17 所示。

(a) 用户注册信息(一)

(b) 用户注册信息(二)

(c) 用户注册信息(三)

(d) 显示用户注册信息

图 3-17　Task4.aspx 运行效果

**操作步骤：**

(1) 打开第 3 章的网站。

(2) 添加 ASP.NET 页面。新建 Web 窗体程序 Task4.aspx。

(3) 设计 ASP.NET 页面。添加控件和属性设置如下：

① 插入 1 个 3 行 1 列的表格 Table1；

② 在 Table1 的每一行拖入 1 个 Panel 控件，共 3 个，ID 分别为 Panel1、Panel2、Panel3；

③ 在每个 Panel 控件中插入 1 个 4 行 2 列的 Table，共 3 个，背景设置为黄色，合并第 4 行；

④ 向每个 Table 的第 4 行拖入 1 个 Button 控件，共 3 个，ID 分别为 Button1、Button2 和 Button3，文本属性分别设置为"下一步"、"下一步"和"完成"；

⑤ 其他控件可按照图 3-18 所示自由设置，注意把【密码】文本框的属性 TextMode 设置为"Password"，使用户输入的密码呈现"*"号。

Task4.aspx 程序界面如图 3-18 所示。

(4) 添加事件代码。在 Task4.aspx 设计窗口双击网页的空白处，添加 Page_Load()事件；分别双击两个【下一步】按钮和【完成】按钮，生成 Button 控件的 Click 事件，并添加相应的代码。

① Page_Load()事件代码：

```
protected void Page_Load(object sender, EventArgs e)
{
    Panel1.Visible = true;
```

```
        Panel2.Visible = false;
        Panel3.Visible = false;
}
```

图 3-18  Task4.aspx 界面设计

② Button 的 Click 事件代码:

```
protected void Button1_Click(object sender, EventArgs e)
{
    Panel1.Visible = false;
    Panel2.Visible = true;
    Panel3.Visible = false;
}
protected void Button2_Click(object sender, EventArgs e)
{
    Panel1.Visible = false;
    Panel2.Visible = false;
    Panel3.Visible = true;
}
protected void Button3_Click(object sender, EventArgs e)
{
    int i;
    String aihao = "";
    Panel1.Visible = false;
    Panel2.Visible = false;
    Panel3.Visible = false;
    for (i = 0; i < CheckBoxList1.Items.Count - 1; i++)
        if (CheckBoxList1.Items[i].Selected)
            aihao = aihao + CheckBoxList1.Items[i].Text;
    Response.Write("你的姓名:" + TextBox1.Text + "<br/>");
    Response.Write("你的性别:" + RadioButtonList1.Text + "<br/>");
    Response.Write("你的邮箱:" + TextBox1.Text + DropDownList1.Text + "<br/>");
    Response.Write("你的爱好:" + aihao + "<br/>");
    Response.Write("你的生日:" + TextBox4.Text + "<br/>");
    Response.Write("你的电话:" + TextBox5.Text + "<br/>");
    Response.Write("你的QQ:" + TextBox6.Text + "<br/>");
}
```

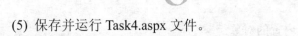

(5) 保存并运行 Task4.aspx 文件。

**操作小结:**

(1) 为了网页布局的方便,本程序共用了四个表格,第 1 个表格控制 3 个 Panel 控件的布局,第 2、3、4 个表格控件 Panel 控件内部控件的布局。

(2) Panel 控件对于编写用户注册程序非常有用,通过设置 Panel 控件的 Visible 属性可控制每个 Panel 控件的显示与隐藏,Visible 属性为 True 时显示,为 False 时隐藏,Panel 控件使用用户的注册过程在一个页面完成。

(3) 本程序的注册信息直接显示到页面,学习数据库后,可以把注册信息存入数据库。

(4) 本程序没有使用验证控件,在实际的程序设计中,要用验证控件进行验证。在学习验证控件时,可以把验证控件加入该程序中。

通过本章您学习了:

(1) 使用 ASP .NET 服务器的基本控件和列表控件设计表单程序,在设计程序时,通常使用表格对控件的布局进行控制。

(2) 常用基本控件有 Label、Literal、TextBox、Button、Panel、RadioButton、Checkbox;常用列表控件有 ListBox、DropDownList、CheckBoxList、RadioButtonList。

(3) 控件常用属性有 Text、Value、Visible、Forecolor、TextMode 等;常用集合有 Items;常用事件有 Click、Load、TextChanged 等。

(4) ASP .NET 表单数据的提交和接收与 ASP 和 HTML 网页不同,ASP .NET 使用"POST"方法提交而且只能提交给本表单程序,而 ASP 和 HTML 网页可以使用"POST"、"GET"方法提交给另外一页进行接收和处理数据。ASP .NET 表单数据接收时可以省略 Request 对象。

一、单选题

1. 下列_____元素是创建 ASP .NET 表单程序时所独有的。
   A. HTML 元素　　　　　　　　B. HTML 服务器控件
   C. Web 服务器控件　　　　　　D. 表单控件
2. 下列_____不是常用的信息输入控件。
   A. Label　　　　B. TextBox　　　　C. RadioBox　　　　D. CheckBox
3. 下列关于 HTML 表单和 Web 表单在接收数据时特征描述正确的是_____。
   A. HTML 表单数据一般需要按钮进行提交,接收数据页要用 Request 来接收数据
   B. HTML 表单数据不需要按钮进行提交,接收数据页也不用 Request 来接收数据
   C. Web 表单提交数据后,本页进行接收,可以不使用 Request 对象接收数据
   D. Web 表单提交数据后,本页进行接收,但需要用 Request 对象接收数据

4. 下列_____不是 ASP .NET 内置的对象。
   A. Application    B. Session    C. Response    D. Table
5. 可以设置 Web 服务器控件在客户端呈现的级联样式表类的属性是_____。
   A. ID    B. CssClass    C. Style    D. Font

二、填空题

1. 服务器控件都具有_____标记，代表在服务器端执行。
2. 所有的 Web 表单在提交时都采用_____方法，且表单处理程序就是这个程序本身。
3. Web 表单提交后都有个_____控件存储用户提交的数据。
4. HTML 标记可以转化为 HTML 服务器控件的方法是_____。
5. 控件 AutoPostBack 属性的作用是_____。

三、思考题

1. HTML 表单和 ASP .NET Web 表单的相同点与不同点是什么？
2. 表单的提交方式 POST 和 GET 有什么区别？
3. 什么是 ASP .NET 控件，ASP .NET 控件分哪几类？
4. HTML 控件和 Web 控件有什么区别与联系？

四、实践题

1. 熟悉本章学到的控件，向页面中依次添加每一个控件，熟悉其常用的属性和方法。
2. 利用本章所学控件开发一个用户资料输入界面并输出相应信息。运行界面如图 3-19 所示。

图 3-19　资料输入界面

# 第 4 章

# 控制 ASP .NET 页面导航

**通过本章您将学习：**

- 使用 HTML 表单实现页面导航
- 使用超链接实现页面导航
- 使用 ASP .NET 页面按钮实现页面导航
- 使用服务器端方法控制页面导航
- 使用浏览器端方法控制页面导航

## 学习入门

(1) 在 ASP .NET 应用中，Web 页面之间的导航有多种方式：超链接、表单、导航控件、浏览器端、服务器端等。

(2) 超链接导航方式是一种最简单的传统方式，它是使用 HTML 超链接控件实现页面间的导航。在 Web 表单中，超链接控件的 HTML 代码如下：

```
<a href="Form2.aspx">Web 表单页面 2</a>
```

这里运用 HTML 标志："<a href=" ">……</a>"定义 1 个 "锚"，当用户点击 "锚" 时，Web 表单页面 "Form2.aspx" 执行并将结果发送到浏览器。超链接导航方式几乎可用于任何地方，包括 HTML 页面和普通的 ASP 页面。

(3) 表单导航主要是在 HTML 网页的表单中进行，导航的同时可以传递数据到导航页面。ASPX 网页的表单只能跳转到本页，因此本章不讨论。HTML 网页的表单导航代码如下。

```
<form method="post" action="2.aspx">
    输入你的姓名：<input type="text" name="xm">
    <input type="submit" name="ok" value="提交">
</form>
```

(4) ASP .NET 还提供了一种可替换 HTML 超链接方式和对象方式的方法，即使用 HyperLink、LinkButton、ImageButton、Button 服务器控件，从而允许构造出可根据应用的当前状态动态变化的超链接。其定义方法如下。

```
<asp:HyperLink id="HyperLink" runat="server"
    NavigateUrl="WebForm2.aspx">进入页面 2
</asp:HyperLink>
```

(5) 超链接方式能够从一个页面导航到另一个页面，但这种导航方式是完全由用户控制的。ASP .NET 程序控制重定向方式提供了用代码控制整个导航过程的方式。

(6) ASP .NET 应用程序中，Response 对象方式就是用程序控制重定向的一种方式。采用 Response.Redirect()方法导致浏览器链接到 1 个指定的 URL。Response.Redirect()方法被调用时，会创建 1 个对原始页面请求的应答，应答头中指出了状态代码以及新的目标 URL。浏览器从服务器收到该应答，利用应答头中的信息发出 1 个对新 URL 的重定向的新页面请求。通过客户端使用 Response.Redirect()方法重定向操作与服务器通信两次，在请求与应答的信息交换中实现页面间的导航。其能通过程序控制代码实现多个 Web 表单页面之间任意的导航，但 Response.Redirect()方法需要客户端与服务器端进行两次请求和应答，耗费时间和资源。

(7) Server 对象方式是 ASP .NET 用程序控制重定向实现页面导航的另外一种方式。Server 对象可以采用 Server.Transfer()和 Server.Execute()两种方法实现页面导航。Server.Transfer()方法把执行流程从当前的 ASPX 文件转到同一服务器上的另一个 ASPX 页面。调用 Server.Transfer()时，重定向完全在服务器端进行，客户端显示的 URL 不会改变。服务器终止当前的 ASPX 页面的执行，将执行流程转入另一个 ASPX 页面实现页面之间的导航。Server.Execute()方法导航方式类似于针对 ASPX 页面的一次函数调用，被调用的页面能够访问发出调用页面的表单数据和查询字符串集合，它允许当前的 ASPX 页面执行位

## 第4章 控制 ASP.NET 页面导航

于同一 Web 服务器上的指定 ASPX 页面,当指定的 ASPX 页面执行完毕,控制流程重新返回原页面。Server 对象方式同样也能通过程序控制代码实现多个 Web 表单页面之间任意的导航,但 Server.Transfer()方法和 Server.Execute()方法的实现代码编写较复杂。

(8) 客户端导航主要有 location.href 和<meta http-equiv="refresh" content="20;url=导航地址">两种形式。

location.href 形式能够在客户端提示后跳转,通常用于注册或登录成功后实现导航,代码如下。

```
Document.Write("<script language=javascript>alert('恭喜您,注册成功!')</script>" );
Document.Write("<script language = javascript> window.parent.frameLeft.location.href =' main.html'</script>");
```

而导航代码<meta http-equiv="refresh"content="20;url=导航地址">主要完成客户端的自动导航。例如,基于 Web 的考试系统,考试时间到时可使用此方法强制交卷。

### 任务 1:使用 HTML 表单实现页面导航

**开发任务:**

设计静态网页 Task1.htm 和动态网页 Task1-1.aspx,实现在 Task1.htm 网页的表单中输入账号和密码后导航到 Task1-1.aspx 页面并显示欢迎信息。

(1) Task1.htm 的运行效果如图 4-1(a)所示。

(2) 单击【确定】按钮后,网页跳转到 Task1-1.aspx,运行效果如图 4-1(b)所示。

(a) Task1.htm 运行效果

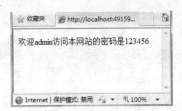
(b) Task1-1.aspx 运行效果

图 4-1 任务 1 运行效果

**解决方案:**

该 Task1.htm 页面使用表 4-1 所示的 HTML 元素完成指定的开发任务。

表 4-1 Task1.htm 的页面元素

| 类 型 | ID | 属 性 | 说 明 |
| --- | --- | --- | --- |
| Input(Text) | Text1 | Name:zh | 输入账号文本框 |
| Input(password) | Passwor1 | Name:ma | 输入密码文本框 |
| Input(Submit) | Submit1 | Value:确定 | 提交按钮 |
| table | | | 控制页面布局 |

**操作步骤：**

(1) 运行 Microsoft Visual Studio 2010 应用程序。

(2) 创建本地 ASP .NET 网站：C:\ASPNET\Chapter04。

(3) 新建【单文件页模型】的 Web 窗体：Task1-1.aspx。新建 HTML 页面：Task1.htm。

(4) 设计 Task1.htm 页面。单击【设计】标签，切换到设计视图。首先选择【表】→【插入表】命令，向页面中插入 1 个 4 行 2 列的表格，分别将第 1 行和第四行的两列合并。然后在表格中直接输入"请你登录"、"账号"、"密码"提示信息。最后从【工具箱】的【HTML】组中分别将 1 个 Input(Text)元素、1 个 Input(password)元素、1 个 Input(Submit)元素拖动到设计界面的表格中，并分别在【属性】面板中设置各控件属性如下：

① 设置 Input(Text)文本框的 ID 为 Text1、Name 为 zh；

② 设置 Input(password)的 ID 为 PassWord1、Name 为 ma；

③ 设置 Input(Submit)的 ID 为 Submit1、Value 为"确定"。Task1.htm 页面最终设计界面如图 4-2 所示。

图 4-2　Task1.htm 最终设计界面

(5) 添加导航代码。单击【源】标签，切换到代码编辑视图。向表单<form>中添加如下粗体阴影部分所示代码，<form>表单内其他的代码是自动生成的。

```
<body>
<form action="Task1-1.aspx " method="POST">
    <div style="text-align: center">
        <table align="center">
……
        </table>
    </div>

</form>
</body>
</html>
```

(6) 生成页面加载事件。在设计视图双击 Task1-1.aspx 页面的空白处，系统将自动生成 1 个名为 Page_Load 的 ASP .NET 事件函数，同时打开代码编辑窗口。

(7) 加入按钮 Page_Load 事件的处理代码。在 ASP .NET 事件函数的 body 中加入如下粗体阴影部分语句。

```
protected void Page_Load(object sender, EventArgs e)
{
    String user;
    String pass;
    user = Request.Form.Get("zh");
    pass = Request.Form.Get("ma");
    Response.Write("欢迎" + user + "访问本网站的密码是" + pass);
}
```

(8) 保存并运行 Task1.htm 文件，单击【确定】按钮提交后，网站导航到 Task1-1.aspx 页面并显示提示信息。

**操作小结：**

(1) 在 Microsoft Visual Studio 2010 开发环境中添加.htm 文件后，必须手工添加表单，可以有多个表单，.aspx 文件的表单自动添加，并且只能有 1 个表单。

(2) htm 文件的表单通过设置 action 属性可以导航到任何文件，如.asp、.aspx、.htm 等，当然也可以导航到自己，即提交到本页处理。

(3) 表单导航的同时可以传递数据到新的页面，传递值的方法有 POST、GET。POST 传值安全性好，GET 地址栏传值安全性差。如用 POST 传值需要用 Request.Form 接收，用 GET 传值需由 Request.Querystring 接收。

 **练习 1**：设计程序，实现姓名、性别的输入，利用表单导航，跳转到新的页面并输出

**开发任务：**

在任务 1 的基础上，设计输入表单程序 Exercise1.htm，实现"姓名"、"性别"的输入后提交到 Exercise1-1.aspx 页面并输出，要求"性别"输入使用 Radio 元素、"姓名"验证不能为空。

(1) Exercise1.htm 的运行效果如图 4-3(a)所示。

(2) 单击【确定】按钮后，网页跳转到 Exercise1-1.aspx，运行效果如图 4-3(b)所示。

 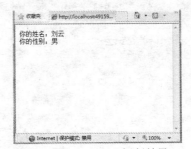

(a) Exercise1.htm 运行效果　　　(b)Exercise1-1.aspx 运行效果

图 4-3　练习 1 运行效果

**解决方案：**

Exercise1.htm 页面使用表 4-2 所示的 Web 窗体控件完成指定的开发任务。

表 4-2　Exercise1.htm 的页面控件

| 类型 | ID | 属性 | 说明 |
| --- | --- | --- | --- |
| Input(Text) | Text1 | Name：xm | 【姓名】文本框 |
| Radio | Radio1 | Name：xb | 【性别】单选按钮(男) |
| Radio | Radio2 | Name：xb | 【性别】单选按钮(女) |
| Input(submit) | Submit1 | Value：提交 | 【提交】按钮 |
| Table | | | 布局页面控制 |

**操作步骤：**

（1）打开 ASP .NET 网站。选择【文件】→【打开网站】命令，在【打开网站】对话框中选择"C:\ASPNET\Chapter04"文件夹，打开第 4 章的网站。

（2）添加 ASP .NET 页面。新建 Exercise1.htm 和 Exercise1-1.aspx 页面。

（3）设计 Exercise1.htm 页面。单击【设计】标签，切换到设计视图。首先在 Exercise1-1.htm 页面上插入 1 个 4 行 2 列的表格，合并表格的第 1 行并输入"***请你输入**** "，在第 2、3 行第 1 列分别输入"姓名"和"性别"，把第 4 行合并；然后从【工具箱】的【HTML】组中将 2 个 Input(Radio)、1 个 Input(Text)和 1 个 Input(Submit)控件拖到 Exercise1-1.htm 页面上，并分别在【属性】面板中设置各控件属性如下：

① 设置 Input(Text)的 ID 为 Text1；Name 属性为"xm"；

② 设置 2 个性别 Input(Radio)的 ID 分别为 Radio1 和 Radio2；Name 属性为"xb"；

③ 设置 Input(submit)的 ID 为 submit1。

Exercise1.htm 页面最终设计界面如图 4-4 所示。

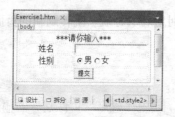

图 4-4　Exercise1.htm 的界面设计

（4）添加导航代码。首先添加如下粗体阴影部分所示的表单<form>代码，<form>表单内其他的代码是自动生成的。

```
<body>
    <form action="Exercise1-1.aspx" method ="get" name="myform" onsubmit="return namecheckdata()">
        <table align="center">
……
        </table>
    </form>
</body>
</html>
```

（5）编写验证代码。由于.htm 文件不能使用服务器端验证控件，需要自己在 Exercise1.htm 中编写验证函数如下粗体阴影所示。

```
<html xmlns="http://www.w3.org/1999/xhtml" >
<head>
    <title> </title>
</head>
<script language="javascript" type="text/javascript">
function namecheckdata()//校验姓名不能为空函数
{
   var name=document.myform.xm;
   if(name.value=='')
   {
      alert("用户名不能为空");
      document.myform.xm.focus();
```

```
        return false;
    }
}
</scirpt>
<body>
```

(6) 添加 Exercise1-1.aspx 页面的加载代码。在 Exercise1-1.aspx 页面的设计视图中双击页面空白区域，系统自动添加页面的 Page_Load 事件，并打开编辑窗口，添加如下粗体阴影部分的事件代码。

```
protected void Page_Load(object sender, EventArgs e)
{
    String xm1 = Request.QueryString.Get("xm");
    String xb1 = Request.QueryString.Get("xb");
    Response.Write("你的姓名：" + xm1 + "<br/>");
    Response.Write("你的性别：" + xb1 + "<br/>");
}
```

(7) 保存并运行 Exercise1.htm 文件。

**操作小结：**

(1) 本程序的 Exercise1.htm 表单使用 GET 的方法传值，因此在 Exercise1-1.aspx 文件的 Page_Load 事件中使用 Request.QueryString 接收数据。

(2) 静态网页不能使用验证控件进行验证，因此必须自己编写 JAVASCRIPT 或 VBSCRIPT 函数或过程进行验证，本程序使用 JAVASCRIPT 编写。

(3) 语句<form action="Exercise1-1.aspx" method ="get" name="myform" onsubmit="return namecheckdata()">中的 onsubmit="return namecheckdata()"的作用是当用户单击【确定】按钮提交数据前先调用自定义的 namecheckdata()函数对姓名进行验证。

(4) 为了访问表单中的 xm 文本框，添加表单属性 name="myform"，通过 document.myform.xm 访问文本框的值并判断是否为空。

## 任务 2：使用 ASP .NET 页面按钮实现页面导航

**开发任务：**

设计程序 Task2.aspx，使用页面按钮 Button、LinkButton、ImageButton 的跳转功能导航到同一页面 Task2-1.aspx。

(1) 运行效果如图 4-5(a)所示。

(2) 分别单击【Button 跳转】按钮或者【LinkButton 跳转】链接或者图片后，网页均跳转到 Task2-1.aspx，运行效果如图 4-5(b)所示。

**解决方案：**

Task2.aspx Web 页面使用表 4-3 所示的 ASP .NET 服务器控件完成指定的开发任务。

(a) Task2.aspx 运行效果　　　　　　　　(b) Task2-1.aspx 运行效果

图 4-5　任务 2 运行效果

表 4-3　Task2.aspx 的页面控件

| 类　　型 | ID | 属　　性 | 说　　明 |
| --- | --- | --- | --- |
| Button | Button1 | Text：Button 跳转<br>PostBackUrl：~/Task2-1.aspx | Button 跳转按钮 |
| LinkButton | LinkButton1 | Text：LinkButton 跳转<br>PostBackUrl：~/Task2-1.aspx | LinkButton 跳转链接 |
| ImageButton | ImageButton1 | ImageUrl：~/Image/1.jpg<br>PostBackUrl：~/Task2-1.aspx | ImageButton 跳转图片 |
| table | Table1 | | 控制 Web 控件布局 |

**操作步骤：**

(1) 打开第 4 章的 ASP .NET Web 站点。

(2) 添加 ASP .NET 页面。分别新建名为 Task2.aspx 和 Task2-1.aspx 的 Web 窗体程序。

(3) 添加图片文件。在【解决方案资源管理器】窗口中，右击项目"C:\ASPNET\Chapter04"，在弹出的快捷菜单中选择【新建文件夹】命令，然后将该新建文件夹命名为"Image"。右击 Image 文件夹，在弹出的快捷菜单中选择【添加现有项】命令，在【添加现有项】对话框里选择并添加 1.jpg 图片文件(涉及的素材可到前言所指明的网址去下载)，如图 4-6(a)和图 4-6(b)所示。

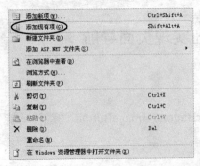
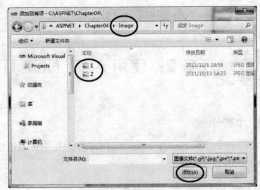

(a) 添加现有项　　　　　　　　　　　(b) 添加导航图片 1.jpg

图 4-6　在项目中添加图片

(4) 设计 ASP .NET 页面。切换到页面的设计视图，先往页面中插入 1 个 3 行 1 列的表格。然后从【工具箱】的【标准】组中分别将 1 个 Button 控件、1 个 LinkButton 控件和 1 个 ImageButton 拖动到表格的 3 行中，并分别设置各控件属性如下：

① 设置 Button 的 Text 属性为"Button 跳转",PostBackUrl 属性为"~/Task2-1.aspx";

② 设置 LinkButton 的 Text 属性为"LinkButton 跳转",PostBackUrl 属性为"~/Task2-1.aspx";

③ 设置 ImageButton 的 PostBackUrl 属性为"~/Task2-1.aspx",ImageUrl 属性值为"~/image/1.jpg"。

Task2.aspx 页面最后的设计效果如图 4-7 所示。

图 4-7　Task2.aspx 设计界面

(5) 生成页面加载事件。在 Task2-1.aspx 的设计视图中双击页面空白处,系统将自动生成 1 个名为"Page_Load()"的 ASP .NET 事件函数,同时打开代码编辑窗口。

(6) 加入事件的处理代码。在"Page_Load()"事件函数中加入如下粗体阴影部分语句。

```
protected void Page_Load(object sender, EventArgs e)
{
    Response.Write("三种按钮都能导航到本页");
}
```

(7) 保存并运行 Task2.aspx。

**操作小结：**

(1) 三种跳转控件具有相同的功能,都能导航到指定的 URL 页面,不同的是三种控件的外观不同,1 个是按钮,1 个是文本,1 个是图片。

(2) 三种控件具有相同的属性"PostBackUrl",通过设置该属性值,当单击时,能导航到指定的网页。

(3) ImageButton 控件具有独特的属性"ImageUrl",可以设置该控件的显示图片,设置方法如图 4-8 所示。

① 选中 Image Button 控件(百度 MP3 图片)。

② 在 Image Button【属性】面板中单击"Imageurl"属性右侧的选择按钮。

③ 随后打开【选择图像】对话框,选择图像文件,即可将该图像设置为 Imge Button 控件的显示图片。

(a) 选中 ImageButton 控件　　(b) 单击 ImageUrl 属性的选择按钮　　(c) 选择图像文件

图 4-8　ImageButton 控件 ImageUrl 属性设置

### 练习 2：使用 ImageMap 控件导航

**开发任务：**

设计程序 Exercise2.aspx，要求使用 ImageMap 控件的热区功能实现导航到百度和新浪首页。

(1) 运行效果如图 4-9(a)所示。

(2) 单击控件 ImageMap 不同的区域，网页分别跳转到百度和新浪首页，运行效果如图 4-9(b)、图 4-9(c)所示。

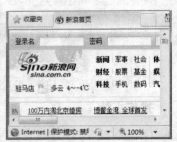

(a) 初始运行效果　　(b) 单击百度热区导航到百度首页　(c) 单击新浪热区导航到新浪首页

图 4-9　练习 2 运行效果

**解决方案：**

Exercise2.aspx 页面使用表 4-4 所示的 Web 窗体控件完成指定的开发任务。

表 4-4　Exercise2.aspx 的页面控件

| 类　型 | ID | 属　性 | 说　明 |
| --- | --- | --- | --- |
| ImageMap | ImageMap1 | ImageUrl：~/Image/2.jpg<br>HotSpots 集合：定义 2 个热区 | 热区设置控件 |

**操作步骤：**

(1) 打开第 4 章的 ASP .NET Web 站点。

(2) 添加 ASP .NET 页面。新建名为 Exercise2.aspx 的页面。

(3) 添加图片。右击【解决方案资源管理器】窗口中的 Image 目录，在弹出的快捷菜单中选择【添加现有项】命令，在【添加现有项】对话框里选择并添加 2.jpg 图片文件(涉及的素材可到前言所指明的网址去下载)。

(4) 设计 ASP .NET 页面。切换到页面的设计视图，在 Exercise2.aspx 页面上插入 1 个 Imagemap 控件，并在【属性】面板中设置其属性如下。

① 设置 Imagemap 控件的 ImageUrl 属性为"~/image/2.JPG"；

② 设置 Imagemap 控件的 HotSopts 属性设置如图 4-10(a)~图 4-10(c)所示。

(a) 设置 HotSpots 属性

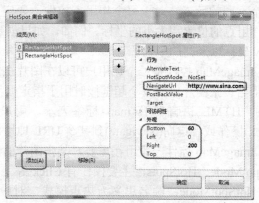
(b) 设置新浪热区外观大小参数

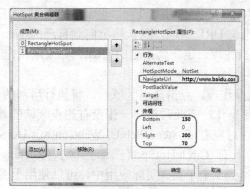
(c) 设置百度热区外观大小参数

图 4-10　设置 Imagemap 控件的 HotSopts 属性

Exercise2.aspx 页面最终设计效果如图 4-11 所示。

图 4-11　Exercise2.aspx 页面最终设计效果

(5) 单击【源】标签，切换到源代码视图，观察系统为以上操作自动生成的代码。

(6) 保存并运行 Exercise2.aspx 文件。

**操作小结：**

(1) 利用 ASP.NET 的 ImageMap 控件可以创建 1 个图像，该图像包含许多用户可以单击的区域，这些区域称为作用点。每一个作用点都可以是一个单独的超链接或回发事件。

(2) ImageMap 控件主要由两个部分组成。第 1 个是图像，它可以是任何标准 Web 图形格式的图形，如.gif、.jpg 或.png 文件。第 2 个元素是作用点控件的集合。每个作用点控件都是一个不同的元素。对于每个作用点控件，要定义其形状(圆形、矩形或多边形)以及用于指定作用点的位置和大小的坐标。例如，如果创建 1 个圆形作用点，则应定义圆心的 x 坐标和 y 坐标以及圆的半径。

(3) ImageMap 控件是一个让用户可以在图片上定义热点(HotSpot)区域的服务器控件。热区就是当一张图片包含数个超链接时用于指定哪部分区域指向哪个超链接地址的对象，在标准的 HTML 语言中用<map>标签表示。用户可以通过点击这些热点区域进行回发(PostBack)操作或者定向(Navigate)到某个 URL 地址。

(4) ImageMap 控件一般用在需要对某张图片的局部范围进行互动操作时，其主要属性有 HotSpotMode、HotSpots，主要操作有 Click 等。

① HotSpotMode：顾名思义为热点模式，对应枚举类型 System.Web.UI.WebControls.HotSpotMode。其选项及说明如下。

➢ NotSet：未设置项。虽然名为未设置，但其实默认情况下会执行定向操作，定向到指定的 URL。如果未指定 URL 地址，默认将定向到自己的 Web 应用程序根目录。

➢ Navigate：定向操作项。定向到指定的 URL，如果未指定 URL 地址，默认将定向到自己的 Web 应用程序根目录。

➢ PostBack：回发操作项。点击热点区域后，将执行后部的 Click 事件。

➢ Inactive：无任何操作，即此时形同一张没有热点区域的普通图片。

② HotSpots：该属性对应着 System.Web.UI.WebControls.HotSpot 对象集合。HotSpot 类是一个抽象类，它之下有 CircleHotSpot(圆形热区)、RectangleHotSpot(方形热区)和 PolygonHotSpot(多边形热区)三个子类。实际应用中，可以使用上面三种类型定制图片的热点区域。如果需要使用自定义的热点区域类型时，该类型必须继承 HotSpot 抽象类。

③ Click 为对热点区域的点击操作。通常在 HotSpotMode 为 PostBack 时用到。

## 任务 3：在服务器端控制页面导航

**开发任务：**

设计程序 Task3.aspx，要求用户输入用户名和密码，如果用户名和密码正确就使用 Response.Redirect()跳转到欢迎页面 Task3-1.aspx；否则显示出错信息。运行效果如图 4-12 所示。

**解决方案：**

Task3.aspx 页面使用表 4-5 所示的 ASP.NET 服务器控件完成指定的开发任务。

 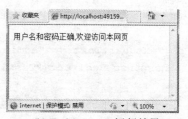

(a) Task3.aspx 运行效果　　　　　　　　(b) Task3-1.aspx 运行效果

图 4-12　任务 3 运行效果

表 4-5　Task3.aspx 的页面控件

| 类　型 | ID | 属　　性 | 说　　明 |
| --- | --- | --- | --- |
| Button | Button1 | Text：确定 | 跳转按钮 |
| TextBox | TextBox1 |  | 输入用户名 |
| TextBox | TextBox2 | TextMode：Password | 输入密码 |
| Label | Label1 | Text：空 | 错误信息提示标签 |
| table | Table1 |  | 控制 Web 控件布局 |

**操作步骤：**

(1) 打开第 4 章的 ASP .NET Web 站点。

(2) 添加 ASP .NET 页面。分别添加名为 Task3.aspx 和 Task3-1.aspx 的 Web 窗体程序。

(3) 设计 Task3.aspx 页面。单击【设计】标签，切换到设计视图。先向页面中插入 1 个 3 行 2 列的表格，把背景设置为黄色并把第 3 行合并。然后从【工具箱】的【标准】组中分别将 1 个 Button 控件、2 个 TextBox 控件拖动到 Task3.aspx 页面，并分别在【属性】面板中设置各控件属性：

① 设置用户名 TextBox 控件的 ID 为"TextBox1"；

② 设置密码 TextBox 控件的 ID 为"TextBox2"，TextMode 属性为"Password"；

③ 设置 Button 控件的 Text 属性为"确定"。

最后在表格后面插入 1 个 Label 控件，设置其 Text 属性为空。最终的 Task3.aspx 页面设计效果如图 4-13 所示。

图 4-13　Task3.aspx 设计界面

(4) 生成按钮事件。在设计视图双击【确定】按钮，系统将自动生成 1 个"Click"事件函数，同时打开代码编辑窗口。在"Button1_Click()"事件函数中加入如下粗体阴影部分语句。

```
protected void Button1_Click(object sender, EventArgs e)
{
    if (TextBox1.Text == "admin" & TextBox2.Text == "admin")
        Response.Redirect("Task3-1.aspx");
    else
        Label1.Text = "对不起，密码或用户名不正确，请重新输入！";
}
```

（5）加入页面加载事件的处理代码。在 Task3-1.aspx 网页的 Page_Load()事件中加入如下粗体阴影部分语句。

```
protected void Page_Load(object sender, EventArgs e)
{
    Response.Write("用户名和密码正确,欢迎访问本网页");
}
```

（6）保存并运行 Task3.aspx。

**操作小结：**

（1）本任务是用固定的用户名和密码。实际运用中，用户名和密码一般保存在数据库或配置文件中。

（2）Response.Redirect()是服务器端跳转方法，是常用的导航方法。

（3）Response.Redirect()导航时还可以传值到新的页面，语法是：

Response.Redirect("Task3-1.aspx?xm=admin")

（4）和前面导航按钮不同的是，Response.Redirect 导航自动执行，不需要单击。

**练习 3：使用服务器端代码 Server.Transfer、Server.Execute 导航**

图 4-14 Exercise3.aspx 运行效果

**开发任务：**

设计程序 Exercise3.aspx，分别利用 Server.Transfer、Server.Execute 方法导航到 Exercise3-1.aspx 并输出相关信息。运行效果如图 4-14 所示。

**解决方案：**

Exercise3.aspx 和 Exercise3-1.aspx 页面没有使用任何控件，仅使用内置对象 Server 的导航功能完成指定的开发任务。

**操作步骤：**

（1）打开第 4 章的 ASP.NET Web 站点。

（2）添加 ASP.NET 页面。分别添加名为 Exercise3.aspx 和 Exercise3-1.aspx 的页面。

（3）编写 Exercise3.aspx 页面的代码。在页面的设计视图中双击空白区域，生成 Page_Load 事件，编写 Page_Load 事件代码如下。

```
protected void Page_Load(object sender, EventArgs e)
{
```

```
        Response.Write("Exercise3.aspx 本页第 1 次输出" + "<br/>");
        Server.Execute("Exercise3-1.aspx");
        Response.Write("Exercise3.aspx 本页第 2 次输出" + "<br/>");
        Server.Transfer("Exercise3-1.aspx");
        Response.Write("Exercise3.aspx 本页第 3 次输出" + "<br/>");
}
```

(4) 编写 Exercise3-1.aspx 页面的代码。参照第 3 步添加 Page_Load()事件代码如下：

```
protected void Page_Load(object sender, EventArgs e)
{
        Response.Write("Exercise3-1.aspx 输出" + "<br/>");
}
```

(5) 保存并运行 Exercise3.aspx 文件。

**操作小结：**

(1) Server.Transfer()、Server.Execute()导航不需要单击可以自动跳转到指定页面。

(2) Server.Transfer()、Server.Execute()导航到指定页面时，指定页面的输出在调用页面输出，有点类似于函数的调用。

(3) 从 Exercise3.aspx 页面的运行效果可以看出，Server.Execute()跳转到指定页面输出后会返回调用页面继续执行下面的代码，而 Server.Transfer()跳转后输出指定页面的结果后不会返回到调用页面继续执行。

## 任务 4：在浏览器端控制页面导航

**开发任务：**

设计程序 Task4.aspx，要求显示注册成功信息后，使用 window.location.href 跳转到欢迎页面 Task4-1.aspx。运行效果如图 4-15(a)、图 4-15(b)所示。

(a) Task4.aspx 运行效果　　　　(b) Task4-1.aspx 运行效果

图 4-15　任务 4 运行效果

**解决方案：**

使用 window.location.href 客户端导航功能完成指定的开发任务。

**操作步骤：**

(1) 打开第 4 章的 ASP .NET Web 站点。

(2) 添加 ASP .NET 页面。参考前例分别在【解决方案资源管理器】窗口中添加名为 Task4.aspx、Task4-1.aspx 的 Web 窗体程序。

(3) 编写导航代码。

① 切换到页面 Task4.aspx 的源代码视图,在 html 标记之前添加如下粗体阴影部分客户端代码。

```
<script language="vbscript">
    msgbox "注册成功,欢迎进入主页面!"
    window.location.href="Task4-1.aspx"
</script>
```

② 在页面 Task4-1.aspx 的设计视图,双击页面的空白处,在生成的 Page_Load()事件函数中添加如下粗体阴影代码:

```
protected void Page_Load(object sender, EventArgs e)
{
    Response.Write("欢迎访问本网页");
}
```

(4) 保存并运行 Task4.aspx。

**操作小结:**

(1) window.location.href 是客户端跳转方法,常用于注册成功后的导航,在跳转前通常先弹出消息框,否则会自动跳转。

(2) 本任务并没有真正的注册信息,只是显示注册成功的信息,然后利用 location.href 跳转到 Task4-1.aspx,Window 对象可以省略。

(3) 由于 Task4.aspx 页面中没有服务器端代码,因此本网页也可以保存为 Task4.htm。

练习 4:使用<meta http-equiv="refresh" content=";url=">导航

**开发任务:**

设计程序 Exercise4.htm,使用<meta http-equiv="refresh" content=";url=">客户端方法进行导航,要求 10 秒倒计时结束后自动跳转到 Exercise4-1.aspx 并输出相关信息。

(1) Exercise4.htm 的页面初始运行效果如图 4-16(a)所示。

(2) 10 秒钟倒计时结束后自动跳转到 Exercise4-1.aspx,运行效果如图 4-16(b)所示。

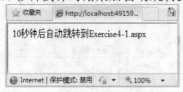

(a) Exercise4.htm 初始运行效果　　(b)10 秒倒计时后自动跳转到 Exercise4-1.aspx

图 4-16 练习 4 运行效果

**解决方案:**

使用<meta http-equiv="refresh" content=";url= ">的导航功能和自编倒计时函数完成指定的开发任务。

**操作步骤：**

(1) 打开第 4 章的 ASP .NET Web 站点。

(2) 添加 ASP .NET 页面。分别添加名为 Exercise4.htm、Exercise4-1.aspx 的 Web 页面。

(3) 代码编写。

① 切换到 Exercise4.htm 页面的源代码视图，添加如下粗体阴影部分代码：

```
<meta http-equiv="refresh" content="10;url=Exercise4-1.aspx">
<html xmlns="http://www.w3.org/1999/xhtml" >
<script language="javascript">
   document.write("10 秒钟后自动跳转到Exercise4-1.aspx");
   var s = 10;
   function lasttime()//倒计时函数 lasttime
   {
      if (s > 0) {
         s -= 1;
         window.status = "剩余时间:" + s + "秒";
         //settimeout是系统函数，作用是每1秒调用Lasttime()函数1次
         setTimeout("lasttime()", 1000);
      }
   }
</script>
```

② 在页面 Exercise4-1.aspx 的设计视图生成 Page_Load 事件，并添加如下代码。

```
protected void Page_Load(object sender, EventArgs e)
{
    Response.Write("欢迎访问本网页");
}
```

(4) 保存并运行 Exercise4.htm 文件。

**操作小结：**

(1) <meta http-equiv="refresh" content=";url= ">是客户端导航，"content"关键字代表以秒计算的等待时间，"url"是跳转的页面地址。

(2) 该导航方法常用于网页的自动刷新，把 url 改为本网页自己的文件名，即可实现自我刷新，如编写聊天室程序时经常使用该方法。

(3) settimeout 是系统函数，功能是实现调用函数，它有两个参数，第 1 个参数表示被调用的函数名，第 2 个参数代表时间间隔大小，单位是毫秒。因此可以实现函数递归调用。

## 学习小结

通过本章您学习了：

(1) 使用 HTML 表单实现页面导航。

(2) 使用超链接实现页面导航。

(3) 使用 ASP .NET 页面按钮实现页面导航。

(4) 使用服务器端方法控制页面导航。

(5) 使用浏览器端方法控制页面导航。

(6) 比较与选择。既然从一个页面导航到另一个页面的办法有这么多，应该如何选择最佳的导航方式呢？下面是一些需要考虑的因素：

① 如果要让用户来决定何时转换页面以及转到哪一个页面，超级链接最适合；

② 如果要用程序控制转换的目标，但转换的时机由用户决定，使用 Web 服务器的 HyperLink 控件，动态设置其 NavigateUrl 属性；

③ 如果要把用户连接到另一台服务器上的资源，可以使用 Response.Redirect 把用户连接到非 ASPX 的资源，如 HTML 页面。如果要将查询字符串作为 URL 的一部分保留，也可以使用 Response.Redirect；

④ 如果要将执行流程转入同一 Web 服务器的另一个 ASPX 页面，应当使用 Server.Transfer 而不是 Response.Redirect，因为 Server.Transfer 能够避免不必要的网络通信，从而获得更好的性能和浏览效果；

⑤ 如果要捕获一个 ASPX 页面的输出结果，然后将结果插入另一个 ASPX 页面的特定位置，则使用 Server.Execute。

## 习题

一、单选题

1. 下列关于导航的描述中，_____是错误的。
   A. 超链接导航方式使用 HTML 超链接控件实现页面间的导航。
   B. 表单导航主要在 HTML 网页的表单中进行，同时可以传递数据到导航页面。
   C. 表单导航也可在 ASPX 网页的表单中进行，同时可以传递数据到导航页面。
   D. ASP .NET 程序控制重定向方式提供了用代码控制整个导航过程的方式。

2. 下列_____重定向方式完全在服务器端完成，不改变客户端的 URL 显示。
   A. 超级链接方式    B. Server.Transfer    C. 表单方式    D. 客户端方式

3. 下列_____ASP .NET 控件不能实现页面导航。
   A. Button    B. LinkButton    C. ImageButton    D. Label

4. 下列关于表单的说法中，正确的是_____。
   A. Visual Studio 2010 集成开发环境可以在 HTM 网页中自动生成一个表单。
   B. Visual Studio 2010 集成开发环境中可以手动在 HTM 网页中添加多个表单。
   C. Visual Studio 2010 集成开发环境可以在 ASP .NET 页面中自动生成多个表单。
   D. Visual Studio 2010 集成开发环境可以手动在 ASP .NET 页面中添加多个表单。

5. 下列_____不是服务器端的导航方式。
   A. Form                          B. Response.Redirect
   C. Server.Transfer               D. Server.Execute

二、填空题

1. _____导航方式类似于函数调用，被调用的页面能够访问发出调用页面的表单数据和查询字符串集合，当指定的 ASPX 页面执行完毕，控制流程重新返回原页面。
2．客户端使用_____重定向方法需要与服务器通信两次。
3．静态网页不能使用_____进行验证。
4．Button 控件通过设置_____属性值，当单击时能导航到指定的网页。
5．ImageMap 控件通过设置_____来实现导航。
6．_____导航方法常用于网页的自动刷新。

三、思考题

1．ASP .NET 页面导航有哪些方式？
2．导航的方式有多种，应该如何选择最佳的导航方式？
3．ImageMap 控件的热点区域设置有几种方式？

四、实践题

1．编写 1 个用于登录的页面 login.htm，对用户名和密码进行检查，如果输入的内容符合要求，将内容发至 checklogin.aspx 页。程序运行界面如图 4-17(a)～图 4-17(d)所示。

(a) 缺少账号输入的界面

(b) 缺少密码输入的界面

(c) 账号密码信息均输入的界面

(d) 提交信息后的界面

图 4-17　实践题 1 的运行效果

2．编写 1 个时间显示页面 showtime.htm，每隔 1S 刷新页面显示系统当前时间。运行界面如图 4-18 所示。

图 4-18　实践题 2 的运行效果

第 5 章

# 使用 ASP .NET 验证控件检验表单

**通过本章您将学习：**

- 使用 ASP .NET 验证控件验证 Web 窗体页上的输入
- 使用必需验证控件
- 使用摘要验证控件
- 使用正则表达式验证控件
- 使用比较验证控件
- 使用范围验证控件
- 使用自定义验证控件

(1) Web 页面中，常常需要验证用户输入数据的有效性，如果使用常规的编写代码的方法，需要编写大量的代码。ASP.NET Web 窗体框架包含一组验证服务器控件，提供了进行声明客户或服务器端数据验证的方法。使用这些服务器验证控件，可以实现复杂的数据验证功能。

(2) 向页面添加验证控件的方法与添加其他服务器控件的方法相同。通过设置验证控件的 ControlToValidate 属性，以指向要验证的输入控件(服务器控件)。

(3) 当处理用户输入时(如当提交页面时)，验证控件会对用户输入进行测试，并设置属性以指示该输入是否通过测试。调用了所有验证控件后，会在页面上设置一个属性以指示是否出现验证检查失败。

(4) ASP.NET 包括如表 5-1 所示的验证控件。

表 5-1  ASP.NET 的验证控件

| 控件名 | 功能 |
| --- | --- |
| RequiredFieldValidator(必需字段验证) | 指定要验证的控件中必须提供信息 |
| CompareValidator(比较验证) | 将一个控件的值同另一个控件值相比较，或者与该控件的 ValueToCompare 属性中的确切值进行比较 |
| RangeValidator(范围验证) | 测试输入值是否位于指定的范围内 |
| RegularExpressionValidator(正则表达式验证) | 检查用户输入是否匹配预定义的模式，如电话号码、邮编、电子邮件地址等 |
| CustomValidator(自定义验证) | 实现自定义的服务器端验证函数，以满足特殊的验证需求 |
| ValidationSummary(验证摘要) | 总结验证结果 |

(5) 通过使用由各个验证控件和页面公开的对象模型，可以与验证控件进行交互。每个验证控件都会公开自己的 IsValid 属性，可以测试该属性以确定该控件是否通过验证测试。页面还公开一个 IsValid 属性，该属性总结页面上所有验证控件的 IsValid 状态，并允许执行单个测试，以确定是否可以继续自行处理。

(6) 验证控件总是在服务器代码中执行验证检查。然而，如果用户使用的浏览器支持DHTML，则验证控件也可使用客户端脚本执行验证。

(7) 默认情况下启用客户端验证。如果客户端支持，则将自动执行客户端验证。若要禁用客户端验证，可将页的 ClientTarget 属性设置为 "Downlevel" ("Uplevel" 则强制执行客户端验证)。

## 任务 1：使用必需验证控件验证用户登记信息

**开发任务：**

创建网上个人商品销售登记 ASP.NET Web 页面 Task1.aspx，输入个人用户信息，要求必须输入用户名、登录密码、电子邮箱、电话号码和邮政编码。

(1) 初始页面的运行效果如图 5-1(a)所示。

(2) 在初始页面直接单击【确定】按钮，即用户名、登录密码、电子邮箱、电话号码和邮政编码均不提供任何信息时，页面运行效果如图 5-1(b)所示，表明用户名、登录密码、电子邮箱、电话号码和邮政编码是必输信息。

(3) 当提供了用户名、登录密码、电子邮箱、电话号码和邮政编码信息时，页面的运行效果如图 5-1(c)所示。

(a) 初始页面运行效果

(b) 必输信息显示效果

(c) 显示个人具体信息

图 5-1　Task1.aspx 的运行效果

**解决方案：**

该 ASP .NET Web 页面使用表 5-2 所示的 Web 服务器控件完成指定的开发任务。

表 5-2　Task1.aspx 的页面控件

| 类　　型 | ID | 说　　明 |
| --- | --- | --- |
| TextBox | UserName | 【用户名】文本框 |
| RequiredFieldValidator | RequiredFieldValidator1 | 用户名必需验证控件 |
| TextBox | Password | 【密码】文本框 |
| RequiredFieldValidator | RequiredFieldValidator1 | 密码必需验证控件 |
| TextBox | Email | 【电子邮箱】文本框 |
| RequiredFieldValidator | RequiredFieldValidator2 | 电子邮箱必需验证控件 |
| TextBox | Telphone | 【电话号码】文本框 |
| RequiredFieldValidator | RequiredFieldValidator3 | 电话号码必需验证控件 |
| TextBox | Postcode | 【邮政编码】文本框 |
| RequiredFieldValidator | RequiredFieldValidator4 | 邮政编码必需验证控件 |
| ValidationSummary | ValidationSummary1 | 验证摘要控件 |
| Button | Button1 | 【确定】按钮 |
| Label | Message | 结果显示标签 |

(1) 用户名、登录密码、电子邮箱、电话号码和邮政编码均使用 RequiredFieldValidator 控件进行必需字段验证，以确保用户没有跳过此五项的输入。

(2) 使用 ValidationSummary 控件"轮询"每个验证控件，并汇集每个控件公开的文本消息以显示所有的错误信息。

## 第 5 章 使用 ASP.NET 验证控件检验表单

**操作步骤：**

(1) 运行 Microsoft Visual Studio 2010 应用程序。

(2) 创建本地 ASP.NET 空网站：C:\ASPNET\Chapter05。

(3) 新建单文件页模型的 ASP.NET Web 窗体：Task1.aspx。

(4) 设计 ASP.NET Web 页面。单击【设计】标签，切换到设计视图，输入"网上个人商品销售登记"的提示文字信息，加粗、24pt。为了整齐布局 ASP.NET 页面，选择【表】→【插入表】命令，插入 1 个 5 行 2 列的表格；先在表格的第 1 列各行输入一系列的提示信息，然后分别从【标准】工具箱和【验证】工具箱中将 5 个 TextBox 控件、5 个 RequiredFieldValidator 控件、1 个 ValidationSummary 控件、1 个 Button 控件以及 1 个 Label 控件拖动到页面相应的位置。并分别在【属性】面板中设置各控件属性：

① 用户名 TextBox 的 ID 为 UserName；

② 用户名 RequiredFieldValidator 验证控件的 Display 为 "Dynamic"、ErrorMessage 为 "用户姓名"、ForeColor 为 "Red"、文本内容为 "*"、ControlToValidate 为 "UserName"。

③ 登录密码 TextBox 的 ID 为 "Password"、TextMode 为 "Password"。

④ 登录密码 RequiredFieldValidator 验证控件的 Display 为 "Dynamic"、ErrorMessage 为 "请提供密码"、ForeColor 为 "Red"、文本内容为 "*"、ControlToValidate 为 "Password"。

⑤ 电子邮箱 TextBox 的 ID 为 "Email"。

⑥ 电子邮箱 RequiredFieldValidator 验证控件的 Display 为 "Dynamic"、ErrorMessage 为 "用户电子邮箱"、ForeColor 为 "Red"、文本内容为 "*"、ControlToValidate 为 "Email"。

⑦ 电话号码 TextBox 的 ID 为 "Telphone"。

⑧ 电话号码 RequiredFieldValidator 验证控件的 Display 为 "Dynamic"、ErrorMessage 为 "用户电话号码"、ForeColor 为 "Red"、文本内容为 "*"、ControlToValidate 为 "Telphone"。

⑨ 邮政编码 TextBox 的 ID 为 "Postcode"。

⑩ 邮政编码 RequiredFieldValidator 验证控件的 Display 为 "Dynamic"、ErrorMessage 为 "邮政编码"、ForeColor 为 "Red"、文本内容为 "*"、ControlToValidate 为 "Postcode"。

⑪ ValidationSummary 验证控件的 ForeColor 为 "Red"、HeaderText 为 "您必须提供以下信息："。

⑫ Button 的文本内容为 "确定"。

⑬ 信息显示 Label 的文本内容为空、ID 改为 "Message"。

最后的 ASP.NET 页面编辑结果如图 5-2 所示。

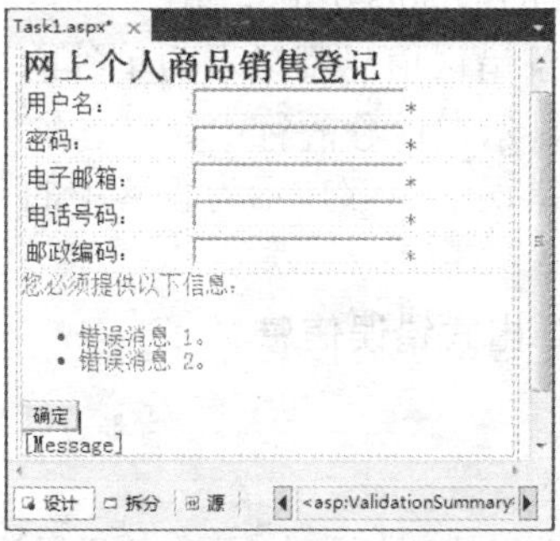

图 5-2　Task1.aspx 的设计页面

(5) 在文档窗口底部单击【源】标签,切换到源代码视图,观察系统为以上操作自动生成的代码。

(6) 生成并处理按钮单击事件。①在设计窗口双击【确定】按钮,系统将自动生成 1 个名为 Button1_Click 的事件函数,同时打开源代码编辑窗口。②在 Button1_Click 的 ASP .NET 事件函数的 body 中加入如下粗体阴影语句,以在 Message Label 中显示用户所输入的基本信息。

```
protected void Button1_Click(object sender, EventArgs e)
{
    Message.Text = "网上个人商品信息输入正确!" +"<br/>";
    Message.Text += "用户姓名:" + UserName.Text + "<br/>";
    Message.Text += "电子邮箱:"+ Email.Text + "<br/>";
    Message.Text += "电话号码:" + Telephone.Text + "<br/>";
    Message.Text += "邮政编码:" + Postcode.Text + "<br/>";
}
```

(7) 保存并运行 Task1.aspx。

**操作小结:**

(1) 通过在 ASP .NET 页面中添加 RequiredFieldValidator 控件,并设置其 ControlToValidate 属性指向要验证的控件,可以指定要验证的控件中必须提供信息。例如,可以指定用户在提交注册窗体之前必须填写"姓名"文本框。

(2) RequiredFieldValidator 控件确保用户没有跳过某项输入。

① 通过在 ASP .NET 页面中添加 RequiredFieldValidator 控件,并设置其 ControlToValidate 属性指向要验证的控件,可以指定要验证的控件中必须提供信息。

② 通过其 InitialValue 属性,获取或设置欲验证控件的初始值,默认为 Nothing。

(3) ValidationSummary 验证控件:当用户向服务器提交页面之后,Web 窗体框架将用户的输入项传递到关联的验证控件。验证控件验证用户的输入,并设置其 IsValid 属性以指示输入是否通过了验证测试。处理完所有的验证控件后,将设置页上的 IsValid 属性。如果有任何控件显示验证检查失败,则整页设置无效。当页的 IsValid 属性为 False 时,将显示 ValidationSummary 控件。ValidationSummary 控件"轮询"该页上的每个验证控件,并汇集每个控件公开的错误文本消息。

(4) 通过设置验证摘要控件的 DisplayMode 属性,可以控制其显示格式。

① BulletList(默认值):每条错误信息都显示为单独的项。
② List:每条错误信息都显示在单独的行中。
③ SingleParagraph:每条错误信息都显示为段落中的一个句子。

 练习 1:配置显示弹出式错误信息

**开发任务:**

修改任务 1 的功能,使用弹出式对话框的方式显示错误信息。运行效果如图 5-3 所示。

# 第 5 章 使用 ASP.NET 验证控件检验表单

图 5-3 Exercise1.aspx 的运行效果

**操作提示：**

(1) 将任务 1 生成的 Task1.aspx 另存为 Exercise1.aspx。
(2) 修改 ValidationSummary 验证控件的属性：
① ShowMessageBox 选择为 True；
② ShowSummary 选择为 False。
(3) 保存并运行 Exercise1.aspx。

 **任务 2：使用正则表达式验证用户登录信息**

**开发任务：**

在任务 1 的基础上，要求所输入的用户名、密码、电子邮箱、电话号码以及邮政编码都必须满足设置的正则表达式条件。

(1) 当提供了不符合本任务所设置的正则表达式的用户名、密码、电子邮箱、电话号码以及邮政编码信息时，页面的运行效果如图 5-4(a)所示。

(2) 当提供了正确的用户名、密码、电子邮箱、电话号码以及邮政编码信息时，页面的运行效果如图 5-4(b)所示。

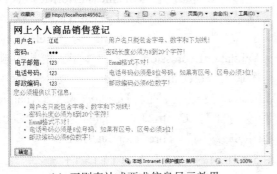 

(a) 正则表达式要求信息显示效果　　　　　　(b) 用户信息输入正确

图 5-4 Task2.aspx 的运行效果

## 解决方案:

在表 5-2 的基础上,该 ASP .NET Web 页面使用表 5-3 所示新增的 Web 服务器控件完成指定的开发任务。

表 5-3 Task2.aspx 新增的页面控件

| 类 型 | ID | 说 明 |
| --- | --- | --- |
| RegularExpressionValidator | RegularExpressionValidator1 | 用户名正则表达式验证控件 |
| RegularExpressionValidator | RegularExpressionValidator2 | 密码正则表达式验证控件 |
| RegularExpressionValidator | RegularExpressionValidator3 | 电子邮箱正则表达式验证控件 |
| RegularExpressionValidator | RegularExpressionValidator4 | 电话号码正则表达式验证控件 |
| RegularExpressionValidator | RegularExpressionValidator5 | 邮政编码正则表达式验证控件 |

**操作步骤:**

(1) 将 Task1.aspx 另存为 Task2.aspx。

(2) 设计 ASP .NET 页面。单击【设计】标签,分别从【验证】工具箱中将 5 个 RegularExpressionValidator 控件拖动到 ASP .NET 页面中用户名、密码、电子邮箱、电话号码以及邮政编码必需验证控件之后,并分别在【属性】面板中设置各控件属性:

① 用户名 RegularExpressionValidator 验证控件的 Display 为"Dynamic",ErrorMessage 为"用户名只能包含字母、数字和下划线!",ControlToValidate 为"UserName"、ValidationExpression 为"\w+",ForeColor 为"Red"。

② 密码 RegularExpressionValidator 验证控件的 Display 为"Dynamic",ErrorMessage 为"密码长度必须为 8 到 20 个字符!",ControlToValidate 为"Password",ValidationExpression 为".{8, 20}",ForeColor 为"Red"。

图 5-5 Internet 电子邮件地址正则表达式

③ 电子邮箱 RegularExpressionValidator 验证控件的 Display 为"Dynamic",ErrorMessage 为"Email 格式不对!",ControlToValidate 为"Email",ValidationExpression 选择"Internet 电子邮件地址(如图 5-5 所示)",ForeColor 为"Red"。

④ 电话号码 RegularExpressionValidator 验证控件的 Display 为"Dynamic",ErrorMessage 为"电话号码必须是 8 位号码,如果有区号,区号必须 3 位!",ControlToValidate 为"Telephone",ValidationExpression 选择"中华人民共和国电话号码",ForeColor 为"Red"。

⑤ 邮政编码 RegularExpressionValidator 验证控件的 Display 为"Dynamic"、ErrorMessage 为"邮政编码必须 6 位数字!",ControlToValidate 为"PostCode",ValidationExpression 选择"中华人民共和国邮政编码",ForeColor 为"Red"。

最后的 ASP .NET 页面编辑结果如图 5-6 所示。

(3) 在文档窗口底部单击【源】标签,切换到源代码视图,观察系统为以上操作自动生成的代码。

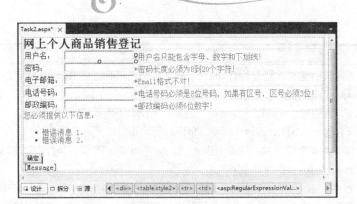

图 5-6  Task2.aspx 的设计页面

(4) 保存并运行 Task2.aspx。

**操作小结:**

(1) RegularExpressionValidator 控件确认用户输入是否匹配预定义的模式。

① 该验证类型允许检查可预知的字符序列,如社会保障号(身份证号码)、Internet 电子邮件地址、Internet URL、电话号码、邮政编码等中的字符序列。

② RegularExpressionValidator 使用两个关键属性执行验证:ControlToValidate 包含要验证的值,而 ValidationExpression 包含要匹配的正则表达式。

(2) RegularExpression(正则表达式)就是由普通字符(如字符 a 到 z)以及特殊字符(称为元字符)组成的文字模式。该模式描述在查找文字主体时待匹配的一个或多个字符串。正则表达式作为一个模板,将某个字符模式与所搜索的字符串进行匹配。

(3) 正则表达式就是由普通字符(如字符 a 到 z)以及特殊字符(称为元字符)组成的文字模式。该模式描述在查找文字主体时待匹配的一个或多个字符串。正则表达式作为一个模板,将某个字符模式与所搜索的字符串进行匹配。正则表达式使用的常用字符和匹配模式如表 5-4 所示。

表 5-4  正则表达式常用字符与匹配模式

| 字 符 | 匹配模式 |
| --- | --- |
| \ | 将下一个字符标记为特殊字符或字面值。例如"n"与字符"n"匹配。"\n"与换行符匹配。序列"\\"与"\"匹配, "\("与"("匹配 |
| ^ | 匹配输入的开始位置 |
| $ | 匹配输入的结尾 |
| * | 匹配前一个字符零次或几次。例如,"zo*"可以匹配"zo"、"zoo" |
| + | 匹配前一个字符一次或多次。例如,"zo+"可以匹配"zoo",但不匹配"zo" |
| ? | 匹配前一个字符零次或一次。例如,"n?ve?"可以匹配"never" |
| . | 匹配换行符以外的任何字符 |
| (pattern) | 与模式匹配并记住匹配。匹配的子字符串可以从作为结果的 Matches 集合中使用 Item[0]...[n]取得。如果要匹配括号字符(和),可使用"\("或"\)" |
| x\|y | 匹配 x 或 y。例如,"z\|food"可匹配"z"或"food"。"(g\|f)ood"匹配"good"或"food" |

续表

| 字　符 | 匹配模式 |
|---|---|
| {n} | n 为非负的整数。匹配恰好 n 次。例如，"o{2}"不能与"Bob 中的"o"匹配，但是可以与"foooood"中的前两个 o 匹配 |
| {n,} | n 为非负的整数。匹配至少 n 次。例如，"o{2,}"不匹配"Bob"中的"o"，但是匹配"foooood"中所有的 o。"o{1,}"等价于"o+"。"o{0,}"等价于"o*" |
| {n,m} | m 和 n 为非负的整数。匹配至少 n 次，至多 m 次。例如，"o{1, 3}"匹配"foooooood"中前三个 o。"o{0, 1}"等价于"o?" |
| [xyz] | 一个字符集。与括号中字符的其中之一匹配。例如，"[abc]"匹配"plain"中的"a" |
| [^xyz] | 一个否定的字符集。匹配不在此括号中的任何字符。例如，"[^abc]"可以匹配"plain"中的"p" |
| [a-z] | 表示某个范围内的字符。与指定区间内的任何字符匹配。例如，"[a-z]"匹配"a"与"z"之间的任何一个小写字母字符 |
| [^m-z] | 否定的字符区间。与不在指定区间内的字符匹配。例如，"[^m-z]"与不在"m"到"z"之间的任何字符匹配 |

(4) 常用的正则表达式如表 5-5 所示。

表 5-5　常用的正则表达式

| 用　途 | 正则表达式 |
|---|---|
| Internet 电子邮件地址 | \w+([-+.']\w+)*@\w+([-.]\w+)*\.\w+([-.]\w+)* |
| 中华人民共和国电话号码 | (\(\d{3}\)\|\d{3}-)?\d{8} |
| 中华人民共和国邮政编码 | \d{6} |
| Internet URL | http(s)?://([\w-]+\.)+[\w-]+(/[\w- ./?%&=]*)? |
| 中华人民共和国身份证号码(ID 号) | \d{17}[\d\|X]\d{15} |

**练习 2：使用正则表达式验证个人主页网址信息**

**开发任务：**

在任务 2 的基础上，增加个人主页信息，要求个人主页网址必须满足设置的 URL 正则表达式条件。当提供了不符合本练习所设置的 URL 正则表达式的网址信息时，页面的运行效果如图 5-7 所示。

**解决方案：**

在表 5-2 的基础上，该 ASP .NET Web 页面使用表 5-6 所示新增的 Web 服务器控件完成指定的开发任务。

表 5-6　Exercise2.aspx 新增的页面控件

| 类　型 | ID | 说　明 |
|---|---|---|
| TextBox | Homepage | 【个人主页网址】文本框 |
| RegularExpressionValidator | RegularExpressionValidator1 | 个人主页网址正则表达式验证控件 |

## 操作提示：

(1) 将 Task2.aspx 另存为 Exercise2.aspx。

(2) 设计 ASP .NET 页面。在设计窗口，在表格的最后再增加一行，在第 1 列输入"个人主页："的提示信息，然后分别从【标准】工具箱和【验证】工具箱中将 1 个 TextBox 控件和 1 个 RegularExpressionValidator 控件拖动到表格新增行的第 2 列，并分别在【属性】面板中设置各控件属性。最后的 ASP .NET 页面编辑结果如图 5-8 所示。

图 5-7 Exercise2.aspx 的运行效果

图 5-8 Exercise2.aspx 的设计页面

① 个人主页 TextBox 的 ID 为 "Homepage"；

② 个人主页 RegularExpressionValidator 验证控件的 Display 为 "Dynamic"，ErrorMessage 为 "请输入正确格式的 URL！"，ControlToValidate 为 "Homepage"，ValidationExpression 为 "http://\S+\.\S+"。

(3) 在文档窗口底部单击【源】标签，切换到源代码视图，观察系统为以上操作自动生成的代码。

(4) 在按钮单击事件中增加个人主页处理信息。在源代码编辑窗口的 Button1_Click 的 ASP .NET 事件函数的 body 中增加如下粗体阴影语句，以在 Message Label 中显示用户所输入的个人主页信息。

```
protected void Button1_Click(object sender, EventArgs e)
{
    Message.Text = "网上个人商品信息输入正确！" +"<br/>";
    Message.Text += "用户姓名：" + UserName.Text + "<br/>";
    Message.Text += "电子邮箱：" + Email.Text + "<br/>";
    Message.Text += "电话号码：" + Telephone.Text + "<br/>";
    Message.Text += "邮政编码：" + Postcode.Text + "<br/>";
    Message.Text += "个人主页：" + Homepage.Text + "<br/>";
}
```

(5) 保存并运行 Exercise2.aspx。

## 任务 3：使用比较和范围验证控件验证拍卖商品信息

**开发任务：**

在练习 2 的基础上，增加拍卖商品信息，要求必须输入拍卖商品名称、起拍价、拍卖起始日期、拍卖结束日期；其中，拍卖价至少 1 元起拍，并且必须是 1～50000 之间的整数；拍卖起始日期和拍卖结束日期必须是日期数据类型，并且拍卖起始日期必须小于等于拍卖结束日期。

(1) 初始页面的运行效果如图 5-9(a)所示。

(2) 在初始页面直接单击【确定】按钮，页面运行效果如图 5-9(b)所示，表明用户名、密码、电子邮箱、电话号码、邮政编码，用户名、密码、电子邮箱、电话号码、邮政编码，以及拍卖商品名称、起拍价、拍卖起始日期、拍卖结束日期是必输信息。

(3) 当提供了不符合本任务所设置的比较验证条件的起拍价、拍卖起始日期、拍卖结束日期信息时，页面的运行效果如图 5-9(c)所示。

(4) 当提供了正确的用户信息，以及拍卖商品名称、起拍价、拍卖起始日期、拍卖结束日期信息时，页面的运行效果如图 5-9(d)所示。

(a) 初始页面运行效果

(b) 必输信息显示效果

(c) 比较和范围验证控件运行效果

(d) 拍卖商品信息成功登记

图 5-9  Task3.aspx 的运行效果

**解决方案：**

在表 5-2 的基础上，该 ASP .NET Web 页面使用表 5-7 所示新增的 Web 服务器控件完成指定的开发任务。

表 5-7  Task3.aspx 新增的页面控件

| 类型 | ID | 说明 |
| --- | --- | --- |
| TextBox | Item | 【拍卖商品名称】文本框 |
| RequiredFieldValidator | RequiredFieldValidator1 | 拍卖商品名称必需验证控件 |
| TextBox | StartPrice | 【起拍价】文本框 |
| RequiredFieldValidator | RequiredFieldValidator2 | 起拍价必需验证控件 |

续表

| 类型 | ID | 说明 |
| --- | --- | --- |
| CompareValidator | CompareValidator1 | 起拍价比较验证控件 |
| RangeValidator | RangeValidator1 | 起拍价范围检查验证控件 |
| TextBox | StartDate | 【拍卖起始日期】文本框 |
| TextBox | EndDate | 【拍卖结束日期】文本框 |
| RequiredFieldValidator | RequiredFieldValidator3 | 拍卖起始日期必需验证控件 |
| RequiredFieldValidator | RequiredFieldValidator4 | 拍卖结束日期必需验证控件 |
| CompareValidator | CompareValidator2 | 结束日期≥开始日期比较验证控件 |
| CompareValidator | CompareValidator3 | 开始日期(数据类型)比较验证控件 |
| CompareValidator | CompareValidator4 | 结束日期(数据类型)比较验证控件 |

**操作步骤：**

(1) 将 Exercise2.aspx 另存为 Task3.aspx。

(2) 设计 ASP .NET 页面。在设计窗口，在表格的最后再增加 3 行，在新增各行的第 1 列分别输入"商品名："、"起拍价："、"拍卖期间："的提示信息；然后分别从【标准】工具箱和【验证】工具箱中将 4 个 TextBox 控件、4 个 RequiredFieldValidator 控件、4 个 CompareValidator 控件、1 个 RangeValidator 控件拖动到表格新增行第 2 列相应的位置中，并分别在【属性】面板中设置各控件属性。

① 拍卖商品 TextBox 的 ID 为 "Item"。

② 拍卖商品 RequiredFieldValidator 验证控件的 ControlToValidate 为 "Item"，Display 为 "Dynamic"，ErrorMessage 为 "必须输入商品名称！"，ForeColor 为 "Red"。

③ 起拍价 TextBox 的 ID 为 "StartPrice"。

④ 起拍价 RequiredFieldValidator 验证控件的 ControlToValidate 为 "StartPrice"，Display 为 "Dynamic"，ErrorMessage 为 "必须提供起拍价！"，ForeColor 为 "Red"。

⑤ 起拍价 CompareValidator 验证控件的 ControlToValidate 为 "StartPrice"，Display 为 "Dynamic"，ErrorMessage 为 "至少 1 元起拍！"，Operator 为 "GreaterThanEqual"，ValueToCompare 为 "1"，ForeColor 为 "Red"。

⑥ 起拍价 RangeValidator 验证控件的 Display 为 "Dynamic"，ErrorMessage 为 "必须是 1~50000 的整数！"，ControlToValidate 为 "StartPrice"，MaximumValue 为 "50000"，MinimumValue 为 "1"，Type 为 "Integer"，ForeColor 为 "Red"。

⑦ 拍卖期间起始日期 TextBox 的 ID 为 "StartDate"。

⑧ 起始日期 RequiredFieldValidator 验证控件的 ControlToValidate 为 "StartDate"，Display 为 "Dynamic"，ErrorMessage 为 "必须提供起始日期！"，ForeColor 为 "Red"。

⑨ 起始日期和结束日期比较 CompareValidator 验证控件的 Display 为 "Dynamic"，ErrorMessage 为 "结束日期>=开始日期！"，ControlToCompare 为 "StartDate"，ControlToValidate 为 "EndDate"，Display 为 "Dynamic"，Operator 为 "LessThanEqual"，ForeColor 为 "Red"。

⑩ 起始日期格式 CompareValidator 验证控件的 ControlToValidate 为 "StartDate"，ErrorMessage 为 "注意起始日期格式！"，Display 为 "Dynamic"，Operator 为 "DataTypeCheck"，Type 为 "Date"，ForeColor 为 "Red"。

⑪ 拍卖期间结束日期 TextBox 的 ID 为 EndDate。

⑫ 结束日期 RequiredFieldValidator 验证控件的 ControlToValidate 为"EndDate"，Display 为"Dynamic"，ErrorMessage 为"必须提供结束日期！"，ForeColor 为"Red"。

⑬ 结束日期格式 CompareValidator 验证控件的 ControlToValidate 为"EndDate"，ErrorMessage 为"注意结束日期格式！"，Display 为"Dynamic"，Operator 为"DataTypeCheck"，Type 为"Date"，ForeColor 为"Red"。

最后的 ASP .NET 页面编辑结果如图 5-10 所示。

图 5-10　Task3.aspx 的设计页面

(3) 在文档窗口底部单击【源】标签，切换到源代码视图，观察系统为以上操作自动生成的代码。

(4) 保存并运行 Task3.aspx。

**操作小结：**

(1) CompareValidator 控件将一个控件的值同另一个控件值相比较，或者与该控件的 ValueToCompare 属性中的确切值进行比较。例如，可以指定用户必须输入 1 个大于 0 的整数值。

(2) CompareValidator 控件用于比较的属性包括 4 个。

① ControlToValidate：指定要比较的值(控件)。

② ControlToCompare(ValueToCompare)：包含要比较的值(控件或固定值)。

③ Operator：定义要执行的比较类型。Equal、NotEqual、GreaterThan、GreaterThanEqual、LessThan、LessThanEqual、DataTypeCheck。

④ Type：指定要比较的两个值的数据类型。String、Integer、Double、Date 或 Currency。在执行比较之前，值将转换为此类型。

(3) CompareValidator 通过将这些属性作为表达式进行计算执行验证。如果指定其 Operator 属性为 DataTypeCheck，则可以确保用户输入指定类型的数据。

(4) RangeValidator 控件用于测试输入值是否位于给定的范围内。RangeValidator 用于验证的属性包括三个。

① ControlToValidate：包含要验证的值。

② MinimumValue：定义有效范围的最小值。

③ MaximumValue：定义有效范围的最大值。

**练习 3：禁用商品信息页面的验证检查**

**开发任务：**

在任务 3 的基础上，增加【确定】和【取消】两个 LinkButton 超链接按钮。

(1) 初始页面的运行效果如图 5-11(a)所示。

(2) 当提供了正确的用户名、密码、电子邮箱、电话号码、邮政编码、个人主页，以及拍卖商品名称、起拍价、拍卖起始日期、拍卖结束日期信息后，单击【确定】超链接按钮，跳转到显示网上个人商品销售登记信息有效的页面，如图 5-11(b)所示。

(3) 在网上个人商品销售登记过程中，随时可以单击【取消】超链接按钮，中断网上个人商品信息页面的登记以及验证检查过程，并跳转到显示网上个人商品销售登记过程取消的页面，如图 5-11(c)所示。

(a) 初始页面运行效果　　(b) 商品销售登记过程有效信息　(c) 商品销售登记过程取消信息

图 5-11　Exercise3.aspx 的运行效果

**解决方案：**

Exercise3.aspx 页面使用表 5-8 所示新增的 Web 服务器控件完成指定的开发任务。

表 5-8　Exercise3.aspx 新增的页面控件

| 类　　型 | ID | 说　　明 |
| --- | --- | --- |
| LinkButton | LinkButton1 | 【确定】超链接按钮 |
| LinkButton | LinkButton2 | 【取消】超链接按钮 |

**操作提示：**

(1) 新建 ASP .NET 页面。在 C:\ASPNET\Chapter05 网站中分别创建名为 Exercise3OK.aspx 和 Exercise3Cancel.aspx 的"单文件页模型"的 ASP .NET Web 页面。在设计页面输入各自的提示信息，如图 5-12(a)和图 5-12(b)所示。

(a) Exercise3OK.aspx 设计页面　　　　　(b) Exercise3Cancel.aspx 设计页面

图 5-12　设计跳转页面

(2) 将任务 3 生成的 Task3.aspx 另存为 Exercise3.aspx。

(3) 设计 Exercise3.aspx ASP .NET 页面。在设计窗口，删除最下方的 ValidationSummary 控件、【确定】按钮和信息显示标签(注意同时删除"Button1_Click" ASP .NET 事件函数)；再从【标准】工具箱中将 2 个 LinkButton 控件拖动到 Exercise3.aspx 的设计页面最下方。并分别在【属性】面板中设置各控件属性。

① 确定 LinkButton 的 Text 为"确定"，PostBackUrl 选择"~/Exercise3OK.aspx"。

② 取消 LinkButton 的 Text 为"取消"，PostBackUrl 选择"~/Exercise3Cancel.aspx"，CausesValidation 为"False"。

最后的 ASP .NET 页面编辑结果如图 5-13 所示。

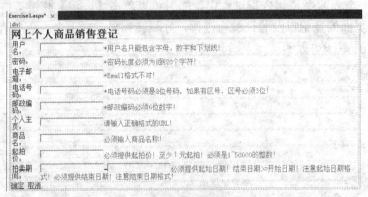

图 5-13　Exercise3.aspx 的设计页面

(4) 保存并运行 Exercise3.aspx。

**操作步骤：**

自行完成。

## 任务 4：使用自定义验证控件验证商品说明信息

**开发任务：**

在任务 3 的基础上，增加商品说明信息，要求所输入的商品说明信息必须符合假定的网上交易规范：总字符数不能超过 100 个字节，即(全角)汉字数×2＋(半角)字符数≤100。

(1) 如果输入不符合网上交易规范的商品说明信息，则检验失败并且显示一个错误提示信息，页面运行效果如图 5-14(a)所示。

(2) 如果输入符合网上交易规范的商品说明信息，则跳转到 TaskOK.aspx 页面，显示商品说明符合规范的提示信息，页面的运行效果如图 5-14(b)所示。

**解决方案：**

Task4.aspx ASP .NET Web 页面使用表 5-9 所示新增的 Web 服务器控件完成指定的开发任务。

# 第5章 使用 ASP .NET 验证控件检验表单

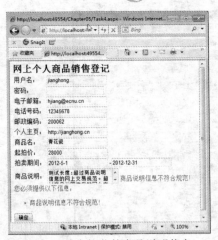

(a) 输入不符合规范的商品说明信息　　　　(b) 显示商品说明符合规范的提示信息

图 5-14　Task4.aspx 的运行效果

表 5-9　Task4.aspx 新增的页面控件

| 类　　型 | ID | 说　　明 |
| --- | --- | --- |
| TextBox | Description | 商品说明文本框 |
| CustomValidator | CustomValidator1 | 自定义验证控件 |

**操作步骤：**

(1) 新建"单文件页模型"的 ASP .NET Web 窗体：Task4OK.aspx。在设计页面输入商品说明符合网上交易规范的提示信息，如图 5-15 所示。

图 5-15　Task4OK.aspx 的 ASP .NET 页面

(2) 将任务 3 生成的 Task3.aspx 另存为 Task4.aspx。

(3) 设计 Task4.aspx ASP .NET 页面。在设计窗口，在表格的最后再增加 1 行，在第 1 列输入"商品说明："的提示信息，然后分别从【标准】工具箱和【验证】工具箱中将 1 个 TextBox 控件以及 1 个 CustomValidator 控件拖动到表格新增行的第 2 列，并分别在【属性】面板中设置各控件属性。

① 商品说明 TextBox 的 ID 为"Description"，TextMode 的 ID 为"MultiLine"；

② 商品说明 CustomValidator 验证控件的 Display 为"Dynamic"，ErrorMessage 为"商品说明信息不符合规范！"，ControlToValidate 为"Description"，ForeColor 为"Red"。

最后的 Task4.aspx ASP .NET 页面编辑结果如图 5-16 所示。

(4) 在文档窗口底部单击【源】标签，切换到源代码视图，观察系统为以上操作自动生成的代码。

(5) 生成自定义验证控件的 ServerValidate 事件函数。选中自定义验证控件，在其事件 (Event)属性面板中，双击 ServerValidate 事件，如图 5-17 所示，系统将自动生成名为 CustomValidator1_ServerValidate 的 ASP .NET 事件函数。

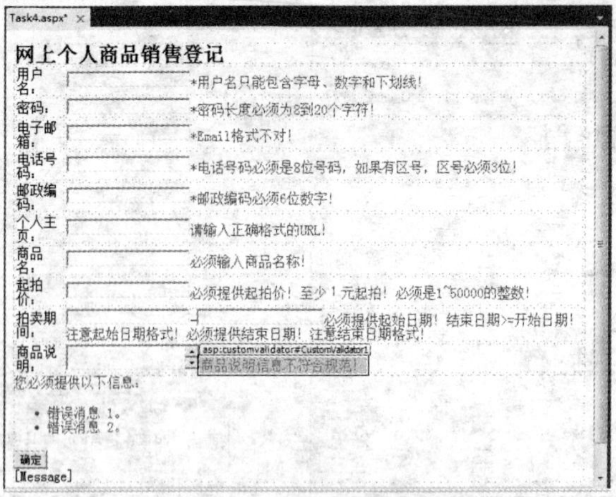

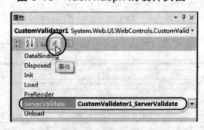

图 5-16 Task4.aspx 的设计页面

图 5-17 设置自定义验证控件事件函数

(6) 加入事件函数的处理代码。在 CustomValidator1_ServerValidate ASP .NET 事件函数的 body 中加入如下粗体阴影语句,编写自定义检验函数来检查商品说明信息是否符合假定的规范:字符总数≤100 个字节。

```
protected void CustomValidator1_ServerValidate(object source, ServerValidateEventArgs args)
{
    String str1 = Description.Text;
    int ilenChar = System.Text.Encoding.Unicode.GetByteCount(str1);
    if (ilenChar > 100) args.IsValid = false;
    else args.IsValid = true;
}
```

(7) 修改按钮事件。在源代码编辑窗口,将 Button1_Click 的 ASP .NET 事件函数的 body 中原有的语句删除,改为如下粗体阴影语句。如果所输入的商品说明信息符合规范(即总字符数<=100),则跳转到 Task4OK.aspx 页面。

```
protected void Button1_Click(object sender, EventArgs e)
{
    if (Page.IsValid)
        Response.Redirect("Task4OK.aspx");
}
```

(8) 保存并运行 Task4.aspx。

**操作小结：**

如果现有的 ASP .NET 验证控件无法满足需求，则可以定义一个自定义的服务器端验证函数，然后使用 CustomValidator 控件调用该函数。

学习小结

通过本章您学习了：

使用下列 ASP .NET 验证控件，实现对 ASP .NET Web 窗体页上的输入验证。

(1) RequiredFieldValidator 验证控件验证必须输入字段。

(2) CompareValidator 验证控件使用比较运算符(小于、等于、大于等)将用户的输入与另一控件的常数值或属性值进行比较。

(3) RangeValidator 验证控件检查用户的输入是否在指定的上下边界之间。例如，可以检查数字、字母或日期对内的范围。可以将边界表示为常数。

(4) RegularExpressionValidator 验证控件检查输入是否与正则表达式定义的模式匹配。该验证类型允许检查可预知的字符序列，如社会保障号、电子邮件地址、电话号码、邮政编码等中的字符序列。

(5) CustomValidator 验证控件使用用户自己编写的验证逻辑检查输入。该验证类型允许检查运行时导出的值。

(6) ValidationSummary 验证控件以摘要的形式显示页上所有验证程序的验证错误。

习题

一、单选题

1. 要确保用户输入指定类型的数据，可以使用_____服务器验证控件。

   A. RequiredFieldValidator    B. CompareValidator
   C. RangeValidator            D. ValidationSummary

2. 要确保用户输入的密码满足一定的复杂度，可以使用_____服务器验证控件。

   A. RequiredFieldValidator    B. CompareValidator
   C. RangeValidator            D. RegularExpressionValidator

3. 要确保用户输入了数据，可以使用_____服务器验证控件。

   A. RequiredFieldValidator    B. CompareValidator
   C. RangeValidator            D. ValidationSummary

4. 要确保用户输入指定范围的值(如 0～100)，可以使用_____服务器验证控件。

   A. RequiredFieldValidator    B. CompareValidator
   C. RangeValidator            D. RegularExpressionValidator

5. 如果设置 ValidationSummary 控件的_____属性为 True，摘要会显示在弹出式对话框中。

    A. ShowMessageBox           B. ShowSummary
    C. DisplayMode              D. ValidationGroup

## 二、填空题

1. 常用的服务器验证控件包括_____、_____、_____、_____、_____和_____。
2. 验证服务器控件显示错误信息的方式包括_____、_____、_____和_____。
3. 验证中华人民共和国邮政编码有效性的正则表达式为_____。
4. 通过设置服务器控件的_____属性，可以将验证控件关联到验证组中，使得属于同一组的验证控件可以一起进行验证。
5. 如果设置某按钮(如【取消】按钮)的_____属性为 false，则单击该按钮提交页面，不会进行验证。

## 三、思考题

1. 什么是服务器验证控件？
2. ASP .NET 包括哪些常用的服务器验证控件？
3. 什么是必需验证控件？如何使用必需验证控件？
4. 什么是摘要验证控件？摘要验证控件有哪几种显示模式？
5. 什么是正则表达式验证控件？正则表达式使用的常用字符和匹配模式有哪些？如何使用正则表达式验证控件验证身份证号码？
6. 什么是比较验证控件？如何使用比较验证控件控制输入的数据类型？
7. 什么是范围验证控件？如何使用范围验证控件验证输入的日期范围的有效性？
8. 什么是自定义验证控件？如何使用自定义验证控件验证信用卡卡号的有效性(验证逻辑请上网查找。其中常用的一种验证方法是利用 Luhn 算法检查信用卡卡号的有效性)？

## 四、实践题

1. 创建学生基本信息登录 ASP .NET Web 页面 Practice1.aspx，输入学生基本信息，要求必须输入学号、姓名；必须选择专业；必须选择年级。其设计布局如图 5-18 所示，运行效果如图 5-19(a)和图 5-19(b)所示。

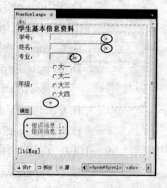

图 5-18 Practice1.aspx 的设计布局

(a) 验证失败　　　　　　　　　　　　　(b) 验证成功

图 5-19　Practice1.aspx 运行效果

2. 创建用户注册 ASP .NET Web 页面 Practice2.aspx，要求必须输入用户名、口令；其中，用户名、口令、电子邮箱、电话号码以及邮政编码都必须满足设置的正则表达式条件。其设计布局如图 5-20 所示，运行效果如图 5-21 所示。

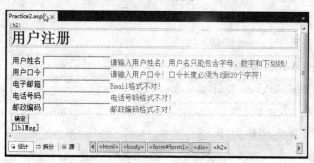

图 5-20　Practice2.aspx 的设计布局

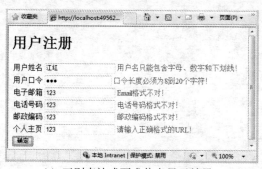 

(a) 正则表达式要求信息显示效果　　　　　(b) 用户成功注册

图 5-21　Practice2.aspx 的运行效果

第 6 章

# ASP .NET 复杂控件和用户控件

通过本章您将学习：

- 创建和使用 Calendar 控件
- 创建和使用 FileUpload 控件
- 创建和使用 AdRotator 控件
- 创建和使用 MultiView 控件及 View 控件
- 创建和使用 Wizard 控件
- 创建和使用 Web 用户控件

在 ASP .NET 应用中，复杂控件和用户控件可帮助用户创建出功能更强大、内容更丰富的 Web 页面。

常用的复杂控件有 Calendar 控件、FileUpload 控件、AdRotator 控件、MultiView 控件以及 Wizard 控件等。

(1) Calendar 控件的功能是显示日历中的某一个月份，并将当前日反显；默认该日历的日期为当前机器日期。用户可以使用该日历查看和选择日期；也可以为个别日期添加标记或备注。Calendar 控件的组成如图 6-1 所示。

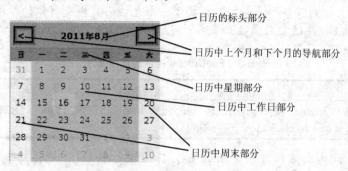

图 6-1　Calendar 控件的组成

① Calendar 控件的常用属性如表 6-1 所示。

表 6-1　Calendar 控件常用属性

| 属性名 | 属性说明 |
| --- | --- |
| FirstDayOfWeek | 获取或设置星期部分每周的第 1 天，默认每周的第 1 天为星期日 |
| SelectionMode | 获取或设置日历控件上日期的选择模式。该模式有四种选择：None、Day、DayWeek、DayWeekMonth。默认是 Day，可以选择日历中任意的一天；None 是不能选择日期；DayWeek 可以选择任意的一天或者一周；DayWeekMonth 可以选择一天或者一周或者一个月 |
| Caption | 获取或设置日历上方的标题文本值，不在日历控件的组成中，一般日历不设标题，故默认为空 |
| DayHeaderStyle | 设置星期部分的样式 |
| DayNameFormat | 设置星期部分的名字格式，如是采用"星期一"或"一"等表示 |
| DayStyle | 设置工作日部分的样式 |
| NextPrevFormat | 获取或设置日历控件中下个月和上个月导航元素的格式。格式有两大类：符号表示和文字表示 |
| NextPrevStyle | 设置上个月和下个月导航部分的样式 |
| SelectedDate | 获取或设置日历某特定日期(可以选择工作日部分或者周末部分)突出显示，默认是当前机器日期，即为空 |
| SelectedDayStyle | 设置当前选定日的样式 |

② Calendar 控件的常用事件如表 6-2 所示。

表 6-2  Calendar 控件的常用事件

| 事 件 名 | 事件说明 |
|---|---|
| DayRender | 当用户为日历控件在控件层次结构中创建某一天时被触发，功能相当于设置日历控件中个别日期的外观 |
| SelectionChanged | 当用户单击选择某一天、一周或者某月时被触发 |
| VisibleMonthChanged | 当所显示的月份被更改(使用上个月或者下个月链接)时被触发 |

(2) FileUpload 控件的功能是实现文件上传，其外观显示是一个文本框和一个浏览按钮。用户通过浏览按钮可以在客户端选择一个将要上传到 Web 服务器的文件，或者直接在文本框中输入所要上传文件的绝对路径(而不是相对路径)。需要注意的是该控件不会自动地将用户选择的文件上传到服务器，必须显式提供一个允许用户提交窗体的控件或机制。

① FileUpload 控件的常用属性如表 6-3 所示。

表 6-3  FileUpload 控件的常用属性

| 属 性 名 | 属性说明 |
|---|---|
| HasFile | 判断 FileUpload 控件中是否已经选择文件，如果是，则返回 True；否则，返回 False |
| FileName | 获取将要上传文件的名字，返回值是一个字符串 |

② FileUpLoad 控件常用方法是 SaveAs()，其功能是将确定上传的文件保存到服务器的指定文件路径中。

(3) AdRotator 控件通常又称为广告轮显控件，其功能是显示广告或横幅。AdRotator 控件必须放置在 Form 或 Panel 控件内。AdRotator 控件通过读取数据源内容实现广告的显示与链接。AdRotator 控件除 AdvertisementFile 属性外其他属性一般较少用到。AdvertisementFile 属性可以将 AdRotator 控件链接到一组由 XML 文件提供的数据源广告文件。

一般用于 AdRotator 控件的 XML 文件常用标记如表 6-4 所示。

表 6-4  用于 AdRotator 控件的 XML 文件常用标记

| 标 记 名 | 标记说明 |
|---|---|
| ImageUrl | 在页面中显示的图像的 URL |
| NavigateUrl | 点击 AdRotator 控件后转到网页的 URL |
| Impressions | 是一个数值，表示在多个广告轮显情况下某一广告相对其他广告显示的频率，数值越大，该广告的显示频率越高 |
| AlternateText | 当由 ImageUrl 标记指定的图像不可用时替换该图像的文本显示 |
| KeyWord | 用于筛选依据的广告类别，如 Food 或 Search 等 |

(4) MultiView 控件是一组 View 控件的容器，使用 MultiView 控件可以定义一组 View 控件，而每个 View 控件可以包含子控件。MultiView 控件运行中每次最多只能显示一个 View 控件，该 View 控件被称为活动视图。若某个 View 控件被定义为活动视图，则该 View 控件所包含的子控件会呈现到客户端。通过设置 MultiView 中活动视图的次序，最终实现类似于导航以轮显 View 控件的功能。

MultiView 控件的常用属性是 ActiveViewIndex 属性。该属性用于获取或者设置当前被激活显示的 View 控件的索引值，其默认值是-1，即没有 View 控件处于活动状态，MultiView

控件没有任何内容呈现到客户端。如果设置的索引值对应的 View 控件不存在,则会触发 Argument Out Of Range Exception 错误。每个 View 控件的索引值是由它在 MultiView 控件中的声明次序确定的,如若某个 View 控件是 MultiView 控件中第一个 View 控件,则其索引值为 0,依次类推。

(5) Wizard 控件的功能与 MultiView 控件类似,Wizard 控件提供了一种简单的机制,无需编写代码即可生成线性和非线性的导航。Wizard 控件为用户提供了呈现一连串步骤的基础架构,可以访问所有步骤中包含的数据,并方便地进行前后导航。Wizard 控件通过使用属性 WizardStep 的集合编辑器可以很方便地添加或移除步骤。Wizard 控件是由步骤集、内置导航功能、标题区域、侧栏区域四部分组成。

(6) ASP .NET 用户控件是一种复合控件,其结构与 ASP .NET 网页的结构类似,其属性与事件由用户自行定义,但用户控件不能单独作为页面运行,需要作为功能模块加载到 aspx 页面或其他控件中使用。用户控件一般实现 ASP .NET 服务器中基本控件或者复杂控件多次重复使用或者实现不了的功能,有效提高程序的模块化程度,增强页面之间的复用性。

## 任务 1:使用 Calendar 控件添加标记

**操作任务:**

设计 Web 程序 Task1.aspx,要求在 Task1.aspx 中显示用户选择的日期,并可以为特定的日期添加标记。其运行效果如图 6-2 所示。

**解决方案:**

Task1.aspx 页面使用表 6-5 所示的 Web 服务器控件完成指定的操作任务。

表 6-5　Task1.aspx 中使用的 Web 服务器控件

| 类　型 | ID | 说　明 |
| --- | --- | --- |
| Calendar | Calendar1 | 日历控件 |
| Label | Label1 | 显示用户所选择的日期信息 |

**操作步骤:**

(1) 运行 Microsoft Visual Studio 2010 应用程序。
(2) 创建本地 ASP .NET 网站:C:\ASPNET\Chapter06。
(3) 新建"单文件页模型"的 Web 窗体:Task1.aspx。
(4) 设计 Task1.aspx 页面。选择【表】→【插入表】命令,打开【插入表格】对话框,向页面中插入 1 个 2 行 1 列的表格,然后从【工具箱】的【标准】组中将 1 个 Calendar 控件、1 个 Label 控件分别拖动到表格中,初始界面设计如图 6-3 所示。接着设置 Calendar 控件的套用格式和其他属性。

图 6-2　Task1.aspx 运行效果

图 6-3　Task1.aspx 初始界面设计

① 单击选择 Calendar 控件，在右上角出现控件的智能标记，单击该标记，弹出 Calendar 任务菜单。单击【自动套用格式】命令，打开【自动套用格式】对话框，在【选择架构】列表中选择【简明型】，单击【确定】按钮应用选择。

② 在【属性】窗口中设置 Calendar 控件的 ID 为 Calendar1、BackColor 属性值为 "White"、DayHeaderStyle 中的 BackColor 属性值为 "#FF6600"、DayStyle 中的 BackColor 属性值为 "White"、NextPrevFormat 属性值为 "FullMonth"、NextPrevStyle 中的 BorderColor 属性值为 "Yellow"、SelectinMode 属性值为 "Day"、SelectedDayStyle 中的 BackColor 属性值为 "Yellow"、TitleStyle 中的 BackColor 属性值为 "Yellow"、WeekendDayStyle 中的 BackColor 属性值为 "White"、TodayDayStyle 中的 BackColor 属性值为 "#FF6600"。

③ 选中 Label 控件，在【属性】窗口中设置 Label 的 ID 为 Label1、ForeColor 属性值为 "Red"，删除 Text 属性的默认设置。Task1.aspx 的最终设计界面如图 6-4 所示。

(5) 生成单击事件。在页面设计视图中双击 Calendar 控件，系统将自动生成 1 个名为 "Calendar1_SelectionChanged" 的 ASP .NET 事件，同时打开代码编辑窗口。加入事件的处理代码，如下粗体阴影语句所示。

```
<script runat="server">
protected void Calendar1_SelectionChanged(object sender, EventArgs e)
//当用户选择日历的特定日期时触发该事件
{
    //将以文本形式显示用户选择的日期
    Label1.Text = "您选择了：" + Calendar1.SelectedDate.Date.ToShortDateString();
}
</script>
```

(6) 保存并运行 Task1.aspx 文件，单击某一日期，观察运行效果。

(7) 在【解决方案资源管理器】窗口中，右击项目 "C:\ASPNET\Chapter06"，在弹出的快捷菜单中选择【新建文件夹】命令，并将新建文件夹项重命名为 "Image"。再右击 Image 文件夹，在弹出的快捷菜单中【添加现有项】命令，打开【添加现有项】对话框，选择添加图片 "0.gif"。(涉及到的素材可到前言所指明的网址去下载)。

(8) 在 Calendar1【属性】面板中单击 按钮，将切换到相关的事件视图，如图 6-5 所示。双击 DayRender 事件，系统将生成 1 个名为 "Calendar1_DayRender" 的 ASP .NET 事件，同时打开代码编辑窗口，加入 Calendar1_DayRender 事件的处理代码，如下粗体阴影语句所示。

图 6-4  Task1.aspx 最终设计界面

图 6-5  Calendar 事件窗口

```
<script runat="server">
protected void Calendar1_DayRender(object sender, DayRenderEventArgs e)
//当页面被加载时该事件被触发
{
    DateTime dt = new DateTime(2011,12,24);
    //声明日期时间对象 dt，并设定 2011 年 12 月 24 日为特定日期
    if (e.Day.Date == dt.Date)
    {
        e.Cell.Attributes["background"] = "Image/0.gif";
        //该日期的背景属性采用一动态的图片
    }
}
</script>
```

（9）保存并运行 Task1.aspx 文件。在日历的 2011-12-24 处会有一动态图片，并单击选择日期，观察运行效果。

**操作小结：**

（1）Calendar 的 Calendar1_SelectionChanged 事件是在用户单击更改选择日期时被触发的，在此事件中可编写事件响应代码。

（2）获取所选日期使用代码：Calendar1.SelectedDate.Date。

（3）获取所选日期是日期时间类，因此，若要显示日期部分或者时间部分指定格式即ToString("格式字符")或者使用ToShortDateString()等方法转换。

（4）Calendar 的 Calendar1_DayRender 事件是在加载服务器控件之后、呈现给用户之前激发。

（5）Calendar 中为某一日期添加标记需进行日期判断，即 if 条件语句：If (e.Day.Date == dt.Date)。

（6）此任务中，是通过为日期单元格设置 background 属性实现为特定日添加标记的，即如下语句：e.Cell.Attributes["background"] = " Image/0.gif "。

(7) Label1 控件的 Text 属性清空后显示为[Label1]形式。

**练习 1：设计为特定日期添加备注信息的日历**

**操作任务：**

在理解任务 1 实现标记日期的基础上，设计 Web 程序 Exercise1.aspx，要求通过为日期单元格添加 Label 控件或者以字符串的形式为特定日期添加备注信息，并可显示选取的日期。运行效果如图 6-6 所示。

图 6-6　Exercise1.aspx 运行效果

**解决方案：**

该 Exercise1.aspx 页面使用的 Web 控件与任务 1 中所使用的相同。

**操作步骤：**

(1) 打开 Chapter06 ASP .NET 网站，新建名为 Exercise1.aspx 的 Web 窗体文件。

(2) 参照任务 1 的步骤(4)至步骤(6)设计 Exercise1.aspx 的页面。颜色的设置与任务 1 不同，另外，可自行添加对 BorderColor、BorderWidth、BorderStyle 等边框方面属性的设计。

(3) 在 Calendar1【属性】面板中单击 ⚡ 按钮，将切换到 Calendar1 的事件视图，双击 DayRender 事件，系统将生成 1 个名为 Calendar1_DayRender 的 ASP .NET 事件，同时打开代码编辑窗口，加入 Calendar1_DayRender 事件的处理代码，如下粗体阴影语句所示。

```
<script runat="server">
protected void Calendar1_DayRender(object sender, DayRenderEventArgs e)
{
        DateTime dt1 = new DateTime(2011, 12, 20);
        if (e.Day.Date == dt1.Date)
        {
            Label label2 = new Label();//声明1个标签对象Label2
            label2.Text = "<br/>开会";
            //设置Label2的文本内容为先换行再显示文本"开会"
            label2.ForeColor = System.Drawing.Color.Blue;
            //Label2的字体颜色为Blue
```

```
            e.Cell.Controls.Add(label2);// 通过 Label2 为特定日期添加备注
    }
    DateTime dt2 = new DateTime(2011, 12, 24);
    if (e.Day.Date == dt2.Date)
    {
        e.Cell.Controls.Add(new LiteralControl("<br/>Happy!"));
        //为日期单元格换行后添加文本"Happy"
    }
}
</script>
```

(4) 保存并运行 Exercise1.aspx 文件。在日历的 2011-12-20 处会有蓝色"开会"字样备注，在 2011-12-24 处会有"Happy!"字样备注，单击选择日期，观察运行效果。

**操作小结：**

(1) 本程序的 Calendar1_DayRender 事件通过两种方式实现为日历添加备注，即通过为日期单元格添加 Label 控件和添加 LiteralControl 对象两种方式。LiteralControl 类的文本是不需要在服务器上处理的字符串。

(2) 所添加的备注控件 Label 需通过代码创建，使用语句：Label label2 = new Label()；为突出显示备注需设置 Label 控件中文本的颜色，使用语句：label2.ForeColor = System.Drawing.Color.Blue。

(3) 日历单元格的方法 Add()是实现为日期添加备注的关键代码。

## 任务 2：使用 FileUpload 控件上传文件

**操作任务：**

设计 Web 程序 Task2.aspx，实现使用 FileUpload 控件将用户的本地文件上传到服务器的文件夹 UpLoad 中，若上传成功则给出"文件上传成功!"的提示信息；否则，给出对应的错误信息。

(1) 单击浏览选择将要上传的文件后的运行效果如图 6-7(a)所示。

(2) 单击【上传】按钮后，上传文件成功的运行效果如图 6-7(b)所示。

(a) 浏览选择上传文件　　　　　　　(b) 上传文件成功

图 6-7　Task2.aspx 运行效果

**解决方案：**

Task2.aspx 网页使用表 6-6 所示的 Web 服务器控件完成指定的操作任务。

表6-6　Task2.aspx中使用的Web服务器控件

| 类　型 | ID | 说　　明 |
| --- | --- | --- |
| FileUpload | FileUpload1 | 用于选择上传的文件 |
| Button | Button1 | 上传文件到服务器按钮 |
| Label | Label1 | 提示对应错误信息或者显示上传成功信息 |

**操作步骤：**

(1) 打开Chapter06 ASP.NET网站，并添加名为Task2.aspx的Web窗体文件。

(2) 添加文件夹UpLoad。右击【解决方案资源管理器】窗口中的项目"C:\ASPNET\Chapter06"，在弹出的快捷菜单中选择【新建文件夹】命令，并重命名文件夹为"UpLoad"。

(3) 设计ASP.NET页面。切换到Task2.aspx页面的设计视图，选择【表】→【插入表】命令，向页面中插入1个4行2列的表格，然后从【工具箱】的【标准】组中拖1个FileUpload控件、1个Label控件和1个Button控件分别拖动到Task2.aspx页面中，初始界面设计如图6-8所示。接着分别在各个控件的【属性】面板中设置对应的属性如下。

① 设置Label1的ID为Label1，Text属性值为空，Color为"red"。

② 设置Button的ID为：Button1、Text属性值为"上传"。

③ 设置FileUpload的ID为FileUpload1。

最后的Task2.aspx页面设计效果如图6-9所示。

图6-8　Task2.aspx初始设计界面

图6-9　Task2.aspx最终设计效果

(4) 生成按钮事件。在Task2.aspx设计页面中双击【上传】按钮，系统将自动生成名为Button1_Click的ASP.NET事件，同时打开代码编辑窗口。加入按钮事件的处理代码，如下粗体阴影语句所示。

```
<script runat="server">
protected void Button1_Click(object sender, EventArgs e)
//在页面中按下"上传"按钮时，该事件被触发
{
    if (FileUpload1.HasFile)//判断已经选择文件
    {//已经选择了文件
        string fileName = "";//声明1个字符串对象用于存放所要上传的文件名
        fileName = FileUpload1.FileName;//将要上传的文件名取出放在fileName中
        string fileExtension = "";//声明1个字符串对象用于存放所要上传文件的扩展名
        fileExtension = System.IO.Path.GetExtension(fileName);
        //将要上传文件的扩展名取出放于fileExtension中
        if (fileExtension == ".doc" || fileExtension == ".xls" || fileExtension
```

```
== ".txt")
            //判断将要上传的文件是否为规定的文件之一(规定的文件类型为 Word 文件、
            //Excel 文件、文本文件三类)
            {
                FileUpload1.SaveAs(Server.MapPath("upload") + "\\" + fileName);
                //将文件上传至服务器
                Label1.Text = "文件上传成功!";//提示上传成功的信息
            }
            else
            {
                Label1.Text = "*文件类型不匹配,文件上传失败!";
                //选择的上传文件类型错误,在 Label2 中给出错误提示
            }
        }
        else   //没有选择上传的文件错误
        {
            Label1.Text = "*请选择要上传的文件!";
        }
}
</script>
```

(5) 保存并运行 Task2.aspx,观察运行效果。

**操作小结:**

(1) FileUpload 控件不提供自动上传文件到服务器的功能,必须设置【上传】按钮为用户提供提交窗体的机制。

(2) FileUpload 控件没有限制上传文件的类型,用户有可能上传一些有破坏性的文件,因此,FileUpload 控件不具有很好的安全性。如果需要限制用户上传文件的类型,需在上传到服务器之前先对文件类型进行判断,本任务中通过检验文件的扩展名实现上传文件类型的限制。

(3) 上传之前需进行必要的验证,在没有选择文件或上传文件格式不符合要求时需要给出提示信息。FileUpload1 的 HasFile 属性可检验该控件是否有要上传的文件,即语句 "If(FileUpload1.HasFile)" 用于检验 FileUpload 控件是否已经选择上传的文件 。FileUpload 控件的属性"FileName"用于将文件全名取出,其中包括文件名、扩展名以及中间的小圆点三部分内容。语句"System.IO.Path.GetExtension(fileName)"用于获取文件扩展名,其中"filename"表示文件全名,然后进行判断:if (fileExtension == ".doc" || fileExtension == ".xls" || fileExtension == ".txt")。错误提示运行效果如图 6-10 所示。

(a) 未选择文件时点击"上传"按钮

(b) 上传文件类型错误提示

图 6-10  错误信息提示的运行效果

(4) 用户通过单击【上传】按钮可实现将文件保存到服务器上，上传文件代码：FileUpload1.SaveAs(Server.MapPath("UpLoad")+"\\"+fileName)。其中"Server.MapPath("UpLoad")"获取的是服务器上当前解决方案中的文件夹 UpLoad 的物理路径，fileName 是上传的文件名，由 FileUpload1 的 FileName 属性获得。

练习 2：使用 FileUpload 控件上传用户文件并显示其大小

**操作任务：**

设计 Web 程序 Exercise2.aspx，要求在任务 2 所实现功能的基础上增加显示文件名称及文件大小的功能。单击【上传】按钮后的运行效果如图 6-11 所示。

图 6-11 Exercise2.aspx 的运行效果

**解决方案：**

Exercise2.aspx 页面使用表 6-7 所示的 Web 服务器控件完成指定的操作任务。

表 6-7 Exercise2.aspx 中使用的 Web 服务器控件

| 类 型 | ID | 说 明 |
| --- | --- | --- |
| FileUpload | FileUpload1 | 文件上传控件 |
| Button | Button1 | 上传文件到服务器的按钮"上传" |
| Label | Label1 | 显示已上传文件名字信息或者提示文件类型错误信息 |
| Label | Label2 | 显示已上传文件的大小信息 |

**操作步骤：**

(1) 打开 Chapter06 ASP .NET 网站，并添加名为 Exercise2.aspx 的 Web 窗体文件。

(2) 设计 ASP .NET 页面。请参照任务 2 的步骤(3)添加 Label2 控件。

(3) 双击【上传】按钮，系统将自动生成 1 个名为 Button1_Click 的 ASP .NET 事件，同时打开代码编辑窗口。加入按钮事件的处理代码，如下粗体阴影语句所示。

```
<script runat="server">
protected void Button1_Click(object sender, EventArgs e)
{
    if (FileUpload1.HasFile)
    {
        string fileName = "";
        fileName = FileUpload1.FileName;
        string fileExtension = "";
        fileExtension = System.IO.Path.GetExtension(fileName);
```

```
            if (fileExtension == ".doc" || fileExtension == ".xls" || fileExtension
== ".txt")
            {
                FileUpload1.SaveAs(Server.MapPath("upload") + "\\" + fileName);
                Label1.Text = "您上传的文件名字为："+fileName;
                Label2.Text = "您上传文件的大小为：" + FileUpload1.PostedFile.
ContentLength. ToString()+"Bytes";
            }
            else
            {
                Label1.Text = "文件类型不匹配，文件上传失败！";
            }
        }
        else
        {
            Label1.Text = "请选择要上传的文件！";
        }
}
</script>
```

(4) 保存并运行 Exercise2.aspx，观察运行效果。

**操作小结：**

此练习中文件名称及大小分别通过属性 FileName 和 ContentLength 获取。

## 任务 3：使用 AdRotator 控件做广告

**操作任务：**

设计 Web 程序 Task3.aspx，要求使用 AdRotator 控件做一条以图片形式显示并具有导航功能的广告。要求广告有关信息的来源是 XML 文件。运行效果如图 6-12 所示。

(a) 未单击广告图片　　　　　　　(b) 单击广告图片后

图 6-12　Task3.aspx 程序运行效果

**解决方案：**

Task3.aspx 页面使用 1 个 AdRotator 控件完成指定的操作任务。

**操作步骤：**

(1) 打开 Chapter06 ASP .NET 网站，并添加广告图片。在【解决方案资源管理器】窗口的项目"C:\ASPNET\Chapter06"中右击 Image 文件夹，在弹出的快捷菜单中选择【添加现有项】命令，在弹出的对话框中选择添加图片"baidu.gif"。(涉及的素材可到前言所指明的网址去下载)。

(2) 添加 XML 文件。右击【解决方案资源管理器】窗口中的项目"C:\ASPNET\Chapter06"，选择【添加新项】命令，在【添加新项】对话框中选择【XML 文件】模板，添加名为 advertisement1.xml 的 XML 文件。为防止该文件在浏览器中被查看，需把该文件放入被标记为不可浏览的 App_Data 文件夹下，即添加后将该 XML 文件直接拖到 App_Data 文件夹下。

(3) 在 advertisement1.xml 文件的编辑界面中，加入如下粗体阴影广告信息代码，然后保存并关闭该文件。

```xml
<?xml version="1.0" encoding="utf-8" ?>
<Advertisements>   <!--广告文件开始-->
  <Ad>      <!--第1则广告开始 -->
    <ImageUrl>~/Image/CN220.bmp</ImageUrl>     <!--广告所用图像来源 -->
    <NavigateUrl>Http://www.cn220.com</NavigateUrl>     <!--点击图像后链接到的网址 -->
    <AlternateText>CN220 搜索网站</AlternateText>    <!--若图片不可有时显示的文字 -->
  </Ad>   <!--第1则广告结束 -->
</Advertisements><!--广告文件结束 -->
```

(4) 添加 ASP .NET 页面。新建名为 Task3.aspx 的 Web 窗体。

(5) 设计 ASP .NET 页面。从【工具箱】的【标准】组中将 1 个 AdRotator 控件拖动到 Task3.aspx 的页面，并在【属性】面板中设置其属性。AdRotator 控件的 ID 为 AdRotator1、AdvertisementFile 属性值为"~/App_Data/advertisement1.xml"。Task3.aspx 页面的最后设计效果如图 6-13 所示。

图 6-13  Task3.aspx 设计界面

(6) 保存并运行 Task3.aspx，观察运行效果。

**操作小结：**

(1) AdRotator 控件显示广告关键在于数据源的配置。

(2) 此任务中通过设置 AdRotator 控件的 AdvertisementFile 属性，为 AdRotator 控件绑定广告信息到指定的 XML 文件数据源。

(3) 也可以单击 AdRotator 控件右上角的智能标记，在【选择数据源】下拉列表中选择【新建数据源】命令，打开【数据源配置向导】对话框。在对话框里选择【XML 文件】

数据源类型后单击【确定】按钮，打开【配置数据源】对话框，单击数据文件后的【浏览】按钮，打开【选择 XML 文件】对话框，在其中单击【项目文件夹】下的【App_Data】，在【文件夹内容】下显示了该文件夹下的所有 XML 文件，选择 advertisement1.xml 文件后单击【确定】按钮，回到【配置数据源】对话框单击【确定】即可。

(4) 创建广告文件时，<Advertisements>和</Advertisements>标记表示开始和结束；<Ad>和</Ad>标记表示 1 条广告；如果有多组<Advertisements>标记，则 AdRotator 控件只分析该文件中的第 1 组<Advertisements>标记，所有其他<Advertisements>标记都将被忽略。

(5) 在 XML 文件中，注释是以"<!—"开始，以"-->"结束。

练习 3：使用 AdRotator 控件显示多条广告

**操作任务：**

设计 Web 程序 Exercise3.aspx，要求使用 1 个 AdRotator 控件实现多条广告交替显示。要求广告有关信息的来源是 XML 文件。运行效果如图 6-14 所示。

(a) 初始运行效果

(b) 运行 3 秒后效果

(c) 运行 6 秒后效果

图 6-14 Exercise3.aspx 的运行效果

**解决方案：**

请参看任务 3 的解决方案。

**操作步骤：**

(1) 打开 Chapter06 ASP .NET 网站，并添加广告图片。参照任务 3 向 Image 文件夹中添加图片 baidu.gif、CN220.bmp 和 Google.jpg。(涉及的素材可到前言所指明的网址去下载)。

(2) 添加 XML 文件。参照任务 3，新建名为 advertisement2.xml 的 XML 文件。

(3) 在 advertisement2.xml 文件的编辑界面中，加入如下粗体阴影广告信息代码并保存。

```
<?xml version="1.0" encoding="utf-8" ?>
<Advertisements>    <!--广告文件开始-->
  <Ad>      <!--第 1 则广告开始 -->
    <ImageUrl>~/Image/baidu.gif</ImageUrl>      <!--广告所用图像来源 -->
    <NavigateUrl>Http://www.baidu.com</NavigateUrl>       <!—单击图像后链接到百度 -->
    <AlternateText>百度网站</AlternateText>       <!--若图片不可有时显示"百度网站" -->
    <KeyWord>hunt</KeyWord>      <!--定义广告类别为搜索类 -->
    <Impressions>80</Impressions>      <!--本则广告显示频率 80/(80+60+60)*100%=40% -->
```

```
        </Ad>   <!--第 1 则广告结束 -->
        <Ad>    <!--第 2 则广告开始 -->
          <ImageUrl>~/Image/CN220.bmp</ImageUrl>    <!--广告所用图像来源 -->
          <NavigateUrl>Http://www.CN220.com</NavigateUrl>    <!-单击图像后链接到
CN220 -->
          <AlternateText>CN220 网站</AlternateText>    <!--若图片不可有时显示"CN220
网站" -->
          <KeyWord>hunt</KeyWord>    <!--定义广告类别为搜索类 -->
          <Impressions>60</Impressions>    <!--本则广告显示频率 80/(80+60+60)*100%
=30% -->
        </Ad>   <!--第 2 则广告结束 -->
        <Ad>    <!--第 3 则广告开始 -->
          <ImageUrl>~/Image/Google.jpg</ImageUrl>    <!--广告所用图像来源 -->
          <NavigateUrl>Http://www.Google.jpg</NavigateUrl>    <!-单击图像后链接到谷
歌 -->
          <AlternateText>谷歌</AlternateText>    <!--若图片不可有时显示"谷歌" -->
          <KeyWord>hunt</KeyWord>    <!--定义广告类别为搜索类 -->
          <Impressions>50</Impressions>    <!--本则广告显示频率 80/(80+60+60)*100%
=30% -->
        </Ad>   <!--第 3 则广告结束 -->
</Advertisements><!--广告文件结束 -->
```

(4) 添加 ASP .NET 页面。新建名为 Exercise3.aspx 的 Web 窗体文件。

(5) 设计 ASP .NET 页面。从【工具箱】的【标准】组中将 1 个 AdRotator 控件拖动到 Task3.aspx 的页面,并在【属性】面板中设置其属性。AdRotator 控件的 ID 为 AdRotator1、AdvertisementFile 属性值为 "~/App_Data/advertisement2.xml"。

(6) 在 Exercise3.aspx 代码编辑窗口,加入下面粗体阴影语句以使页面每隔 3s 刷新 1 次。

```
<head runat="server">
    <title>无标题页</title>
       <meta http-equiv="refresh" content="3">
</head>
```

(7) 保存并运行 Exercise3.aspx,观察运行效果。

**操作小结:**

(1) 实现广告的交替显示,可通过设置页面的刷新频率来实现。

(2) 通过 Impressions 确定百度的显示频率占 40%,CN220 的显示频率占 30%,谷歌的显示频率占 30%。

## 任务 4:设计按姓名或学号查询的程序

**操作任务:**

设计 Web 程序 Exercise4.aspx,要求使用 MultiView 控件与 View 控件实现按姓名或者按学号两种不同方式查询，并显示相应的提示信息。运行效果如图 6-15 所示。

(1) 初始运行效果如图 6-15(a)所示。

(2) 单击"姓名查询"单选按钮时 Task4.aspx 运行效果如图 6-15(b)所示。

(3) 单击"学号查询"单选按钮时 Task4.aspx 运行效果如图 6-15(c)所示。

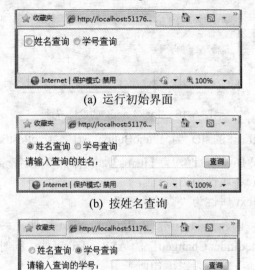

(a) 运行初始界面

(b) 按姓名查询

(c) 按学号查询

图 6-15 Task4.aspx 的运行效果

**解决方案：**

Task4.aspx 页面使用表 6-8 所示的 Web 服务器控件完成指定的操作任务。

表 6-8 Task4.aspx 中使用的 Web 服务器控件

| 类型 | ID | 说明 |
| --- | --- | --- |
| RadioButtonList | RadioButtonList1 | 采用单选按钮列表控件提供查询方式选择 |
| MultiView | MultiView1 | 容纳两个 View 控件的容器控件 |
| View | View1 | 容纳要求输入姓名及查询按钮等信息的容器控件 |
| View | View2 | 容纳要求输入学号及查询按钮等信息的容器控件 |
| TextBox | TextBox1 | 接收键盘输入的姓名信息 |
| Button | Button1 | 按姓名进行查询的按钮 |
| TextBox | TextBox2 | 接收键盘输入的学号信息 |
| Button | Button2 | 按学号进行查询的按钮 |

**操作步骤：**

(1) 打开 Chapter06 ASP .NET 网站，并添加名为 Task4.aspx 的 Web 窗体文件。

(2) 设计 ASP .NET 页面。从【工具箱】的【标准】组中依次将 1 个 RadioButtonList 控件、1 个 MultiView 控件、2 个 View 控件、2 个 1 行 3 列的表格、2 个 TextBox 控件和 2 个 Button 控件拖动到 Task4.aspx 的页面，并在【属性】面板中设置其属性。Task4.aspx 的

页面设计如图 6-16 所示。

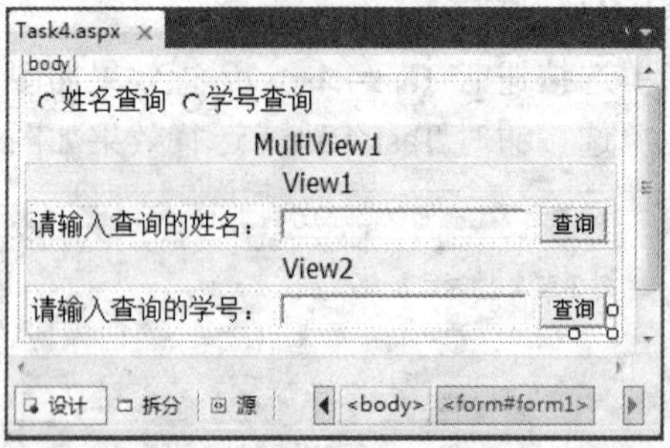

图 6-16　Task4.aspx 的设计界面

① 设置 RadioButtonList 的 ID 为 RadioButtonList1、AutoPostBack 属性值为"True"，RepeatDirection 属性值为"Horizontal"，为【Items】属性添加"姓名查询"和"学号查询"成员；

② 设置 Button1 的 Text 属性为"查询"；

③ 设置 Button2 的 Text 属性为"查询"。

(3) 生成单击事件。在设计窗口双击 RadioButtonList 控件，系统将自动生成 1 个名为"RadioButtonList1_SelectedIndexChanged"的 ASP .NET 事件，同时打开代码编辑窗口，加入该事件的处理代码，如下粗体阴影语句所示。

```
<script runat="server">
protected void RadioButtonList1_SelectedIndexChanged(object sender, EventArgs e)
{//通过单选按钮实现页面的交替显示,该事件是在单选按钮被按下时被触发
    for (int i = 0; i < RadioButtonList1.Items.Count; i++)
    {//采用循环依次对所有单选按钮进行判断
        if (RadioButtonList1.Items[i].Selected)
        {//采用if语句对每一个单选按钮进行判断,判断该单选按钮是否被按下
            MultiView1.ActiveViewIndex = i;
            //若第i个单选按钮被按下,则将第i个View控件呈现给客户端
        }
    }
}
</script>
```

(4) 两个 Button 按钮的单击事件可以自己动手完成。

(5) 保存并运行 Task4.aspx，观察运行效果。

**操作小结：**

(1) RadioButtonList 控件的 AutoPostBack 属性值应设置为"True"，表示当选定内容更改后，自动回发到服务器。

(2) MultiView 控件仅仅是 View 控件的容器，View 控件必须放置在 MultiView 控件内部，否则，将出现错误信息。View 控件中可放其他 Web 服务器控件或标记。

(3) 获取用户选定项的索引是通过 if 语句依次判断每个单选按钮是否被按下来实现的。

## 第 6 章 ASP.NET 复杂控件和用户控件

### 练习 4：使用 MultiView 控件和 View 控件实现导航操作

**操作任务：**

设计 Web 程序 Exercise4.aspx，使用 MultiView 控件和 View 控件实现分步骤操作的简单邮箱注册功能。

(1) 初始运行效果如图 6-17(a)所示。
(2) 初始页面输入用户名与密码后的效果如图 6-17(b)所示。
(3) 单击【下一步】按钮后的运行效果如图 6-17(c)所示。
(4) 单击【注册】按钮后的运行效果如图 6-17(d)所示。

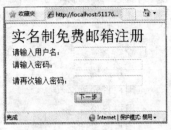  

(a) 初始运行效果　　　　　　　　　(b) 输入用户名与密码

  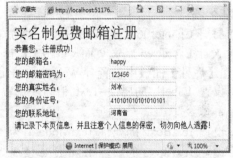

(c) 单击【下一步】按钮后运行效果　　(d) 单击【注册】按钮后运行效果

图 6-17　Exercise4.aspx 的运行效果

**解决方案：**

Exercise4.aspx 页面使用表 6-9 所示的 Web 服务器控件完成指定的操作任务。

表 6-9　Exercise4.aspx 中使用的 Web 服务器控件

| 类　　型 | ID | 说　　明 |
| --- | --- | --- |
| Label | Label1 | 实名制免费邮箱注册 |
| MultiView | MultiView1 | View 控件的容器 |
| View | View1 | 控件容器 |
| View | View2 | 控件容器 |
| View | View3 | 控件容器 |
| TextBox | TextBox1 | 接收用户名 |

109

续表

| 类 型 | ID | 说 明 |
|---|---|---|
| RequiredFieldValidator | RequiredFieldValidator1 | *用户名不能为空 |
| TextBox | TextBox2 | 接收密码 |
| RequiredFieldValidator | RequiredFieldValidator2 | *用户必须为自己的账户设置密码 |
| TextBox | TextBox3 | 接收密码 |
| RequiredFieldValidator | RequiredFieldValidator3 | 验证密码不能省略 |
| CompareValidator | CompareValidator1 | *两次输入的密码必须一致 |
| Button | Button1 | 【下一步】按钮 |
| TextBox | TextBox4 | 接收用户真实姓名 |
| TextBox | TextBox5 | 接收用户身份证号 |
| TextBox | TextBox6 | 接收用记地址信息 |
| Button | Button2 | 【注册】按钮 |
| TextBox | TextBox7 | 邮箱名 |
| TextBox | TextBox8 | 邮箱密码 |
| TextBox | TextBox9 | 用户真实姓名 |
| TextBox | TextBox10 | 用户身份证号 |
| TextBox | TextBox11 | 用户联系地址 |

**操作步骤：**

（1）打开 Chapter06 ASP .NET 网站，添加名为 Exercise4.aspx 的 Web 窗体文件。

（2）设计 Exercise4.aspx 页面。单击【设计】标签，参照表 6-9 设计 Exercise4.aspx 的页面，并在【属性】面板中设置各 Web 控件的属性。

① 设置 Label1 的属性 Text 值为"免费邮箱注册"，设置 Font 中的属性 Size 值为"XX-Large"；

② 设置 TextBox2 的属性 TextMode 值为"Password"；

③ 设置 TextBox3 的属性 TextMode 值为"Password"；

④ 设置 Button1 的属性 Text 值为"下一步"；

⑤ 设置 RequiredFieldValidator1 的属性 Text 值为"*用户名不能为空"，设置属性 ControlToValidate 的值为"TextBox1"，属性 ForeColor 的值为"Red"；

⑥ 设置 RequiredFieldValidator2 的属性 Text 值为"*用户必须为自己的账户设置密码"，设置属性 ControlToValidate 的值为"TextBox2"，属性 ForeColor 的值为"Red"；

⑦ 设置 RequiredFieldValidator3 的属性 Text 值为"验证密码不能省略"，设置属性 ControlToValidate 的值为"TextBox3"，属性 ForeColor 的值为"Red"；

⑧ 设置 CompareValidator1 的属性 Text 值为"*两次输入的密码必须一致"，设置属性 ControlToValidate 的值为"TextBox3"，设置属性 ControlToCompare 的值为"TextBox2"，设置属性 ForeColor 的值为"Red"；

⑨ 设置 Button2 的属性 Text 值为"注册"；

⑩ 设置 TextBoxt7 的属性 ReadOnly 值为"True"；

⑪ 设置 TextBoxt8 的属性 ReadOnly 值为"True"；

⑫ 设置 TextBoxt9 的属性 ReadOnly 值为"True"；

⑬ 设置 TextBoxt10 的属性 ReadOnly 值为"True";
⑭ 设置 TextBoxt11 的属性 ReadOnly 值为"True"。
Exercise4.aspx 页面的设计效果如图 6-18 所示。

图 6-18  Exercise4.aspx 页面的设计效果

(3) 生成事件代码。在 Exercise4.aspx 设计窗口依次双击页面的空白处和各个按钮,系统将自动生成各自对应的 Click 事件,同时打开代码编辑窗口,分别加入 3 个事件的处理代码,如下粗体阴影部分语句所示。

```
<script runat="server">
string[] Info=new string[5];//声明 1 个字符串对象用于保存用户信息
protected void Page_Load(object sender, EventArgs e)
{//页面加载时触发该事件
    MultiView1.ActiveViewIndex = 0;//默认页面加载时在客户端显示View1 视图
}
protected void Button1_Click(object sender, EventArgs e)
{//"下一步"按钮按下时触发该事件
    if (Page.IsValid)//先对本页面内所有的验证控件进行判断
    {
        Page.Session["psw"] = TextBox2.Text.Trim();
//添加一个 Session 对象"psw"用来保存用户密码
        MultiView1.ActiveViewIndex = 1;  //使活动视图改变为View2
    }
}
protected void Button2_Click(object sender, EventArgs e)
{//"注册"按钮按下时触发该事件
    Info[0] = TextBox1.Text.Trim();//将输入的用户名去除首尾空格后赋给数据 Info
    Info[1] = Page.Session["psw"].ToString();//读取 Session 对象"psw"的值赋给数据 Info
```

```
        Info[2]=TextBox4.Text.Trim();
        Info[3]=TextBox5.Text.Trim();
        Info[4]=TextBox6.Text.Trim();
        TextBox7.Text = Info[0];
        TextBox8.Text = Info[1];
        TextBox9.Text = Info[2];
        TextBox10.Text = Info[3];
        TextBox11.Text = Info[4];
        MultiView1.ActiveViewIndex = 2;//使活动视图换为View3
    }
</script>
```

(4) 保存并运行 Exercise4.aspx 文件，观察运行效果。

**操作小结：**

(1) 此例中通过 Button 按钮事件控制 View 控件的可见性，实现实名制免费邮箱的分步注册程序。

(2) 大型程序中，信息不是存储在数组中，而是存储在数据库中。用户每执行一次数据库访问操作，都会花费相应的通信时间、读数据库时间等，也可能对数据库中的数据造成破坏，同时，还会加重服务器负担。为避免给服务器带来不必要的问题，每次进行下一步操作之前最好使用各种验证控件对当前步骤中的输入信息进行验证，而 Page.IsValid 的值指示页验证是否成功，保证了在输入符合要求的情况下才可以进行下一步操作。

(3) 验证控件中，只有自定义验证控件 CustomValidator 是在服务器端进行验证的，其余都是在客户端进行验证，减少了服务器的负担。

(4) Password 类型的文本框内容，在其他 View 控件中是不能被获取的。此练习中通过会话机制的 Session 对象实现密码获取。Session 对象用来保存用户与服务器的临时会话，这个会话有点像身份确认。Session 对象中的数据保存在服务器端其默认生命周期为 20 分钟。Session 对象的主要特点是可以存储任意类型的数据。

## 任务 5：使用 Wizard 控件实现会员注册

**操作任务：**

设计 Web 程序 Task5.aspx，要求使用 Wizard 控件实现简单的分步会员注册功能。运行效果如图 6-19 所示。

(a) 第 1 步运行效果

(b) 第 2 步运行效果

图 6-19  Task5.aspx 的运行效果

# 第 6 章 ASP .NET 复杂控件和用户控件

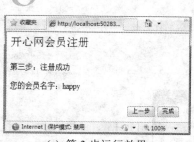

(c) 第 3 步运行效果

图 6-19 Task5.aspx 的运行效果(续)

**解决方案：**

Task5.aspx 页面使用表 6-10 所示的 Web 服务器控件完成指定的操作任务。

表 6-10 Task5.aspx 中使用的 Web 服务器控件

| 类 型 | ID | 说 明 |
| --- | --- | --- |
| Wizard | Wizard1 | 向导控件 |
| TextBox | TextBox1 | 接收用户名 |
| RequiredFieldValidator | RequiredFieldValidator1 | 必填项 |
| TextBox | TextBox2 | 接收密码 |
| RequiredFieldValidator | RequiredFieldValidator2 | 必填项 |
| TextBox | TextBox3 | 接收密码 |
| RequiredFieldValidator | RequiredFieldValidator3 | 必填项 |
| CompareValidator | CompareValidator1 | 两次密码须一致 |
| TextBox | TextBox4 | 接收用户所在地 |
| TextBox | TextBox5 | 接收用户手机号 |
| Label | Label1 | 用于注册成功时会员名的显示 |

**操作步骤：**

(1) 打开 Chapter06 ASP .NET 网站，并添加 Task5.aspx 的 Web 窗体文件。

(2) 设计 ASP .NET 页面。从【工具箱】的【标准】组中将 1 个 Wizard 控件拖动到设计页面，如图 6-20 所示。单击 Wizard 控件右上角的智能标记，弹出 Wizard 任务菜单，如图 6-21 所示。单击【编辑模板】按钮，打开 Wizard 控件的模板编辑模式，在【显示】下拉列表中选择"HeaderTemplate"，显示如图 6-22 所示的编辑界面。输入本网页的主题"开心网会员注册"，如图 6-23 所示。回到 Wizard 任务的模板编辑模式，单击【结束模板编辑】。再次单击 Wizard 控件的智能标记，进入 WizardStep 集合编辑器，如图 6-24 所示，在对话框中单击【添加】按钮进行步骤数的增加，选择【成员】中的第一步【Step1】后修改其属性【Title】为"第一步"，同样修改其他步骤。完成后单击【确定】按钮，回到 Wizard 控件设计。最后，单击每一个步骤，在右侧的编辑窗口进行界面的设计。各界面的控件及其属性设计参照图 6-25 的格式，结合图 6-19 与表 6-10 进行。

Wizard 控件中步骤设计完成后，将 Wizard 控件的属性 StartNextButtonText 设置为"确认"、属性 StepNextButtonText 设置为"注册"、属性 DisplaySideBar 设置为"False"。

图 6-20　Task5.aspx 设计初始界面　　　　图 6-21　Wizard 控件的任务菜单

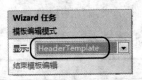

图 6-22　Wizard 控件的模板编辑对话框　　图 6-23　Wizard 控件的 HeaderTemplate 窗口

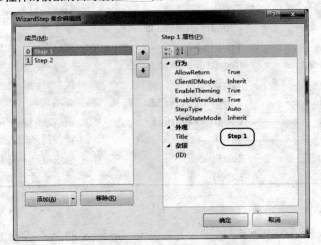

图 6-24　WizardStep 集合编辑器窗口

图 6-25　在 Wizard 中编辑第 1 步

　　(3) 生成单击事件。选择 Wizard 控件后，在【属性】窗口单击事件按钮 ，双击事件 NextButtonClick，系统将自动生成 1 个名为"Wizard1_NextButtonClick"的 ASP .NET 事件，同时打开代码编辑窗口。加入"Wizard1_NextButtonClick"事件的处理代码，如下粗体阴影语句所示。

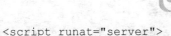

```
<script runat="server">
    protected void Wizard1_NextButtonClick(object sender, WizardNavigation
EventArgs e)
    {//注册按钮按下时触发该事件
        Label1.Text = TextBox1.Text.Trim();//将会员名显示给用户查看
    }
</script>
```

(4) 保存并运行 Task5.aspx，观察运行效果。

**操作小结：**

(1) 在 Wizard 控件的步骤集中，每个步骤都有一个用户自定义界面。

(2) 对于 Wizard 控件的内置导航功能按钮，若要对其添加对应的事件，则需进入【属性】窗口中事件，双击该按钮对应的事件按钮后进入对应的代码编辑窗口进行编辑。

(3) Wizard 控件最终呈现给用户的界面次序是由声明该用户界面所在步骤的顺序决定的。

(4) 将 Wizard 控件拖放到页面时，默认情况下，该控件显示两个预定义步骤。

**练习 5：使用 Wizard 控件实现免费邮箱申请操作**

**操作任务：**

设计 Web 程序 Exercise5.aspx，要求使用 Wizard 控件实现 Exercise4 中实名制免费邮箱申请任务。

**操作提示：**

新建页面 Exercise5.aspx→拖入 1 个 Wizard 控件→设计步骤集合中每个步骤→添加所需的事件和方法→保存并运行。

**操作步骤：**

参照任务 5 与练习 4 自行完成。

## 任务 6：创建并使用用户控件

**操作任务：**

设计 Web 程序 Task6.aspx，通过使用创建的用户控件 Task6UserControl.ascx 实现日期时间的显示，并且根据个人爱好选择日期时间的颜色。运行效果如图 6-26 所示。

**解决方案：**

该 Task6.aspx 页面使用用户控件 Task6_UserControl.ascx 完成指定的操作任务。

**操作步骤：**

(1) 打开 Chapter06 ASP .NET 网站，添加用户控件和 Web 页面。右击【解决方案资源管理器】窗口中的项目"C:\ASPNET\Chapter06"，在弹出的快捷菜单中选择【添加新项】

命令,打开【添加新项】对话框,选择【Web 用户控件】模板,添加名为 Task6UserControl.ascx 的用户控件;再添加 1 个名为 Task6.aspx 的 Web 页面文件。

(2) 设计 Task6UserControl.ascx 用户控件。单击【设计】标签,切换到设计视图。选择【表】→【插入表】命令,向用户控件界面中插入 1 个 2 行 3 列的表格。从【工具箱】的【标准】组中将两个 Label 控件拖动到表格中,并在【属性】面板中将二者的 Text 属性设为空,ID 属性保持默认值。再从【工具箱】的【AJAX Extensions】组中将 1 个 ScriptManager 控件和 1 个 Timer 控件拖动到用户控件界面中,并将 Timer 控件的 InterVal 属性设置为 1000。Task6UserControl.ascx 的设计效果如图 6-27 所示。

图 6-26　Task6.aspx 运行效果

图 6-27　Task6UserControl.ascx 设计界面

(3) 为用户控件添加属性。在设计窗口双击页面空白处,系统将自动生成 1 个名为 "Page_Load" 的 ASP .NET 事件,同时打开代码编辑窗口,在代码编辑窗口中如下粗体阴影语句。

```
<script runat="server">
protected void Page_Load(object sender, EventArgs e)
{
    Label1.Text = DateTime.Now.ToString("D");//页面加载时,Label1 上显示日期文本
    Label2.Text = DateTime.Now.ToString("T");//页面加载时,Label2 上显示时间文本
}
private System.Drawing.Color DateBColor;//声明颜色变量 DateBColor
private System.Drawing.Color DateFColor;//声明颜色变量 DateFColor
private System.Drawing.Color ClockFColor;//声明颜色变量 ClockFColor
private System.Drawing.Color ClockBColor;//声明颜色变量 ClockBColor
//开始用户控件 Task6UserControl.ascx 属性的声明
public System.Drawing.Color DateBackColor//该属性用于设置显示日期的背景颜色
{
    get//使用 get 访问器读值
    {
        return DateBColor;//返回颜色变量 DateBColor
    }
    set//使用 set 访问器写入值
    {
        DateBColor = value;//将隐式参数 value 的值赋给变量 DateBColor
        Label1.BackColor = DateBColor;//将第 1 个标签 Label1 的前景色设置为 DateBColor
    }
}
public System.Drawing.Color DateForeColor/该属性用于设置显示日期的前景颜色
```

```csharp
{
    get
    {
        return DateFColor;
    }
    set
    {
        DateFColor = value;
        Label1.ForeColor = DateFColor;
    }
}
public System.Drawing.Color ClockBackColor//该属性用于设置显示时间的背景颜色
{
    get
    {
        return ClockBColor;
    }
    set
    {
        ClockBColor = value;
        Label2.BackColor = ClockBColor;
    }
}
public System.Drawing.Color ClockForeColor//该属性用于设置显示时间的前景颜色
{
    get
    {
        return ClockFColor;
    }
    set
    {
        ClockFColor = value;
        Label2.ForeColor = ClockFColor;
    }
}
</script>
```

(4) 保存并关闭 Task6UserControl.ascx 文件。

(5) 设计 Task6.aspx 页面。切换到 Task6.aspx 页面，单击【源】标签，进入代码编辑窗口，加入如下粗体阴影语句所示。

```
<%@ Page Language="C#" %>
<%@ Register TagPrefix="Clock" TagName="MyClock" Src="~/Task6User
Control.ascx" %>
//声明1个@Register 指令，其中属性 TagPrefix 声明的前缀名用于控件的用户控件
//元素开始标记中；属性 TagName 将用于实例化的用户控件元素的开始标记中；Src
//定义要包括在 Web 窗体页中的用户控件文件的虚拟路径
```

然后，单击【设计】标签，转到设计视图，选中【解决方案资源管理器】的项目"C:\ASPNET\Chapter06"中的用户控件 Task6UserControl.ascx，并将其拖动到 Task6.aspx 页面的设计窗口。Task6.aspx 的设计效果与控件 Task6UserControl.ascx 的设计效果相同，如图 6-27 所示。

(6) 保存并运行 Task6.aspx 文件，观察运行效果。

**操作小结：**

(1) 用户控件可以自定义其属性和事件及相应的响应代码。

(2) 用户控件创建后，与 Web 服务器控件用法类似。用户控件实例化对象后，可以设置其属性。

(3) ScriptManager 控件负责处理页面，允许进行部分页面的显示。每个要使用 ASP.NET 4 提供的 AJAX 功能的页面都需要使用 1 个 ScriptManager 控件。

(4) 本任务中 Timer 控件用于控制时间的显示，当页面运行时，会看到秒的走动，主要是由 Timer 控件的 Interval 属性决定的，Interval 的值为 1000，即 1000 毫秒(1000 毫秒等于 1 秒)。

**练习 6：使用用户控件实现用户登录**

**操作任务：**

设计 Web 程序 Exercise6.aspx，通过使用创建的用户控件 Ex6UserControl.ascx 实现用户登录。运行效果如图 6-28 所示。

**操作提示：**

创建用户控件 Ex6UserControl.ascx→创建 Web 页面 Exercise6.aspx→将用户控件 Ex6UserControl 拖入 Exercise6。用户控件 Ex6UserContrlo.ascx 的设计界面如图 6-29 所示。

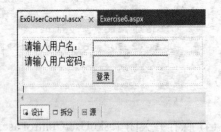

图 6-28　Exercise6.aspx 运行效果　　　图 6-29　Ex6UserControl.ascx 设计界面

**操作步骤：**

参照任务 6 自行完成。

## 第6章 ASP.NET 复杂控件和用户控件

## 学习小结

通过本章您学习了：

(1) 使用 Calendar 控件查看日期，使用图片背景为个别日期添加标记，使用内置 label 控件和 LiteralContral 对象两种方式为日期添加备注。

(2) 使用 FileUpload 控件实现客户端文件上传到服务器，同时可以对上载文件的类型、大小等属性进行限制，对预防用户上传具有破坏性的文件起到一定的作用。

(3) 使用 XML 文件创建广告，并与 AdRotator 控件相关联，通过 AdRotator 控件显示广告。XML 文件中可以设置广告的显示图片、导航链接、显示频率及分类等信息。

(4) 使用 MultiView 控件及 View 控件实现分步操作。其功能与 Wizard 控件相似，但 Wizard 控件在应用过程中相对简单一些。

(5) 用户控件可以实现基本服务器控件组合在一起共同实现的功能。用户控件主要功能是实现多次重用。

## 习题

一、单选题

1. Calendar 控件 SelectionMode 属性的默认值为_____。
   A．None           B．Day           C．DayWeek           D．DayWeekMonth

2. 语句 fileName = FileUpload1.FileName 表示_____。
   A．将控件 FileUpload1 中要上传的文件名取出放在 fileName 中
   B．将控件 FileUpload1 中要上传的文件重新命名为 FileName 放在 fileName 中
   C．将控件 FileUpload1 中要上传的文件取出放在 fileName 中
   D．将控件 FileUpload1 中属性 FileName 重新命名为 fileName

3. 语句 MultiView1.ActiveViewIndex = 1 表示_____。
   A．将 MultiView1 的第 1 个 View 控件的活动页面置为 1
   B．将 MultiView1 的索引赋值为 1
   C．将 MultiView1 中的第 1 个 View 控件索引值定为 1
   D．将 MultiView1 的活动页面置为 1，即将第 1 个 View 控件呈现给客户端

4. 用于控件 AdRotator 的 XML 文件中的标记 &lt;Advertisements&gt; 在 1 个 XML 文件中可以出现_____。
   A．1 次           B．2 次
   C．5 次           D．有多少个广告就出现多少次

5. Wizard 控件是_____控件。
   A．日历           B．时钟           C．导航           D．压缩

119

二、填空题

1. Calendar 控件 FirstDayOfWeek 属性的默认值为_____。
2. FileUpload 控件 SaveAs 方法的功能是_____。
3. AdRotator 控件的常用属性是_____。
4. MultiView 控件运行中每次最多只能显示_____个 View 控件。
5. 用户控件的属性与事件由_____自行定义。

三、思考题

1. Calendar 控件的 SelectionChanged 事件是什么时候被触发的？DayRender 事件又是什么时候被触发的？
2. 如何检验 FileUpload 控件中是否有要上传的文件？如何将用户选择文件上载到服务器？

四、实践题

1. 编写 Web 程序 Practice1.aspx，实现图片类文件上传功能，并且文件大小不能超过 10M。其设计界面如图 6-30 所示，运行效果如图 6-31(a)～图 6-31(c)所示。

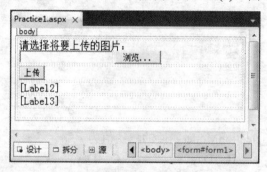

图 6-30　Practice1.aspx 的设计界面

(1) 页面初始运行后选择将要上传的图片 1.jpg 的效果如图 6-31(a)所示。
(2) 选择将要上传的图片 1.jpg 按下上传后效果如图 6-31(b)所示。
(3) 选择错误的文件类型运行效果如图 6-31(c)所示。

(a) 选择上传图片

图 6-31　Practice1.aspx 的运行效果

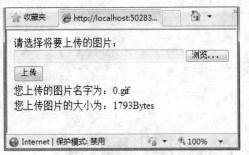

(b) 图片成功上传后　　　　　　　　　　(c) 错误提示

图 6-31　Practice1.aspx 的运行效果(续)

2．编写 Web 程序 Practice2.aspx，实现基本的日历功能，并且为日历的 2011 年 12 月 25 日添加备注"圣诞节"。其设计界面如图 6-32 所示，运行效果如图 6-33 所示。

图 6-32　Practice2.aspx 的设计界面　　　　图 6-33　Practice2.aspx 的运行效果

3．编写 Web 程序 Practice3.aspx，实现三家购物网站广告轮显功能。要求根据个人爱好，给出相应的轮显频率。三家购物网站分别为：

① 淘宝网 http://www.taobao.com
② 当当网 http://www.dangdang.com
③ 凡客诚品网 http://www.vancl.com

其运行效果如图 6-34(a)～图 6-34(c)所示。

(a) 初始运行效果　　　　(b) 运行 3 秒后效果　　　　(c) 运行 6 秒后效果

图 6-34　Practice3.aspx 的运行效果

第 7 章

# 设计 ASP .NET Web 网站

**通过本章您将学习：**

- 创建引用 ASP .NET 母版页的内容页
- 使用站点地图实现站点导航
- 使用外观文件设置页面样式
- 创建并使用 CSS 样式表

# 第7章 设计 ASP.NET Web 网站

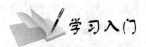

(1) 从技术方面评价一个网站是否优秀，首先考虑网站的外观是否符合大众审美；其次考虑是否方便用户操作；最后是稳定性等其他指标。网站的外观设计一般要求风格尽量一致。通过一致的外观设置，使访问者可以采用类似的操作方式完成不同的任务，从而增强对网站的熟悉程度。

(2) 使用母版页可以设计出风格统一的 ASP.NET Web 网站；采用站点导航技术使访问者可以方便地访问站内的任何一个地方；使用主题和外观可以为网站定义统一的样式，也可以让访问者自行选择网站的主题。

(3) 母版页实质是其他网页可以将其作为模板引用的特殊网页，主要用于实现网站统一外观和布局的设计。母版页是扩展名为 ".master" 的 ASP.NET 文件，由特殊的@Master 指令标志，与普通的 Web 窗体页(.aspx)的@Page 指令相对应。母版页不能在浏览器中查看，若试图在浏览器中查看母版页则会导致一个 "这类页面不能打开" 的错误提示。

(4) 母版页的区域被分为两大类：公用区域和可编辑区域，公用区域的设计方法与一般网页的设计方法相同。可编辑区域是用 ContentPlaceHolder 控件预留出来的区域。ContentPlaceHolder 控件起到为内容页占位的作用，即使用 ContentPlaceHolder 控件在母版页中标志某个区域，该区域是预留给内容页使用的。一个母版中可以有一个或者多个可编辑区域，也就是母版页可以为内容页留出一个或者多个填充内容信息的区域。

(5) 母版页与内容页紧密相连。母版页主要包括页面的公共元素，内容页主要包含页面中的非公共信息。通过在内容页中引用母版页，并在内容页中添加相应的内容信息，最终形成访问者所看到的页面。

(6) 内容页中包含一个或者多个 Content 控件，该控件包含页面的实际内容。Content 控件继承自 Control 类，并添加了 ContentPlaceHolderID 属性。ContentPlaceHolderID 用于标志母版页上的 ContentPlaceHolder 控件。

(7) 对于一个采用导航的网站，浏览者可以方便地访问网站的任何一个地方，也能确切地知道自己当前所处的位置。站点地图是实现导航功能的常用工具。站点地图实际上就是网站上各网页的列表。在 ASP.NET 中，站点地图是一种扩展名为.sitemap 的 XML 文件，站点地图文件详细地描述了网站的整个导航布局，其中包括网站中所有页面的名称，还有各页面之间的逻辑关系。实际的站点文件包含很多<siteMapNode>结点，这些<siteMapNode>结点在 XML 文档中有一定的结构关系，这个结构关系恰好对应网站页面的逻辑关系。<siteMapNode>结点的常用属性如表 7-1 所示。

表 7-1 siteMapNode 结点的常用属性

| 属 性 名 | 属性说明 |
| --- | --- |
| url | 指定网页的链接地址，对应链接的网页文件在虚拟目录中的路径 |
| title | 指定网页的名称，即导航上所显示的导航文字 |
| description | 鼠标指针浮于该结点上时显示的解释文字 |

(8) ASP.NET 提供了三种内置导航控件：SiteMapPath 控件、Menu 控件和 TreeView 控件。

① SiteMapPath 控件会自动获取站点地图文件中的数据并显示导航信息，适用于对分层页结构比较深的站点，但不支持向下级结点导航的功能。带有 SiteMapPath 控件的页面只有出现在应用程序的站点地图文件的结点里，SiteMapPath 控件才会在运行时显示出来；否则 SiteMapPath 控件在程序运行时不显示。SiteMapPath 控件在默认状态下与网站地图文件绑定在一起，因此，SiteMapPath 控件不需要像其他导航控件一样为其设置数据源。SiteMapPath 控件常用的属性如表 7-2 所示。

表 7-2  SiteMapPath 控件的常用属性

| 属性名 | 属性说明 |
| --- | --- |
| PathDirection | 按照从左到右的顺序显示路径；也就是说，从当前结点开始，从该点向右移动(RootToCurrent)，或者首先显示当前结点，向右显示到达根结点的路径(CurrentToRoot)。默认属性值是 RootToCurrent |
| PathSeparator | 用其他的字符作为链接的分隔符，而不用默认的大于号(>) |
| RenderCurrentNodeAsLink | 当前结点是否被作为一个链接显示出来。其取值是布尔类型，默认值为 False |
| ShowToolTips | 当鼠标移动到一个链接上时，是否显示工具提示信息。工具提示信息在网站地图文件的结点描述属性里定义。其取值是布尔类型，默认值为 True |

② Menu 控件是以菜单形式为用户提供导航功能。其导航功能的实现可以通过 Menu 的任务面板中【菜单项编辑器】实现，也可以通过绑定数据源控件实现。数据源控件主要有 SiteMapDataSource 控件和 XmlDataSource 控件两种。

③ TreeView 控件是以树形结构为用户提供导航功能。可以通过手工添加数据或绑定数据源控件实现。数据源控件也有 SiteMapDataSource 和 XmlDataSource 两种控件。

(9) 主题用于定义 Web 应用程序和控件的外观属性。主题中至少包含外观文件(.skin)，也可包含层叠样式表、图像及其他资源。主题可应用于任何站点，影响整个网站中页面和控件的外观。通过对主题内容的修改，而不用逐一修改网站中每一个页面，就可以实现网站的样式改变。同时，还可与其他设计开发人员共用主题，减少开发的工作量，使网站的维护变得更加容易。

(10) 外观文件又称为皮肤文件，它主要作用是设置页面中的各个 Web 服务器控件(如 Button、Label、TextBox 或 Calendar 等)的外观属性。外观文件保存在 App_Themes 文件夹下的主题文件夹中，其扩展名为.skin。外观文件是通过设置 Web 服务器控件的属性来实现的，有默认外观和已命名外观两种类型。默认外观是在对 Web 服务器控件的设置过程中，没有设置 SkinID 属性值的控件外观；已命名外观是设置了 Web 服务器控件 SkinID 属性值的控件外观。在一个外观文件夹下，可以对一类控件进行多次命名外观设置，但是只能有一个没有命名的设置，即只有一个控件的默认外观。

(11) 定义主题之后，通过设置当前页面参数 Theme，可以将主题应用于当前页面。通过设置控件参数 SkinID，可以将外观应用于控件。若没有设置控件参数，则将使用该控件的默认外观。

(12) 层叠样式表(Cascading Stylesheets，CSS)，又简称为 CSS 样式表，是一种制作网页的重要技术，现在已经为绝大多数的浏览器所支持，成为网页设计必不可少的工具之一。

CSS 样式表是用于控制页面样式并允许将样式信息的定义与页面内容分开的一种标记性语言，也可以控制页面中的 HTML 元素和 ASP.NET 控件的外观，其扩展名为.css。如果向主题文件夹中添加一个 CSS 文件，则 CSS 样式表将出现在任何使用了主题的页面属性中。

(13) CSS 样式表的声明分为选择符和块两部分，块里面包含属性和属性的取值，属性与属性值之间用冒号隔开。选择符可以是任何 HTML 元素或者控件名称。CSS 样式表声明的基本格式如下。

选择符{属性 1: 属性值 1; 属性 2: 属性值 2; ……; 属性 n: 属性值 n}

(14) 样式规则如下。

① 类选择符

为了能将相同的元素进行分类定义不同的样式，定义类选择符时，在自定义类的名称前面加一个点号，其一般格式如下。

.选择符{属性 1: 属性值 1; 属性 2: 属性值 2; ……; 属性 n: 属性值 n}

② ID 选择符

ID 选择符是个别定义每个元素的样式成分。这种选择符应该尽量少用，因为它具有一定的局限性。ID 选择符的指定要在名字前面加上指示符"#"。其一般格式如下。

#选择符{属性 1: 属性值 1}

(15) 添加 CSS 的方法有四种：内联样式表、嵌入样式表、外联样式表和输入样式表。

① 内联样式表是直接将一些样式应用于某个独立的元素的情况。例如：

`<asp:Button ID="Button1" runat="server" Text="确定" style="border:3px"/>`

尽管使用内联式样式表简单、显示直观，但内联式样式表需要和内容混合在一起，无法完全发挥样式表的"内容结构和格式控制分别保存"的优点。因此，一般较少使用。

② 嵌入样式表是在 HTML 的头信息标识符<head>内添加<style></style>标签对，并在标签对内定义需要的样式。例如：

```
<head runat="server">
<style type="text/css">
.style1
{
    Width:100%;
    Background-color:Blue;
}
</style>
</head>
```

嵌入样式表使用比较方便，设置较为集中，但仅能将设置使用到当前网页，若在其他页面也要用到这些设置，则需要复制或者重新输入。

③ 外联样式表是将<style>标签内的样式语句定义在 CSS 样式文件中。通过使用<link>元素引入独立的 CSS 样式文件。添加信息格式如下。

```
<head runat="server">
<link rel="stylesheet" href="*.css" type="text/css" media="screen">
<head>
```

属性 rel 用以说明<link>元素在这里要完成的任务是连接一个独立的 CSS 文件。*.css 是单独保存的 CSS 文件，其中不能包含<style>标识符。href 属性给出了所要连接 CSS 文件的 URL 地址。media 是可选属性，表示使用 CSS 样式表的网页将使用什么媒体输出。一般默认为 screen，即输出到计算机屏幕。

④ 输入样式表类似于外联样式表，但输入样式表是使用@import 命令将一个独立的 CSS 样式表文件输入到另一个样式文件中。添加信息格式如下。

```
<head runat="server">
    <style type="text/css">
    @Import url(App_Themes/CSS/Task4.css);
    </style>
</head>
```

(16) CSS 样式表也可放在主题中。在定义之后，设置页面参数 StyleSheetTheme(当前页面的主题样式表)，可将样式表应用于当前网页。设置 HTML 元素 Class 属性也可应用 CSS 样式。设置 Web 服务器控件的 CssClass 属性也可应用 CSS 样式。

## 任务 1：创建内容页，并在内容页中引用母版页

**开发任务：**

创建并设计内容页 Task1.aspx，其运行效果如图 7-1 所示，要求在 Task1.aspx 中引用母版页 Task1.master，母版页设计如图 7-2 所示。

图 7-1　Task1.aspx 运行效果　　　　　图 7-2　Task1.master 设计效果

**解决方案：**

设计如图 7-2 所示的母版页 Task1.master，然后在内容页 Task1.aspx 中引用母版页。母版页 Task1.master 使用表 7-3 所示的 Web 服务器控件完成指定的开发任务。

表 7-3　Task1.master 中使用的 Web 服务器控件

| 类型 | ID | 说明 |
| --- | --- | --- |
| Calendar | Calendar1 | 用于日期显示 |
| Image | Image1 | 用于显示 2011 年世界园艺博览会图片 |
| Image | Image2 | 用于显示 2011 年世界大学生运动会图片 |
| TextBox | TextBox1 | 用于站内内容搜索 |
| Button | Button1 | 【搜索】按钮 |
| Label | Label1 | 显示当前日期 |
| HyperLink | HyperLink1 | 连接到 2011 年世界园艺博览会官方网站 |
| HyperLink | HyperLink2 | 连接到 2011 年世界大学生运动会官方网站 |
| ContentPlaceHolder | ContentPlaceHolder1 | 为内容页的内容部分占位 |
| ContentPlaceHolder | ContentPlaceHolder2 | 为内容页的内容部分占位 |
| ContentPlaceHolder | ContentPlaceHolder3 | 为内容页的内容部分占位 |

**操作步骤：**

(1) 运行 Microsoft Visual Studio 2010 应用程序。

(2) 新建 ASP .NET 网站。选择【文件】→【新建网站】命令，打开【新建网站】对话框。在【新建网站】对话框中，选择【已安装的模板】页下【Visual C#】语言类型的【ASP .NET 网站】模板；在【Web 位置】处保持默认设置"文件系统"；单击【浏览】按钮，在【选择位置】对话框中输入"C:\ASPNET\Chapter07"，单击【确定】按钮，系统将开始在"C:\ASPNET\Chapter07"目录中创建名称为 Chapter07 的网站。

(3) 添加图片。右击【解决方案资源管理器】窗口中的项目"C:\ASPNET\Chapter07"，在弹出的快捷菜单中选择【新建文件夹】命令，并将新建文件夹重命名为"Image"。右击 Image 文件夹，在弹出的快捷菜单中选择【添加现有项】命令，打开【添加现有项】对话框，选择添加图片"2011 年世界园艺博览会.bmp"和图片"2011 年世界大学生运动会.bmp"。(涉及的素材可到前言所指明的网址去下载)

(4) 添加母版页。右击【解决方案资源管理器】窗口中的项目"C:\ASPNET\Chapter07"，在弹出的快捷菜单中选择【添加新项】命令，在打开的【添加新项】对话框中选择【母版页】模板，在【名称】处输入文件的名称"Task1.master"，取消勾选【将代码放在单独的文件中】复选框，单击【添加】按钮。在"C:\ASPNET\Chapter07"网站中创建 1 个名为 Task1.master 的母版页。

(5) 母版页界面布局设计。单击【设计】标签，切换到设计视图，可以看到新创建的母版页面中默认包含 1 个 ContentPlaceHolder 控件，删除该 ContentPlaceHolder 控件。单击页面空白处设置 DOCUMENT 的 BgColor 属性值为"#FFFF99"。选择【表】→【插入表】命令，打开【插入表】对话框，将表的大小设计为 5 行 3 列后单击【确定】按钮。接着将表的第 1 行选定，选择【表】→【修改】→【合并单元格】命令，将第 1 行合并，同样，将表的最后 1 行也进行合并。接下来从【工具箱】的【标准】组中将 1 个 Calendar 控件、1 个 Label 控件、1 个 TextBox 控件、1 个 Button 控件、2 个 Image 控件和 2 个 HyperLink 控件拖动到表格中，并按如下步骤设置其属性。

① 将 Calendar 控件放置在表格第 3 行的左侧栏中，其 ID 属性值为"Calendar1"、自

动套用格式中选择"彩色型 1"架构。

② 将 Label 控件放置在表格第 3 行的左侧栏中,其 ID 属性值为"Label1"、Text 属性值为空。

③ 将 TextBox 控件放置在表格第 2 行的中间栏中,其 ID 属性值为"TextBox1"。

④ 将 Button 控件放置在表格第 2 行的中间栏中,其 ID 属性值为"Button1"、Text 属性值为"搜索"。

⑤ 将 Image 控件放置在表格第 3 行的右侧栏中,其 ID 属性值为"Image1"、ImageUrl 属性值为"~/Image/2011 世界园艺博览会.bmp"、并调整其大小。

⑥ 将 Image 控件放置在表格第 3 行的右侧栏中,其 ID 属性值为"Image2"、ImageUrl 属性值为"~/Image/2011 世界大学生运动会.bmp"、并调整其大小。

⑦ 将 HyperLink1 控件放置在表格第 3 行的右侧栏中,其 ID 属性值为"HyperLink1"、Text 属性值为"2011 年世界园艺博览会"、NavigateUrl 属性值为"http://www.expo2011.cn/"。

⑧ 将 HyperLink1 控件放置在表格第 3 行的右侧栏中,其 ID 属性值为"HyperLink2"、Text 属性值为"2011 年世界大学生运动会"、NavigateUrl 属性值为"http://www.sz2011.org/"。

⑨ 将 ContentPlaceHolder 控件放置在表格第 4 行的左侧栏中,其的 ID 属性值为"ContentPlaceHolder1"。

⑩ 将 ContentPlaceHolder 控件放置在表格中心栏,其 ID 属性值为"ContentPlaceHolder2"。

⑪ 将 ContentPlaceHolder 控件放置在表格第 4 行的右侧栏中,其 ID 属性值为"ContentPlaceHolder3"。

(6) 生成母版页的载入事件。在 Task1.aspx 页面的设计视图中双击页面空白处,系统将自动生成 1 个名为 Page_Load 的 ASP .NET 事件,同时打开代码编辑窗口,加入窗体载入事件的处理代码,如下粗体阴影语句。

```
<script runat="server">
protected void Page_Load(object sender, EventArgs e)
{
    //将当前的日期显示在 Label1 中
    Label1.Text = DateTime.Now.ToLongDateString();
}
</script>
```

(7) 保存母版文件 Task1.master。

(8) 添加新的 ASP .NET 页面。右击【解决方案资源管理器】窗口中的项目"C:\ASPNET\Chapter07",在弹出的快捷菜单中选择【添加新项】命令。在打开的【添加新项】对话框中选择【Web 窗体】模板,在【名称】处输入文件的名称:Task1.aspx,勾选【选择母版页】复选框。单击【添加】按钮,打开【选择母版页】对话框,从文件夹内容中选中 Task1.master 后单击【确定】按钮即可。【选择母版页】对话框如图 7-3 所示。

(9) 设计 Task1.aspx 内容页。切换到页面设计视图,将光标定位在 Content1 处。选择【表】→【插入表】命令,打开【插入表】对话框,将表的大小设计为 4 行 1 列后单击【确定】按钮,同样在 Content2 处插入 1 个 6 行 2 列的表以及在 Content3 处插入 1 个 3 行 1 列的表,同时在 Content3 内的表中拖入 2 个 HyperLink 控件。

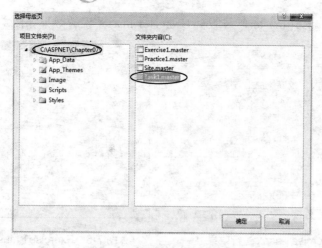

图 7-3 【选择母版页】对话框

① 设置 1 个 HyperLink 控件的 ID 属性值为"HyperLink3"、Text 属性值为"新浪新闻"、NavigateUrl 属性值为"http://news.sina.com.cn/"。

② 设置 HyperLink 控件的 ID 属性值为"HyperLink4"、Text 属性值为"凤凰军事"、NavigateUrl 属性值为"http://news.ifeng.com.mil/"。

③ 在其他表格中输入如图 7-1 所示运行效果中的对应内容。

(10) 保存并运行 Task1.aspx,观察其运行效果。

**操作小结：**

(1) 母版页与内容页在设计方法方面一样,但在其他方面存在差别。

① 可否用浏览器查看：母版页不能用浏览器打开查看效果,而内容页可以用浏览器直接打开查看效果。

② 扩展名：母版页的扩展名是".master",而内容页的扩展名是".aspx"。

③ 二者的代码头声明不同：母版页的代码头声明是"<%@ Master Language="C#" %>；而内容页的代码头声明是"<%@ Page Title="" Language="C#" MasterPageFile="~/Task1.master" %>"。即母版页是由特殊的指令"@ Master"识别,而内容页则使用一般的指令"@Page"识别。

④ 在母版页中可以使用一个或者多个 ContentPlaceHolder 控件,而在内容页中需使用 Content 服务器控件与母版页中的 ContentPlaceHolder 控件对应。

(2) 母版页创建之后,可以很方便地应用于任何页面。只要在创建.aspx 页面时选中"选择母版页"即可。

(3) 母版页的使用很大程度上节省了开发人员的时间,它把页面的公共内容分离出来,使开发人员能够更加专注于页面特有内容的设计和呈现。

练习 1：设计 1 个母版页并利用母版页设计网站

**开发任务：**

创建并设计内容页 Exercise1.aspx,其运行效果如图 7-4 所示。要求在 Exercise1.aspx

中引用母版页 Exercise1.master，母版页 Exercise1.master 设计效果如图 7-5 所示。

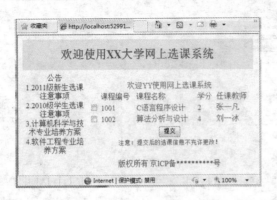

图 7-4  Exercise1.aspx 运行效果　　　　图 7-5  Exercise1.master 设计效果

**解决方案：**

设计如图 7-5 所示的母版页 Exercise1.master，然后将母版页引用到内容页 Exercise1.aspx 中。母版页 Exercise1.master 使用表 7-4 所示的 Web 服务器控件完成指定的开发任务。内容页 Exercise1.aspx 使用表 7-5 所示的 Web 服务器控件完成指定的开发任务。

表 7-4　Exercise1.master 中使用的 Web 服务器控件

| 类型 | ID | 说明 |
| --- | --- | --- |
| ContentPlaceHolder | ContentPlaceHolder1 | 为内容页的内容部分占位 |
| Table | | 3 行 2 列，控制页面布局 |

表 7-5　Exercise1.aspx 中使用的 Web 服务器控件

| 类型 | ID | 说明 |
| --- | --- | --- |
| CheckBox | CheckBox1 | 第 1 门课程的复选框 1 |
| CheckBox | CheckBox2 | 第 2 门课程的复选框 2 |
| Button | Button1 | 选课后进行提交的按钮 |

**操作提示：**

先设计母版页 Exercise1.master，然后再设计内容页 Exercise1.aspx。

**操作步骤：**

结合母版页的设计效果图和内容页的运行效果图参照任务 1 自行完成。

## 任务 2：使用站点地图文件作为数据源实现 TreeView 导航

**开发任务：**

设计 Web 程序 Task2.aspx，要求使用 TreeView 控件实现导航。运行效果如图 7-6 所示。

(1) 初始运行效果如图 7-6(a)所示。

(2) 单击导航项"百度"时，网页跳转到百度的主页面，运行效果如图 7-6(b)所示。

(a) 初始运行效果

(b) 单击导航项后的运行效果

图 7-6  Task2.aspx 的运行效果

**解决方案：**

Task2.aspx 页面使用树状导航控件 TreeView 完成指定的开发任务。

**操作步骤：**

(1) 打开 Chapter07 ASP .NET 网站。

(2) 添加站点地图文件。右击【解决方案资源管理器】窗口中的项目 "C:\ASPNET\Chapter07"，在弹出的快捷菜单中选择【添加新项】命令，打开【添加新项】对话框。在【添加新项】对话框中选择【站点地图】模板，文件名默认为 web.sitemap，单击【添加】按钮。

(3) 添加站点地图信息代码。在 web.sitemap 文件中加入如下粗体阴影语句。然后保存并关闭站点地图文件。

```xml
<?xml version="1.0" encoding="utf-8" ?>
<siteMap xmlns="http://schemas.microsoft.com/AspNet/SiteMap-File-1.0" >
  <!--siteMap 结点为根结点，1 个站点地图只能有 1 个根结点-->
    <siteMapNode url="~\zhandiandaohang.aspx" title="站点导航" description="">
        <!-- siteMapNode 指定此结点为双亲结点,在它的下面有其他结点-->
        <siteMapNode url="~sousou.aspx" title="搜索网站" description="" >
            <siteMapNode url="http://www.baidu.com/"title="百度" description="常用的搜索网站哟！" />
            <!-- 设定该结点为叶子结点，在它的下面没有其他结点存在-->
            <siteMapNodeurl="http://www.google.com/"title="谷歌" description="全球著名的搜索网站！" />
        </siteMapNode>
        <siteMapNode url="~\youxiang.aspx" title="邮箱网站" description="" >
            <siteMapNode url="http://email.126.com/" title="126 邮箱" description="" />
            <siteMapNode url="http://email.163.com/" title="163 邮箱" description="" />
            <siteMapNode url="http://mail.qq.com/" title="QQ 邮箱" description="" />
```

```
        </siteMapNode>
    </siteMapNode>
</siteMap>
```

(4) 添加 ASP .NET 页面。在网站中创建 1 个名为 Task2.aspx 的 Web 窗体文件。

(5) 设计 ASP .NET 页面。切换到页面的设计视图。从【工具箱】的【导航】组中将 1 个 TreeView 控件拖动到页面，设计界面如图 7-7 所示。单击 TreeView 控件的智能标记，在展开的【TreeView 任务】面板中，单击【选择数据源】右侧的 ∨ 按钮，如图 7-8 所示。在下拉列表中选择【新建数据源】项，打开【数据源配置向导】对话框。在对话框的【应用程序从哪里获取数据】中选择【站点地图】，同时【为数据源指定 ID】中出现 SiteMapDataSource1 标志，如图 7-9 所示。单击【确定】按钮，回到 Task2.aspx 的设计界面，已经绑定上数据的 TreeView 控件如图 7-10 所示，在该控件的下方自动出现 1 个 SiteMapDataSource 控件。SiteMapDataSource 控件就是执行新建数据源操作后绑定到 TreeView 控件上的数据源。

图 7-7 拖入 TreeView 控件效果

图 7-8 【TreeView 任务】菜单

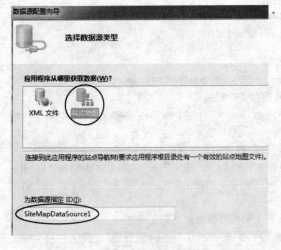
图 7-9 【数据源配置向导】对话框

图 7-10 绑定数据源后的 TreeView 控件

为 TreeView 控件绑定数据源的操作也可以直接从【工具箱】的【数据】组中将 1 个 SiteMapDataSource 控件拖动到设计界面。单击 TreeView 控件的智能标记，打开【TreeView 任务】菜单，在【选择数据源】下拉列表中选择【SiteMapDataSource1】。

不管是以上的哪种方式，SiteMapDataSource 控件都会自动绑定站点地图文件 web.sitemap。

(6) 保存所有文件并运行 Task2.aspx 页面，观察运行效果。

**操作小结：**

(1) 用户通过单击 TreeView 控件的⊟按钮隐藏下一级菜单导航项。对于隐藏的下一级菜单导航项，用户通过单击 TreeView 控件的⊞按钮展开下一级菜单导航项，即 TreeView 控件可以由用户决定菜单导航的隐藏与展开。

(2) SiteMapDataSource 控件会自动绑定站点地图文件 web.sitemap，无须选择数据源。

(3) 站点地图文件名必须为 web.sitemap，并且必须存放在应用程序的根目录下。

(4) 对于叶子结点的格式为：

`<siteMapNode url="" title=" " description="" />`

非叶子结点的格式为：

`<siteMapNode url=" " title="" description="" ></siteMapNode>`

(5) 每一个<siteMapNode>代表 1 个导航项，通过其中的嵌套关系表明页面之间的逻辑关系。

  **练习 2：使用 XML 文件作为数据源实现 Menu 导航**

**开发任务：**

设计 Web 程序 Exercise2.aspx，要求使用 Menu 控件实现导航，而 Menu 控件的数据源采用 XML 文件。运行效果如图 7-11 所示。

(1) 初始运行效果如图 7-11(a)所示。
(2) 单击导航项"凤凰新闻"时，网页跳转到凤凰新闻页面，运行效果如图 7-11(b)所示。

(a) 初始运行效果　　　　　　　　(b) 单击菜单导航后运行效果

图 7-11　Exercise2.aspx 的运行效果

**解决方案：**

Exercise2.aspx 页面使用表 7-6 所示的 Web 服务器控件完成指定的开发任务。

表 7-6　Exercise2.aspx 中使用的 Web 服务器控件

| 类　　型 | ID | 说　　明 |
| --- | --- | --- |
| Menu | Menu1 | 导航控件 |
| XmlDataSource | XmlDataSource1 | 数据源控件 |

**操作步骤：**

(1) 打开 Chapter07 ASP .NET 网站。

(2) 添加 XML 文件。右击【解决方案资源管理器】窗口中的项目"C:\ASPNET\Chapter07"，在弹出的快捷菜单中选择【添加新项】命令，在【添加新项】对话框中选择【XML 文件】模板，单击【添加】按钮，重命名为 Exercise2.xml。

(3) 编辑 XML 文件。在 Exercise2.xml 文件中加入如下粗体阴影语句。

保存并关闭 XML 文件。

```xml
<?xml version="1.0" encoding="utf-8" ?>
<siteMapNode url="http://www.hao123.com/indexmb.html" title="我的上网主页" description="网址大全">
    <siteMapNode url="http://www.baidu.com" title="百度首页" description="">
        <siteMapNode url="http://news.baidu.com" title="百度新闻" description=""/>
        <siteMapNode url="http://tieba.baidu.com/index.html" title="百度贴吧" description=""/>
        <siteMapNode url="http://image.baidu.com" title="百度图片" description=""/>
    </siteMapNode>
    <siteMapNode url="http://www.sina.com" title="新浪首页" description="">
        <siteMapNode url="http://news.sina.com.cn" title="新浪新闻" description=""/>
        <siteMapNode url="http://mail.sina.com.cn" title="新浪邮箱" description=""/>
        <siteMapNode url="http://mil.news.sina.com.cn" title="新浪军事" description=""/>
    </siteMapNode>
    <siteMapNode url="http://www.ifeng.com" title="凤凰首页" description="">
        <siteMapNode url="http://news.ifeng.com" title="凤凰新闻" description=""/>
        <siteMapNode url="http://ent.ifeng.com" title="凤凰娱乐" description=""/>
    </siteMapNode>
</siteMapNode>
```

(4) 添加 ASP .NET 页面。在网站中创建 1 个名为 Exercise2.aspx 的 Web 窗体文件。

(5) 设计 Exercise2.aspx ASP .NET 页面。切换到页面的设计视图，从【工具箱】的【导航】组中将 1 个 Menu 控件拖动到设计界面，从【数据】组中将 1 个 XmlDataSource 数据源控件拖动到设计界面，设计界面如图 7-12 所示。接下来配置数据源。

① 单击 XmlDataSource 数据源控件的智能标记，打开【XmlDataSource 任务】菜单，单击【配置数据源】命令，打开【配置数据源】对话框，单击【浏览】按钮打开【选择 XML 文件】对话框，在【选择 XML 文件】对话框中选择文件 Exercise2.xml 后单击【确定】按钮，回到【配置数据源】对话框后再单击【确定】按钮，如图 7-13 所示。

② 单击 Menu 控件的智能标记，打开【Menu 任务】菜单，在【选择数据源】下拉列表中选择"XmlDataSource1"，如图 7-14(a)所示。

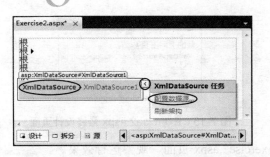

图 7-12　Exercise2.aspx 的初始设计界面

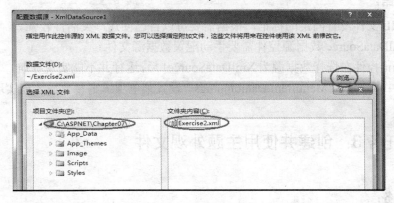

图 7-13　配置数据源

(6) 编辑菜单项绑定参数。在 Menu 的【Menu 任务】菜单中选择"编辑 MenuItem Databindings"命令，打开【菜单 DataBindings 编辑器】对话框，如图 7-14(b)所示。选中【可用数据绑定】列表中的其中一项，并单击【添加】按钮，所选项目出现在【所选数据绑定】列表中，并在【数据绑定属性】中设置其属性：DataMember 属性值为"siteMapNode"、NavigateUrlField 的属性值为"url"、TextField 属性值为"title"。单击【确定】按钮，编辑完成后 Exercise2.aspx 的设计页面如图 7-15 所示。

(a)【Menu 任务】菜单　　　　　(b) 菜单 DataBindings 编辑器

图 7-14　编辑菜单项绑定参数

图 7-15　Exercise2.aspx 最终设计页面

(7) 保存并运行 Exercise2.aspx 页面，观察运行效果。

**操作小结：**

(1) XML 文件没有固定的标记，根据需要可以自己创建，灵活性较强。

(2) XmlDataSource 数据源控件需要手动配置数据源文件。

(3) Menu 控件在选择数据源为 XmlDataSource1 后，运行并不能实现导航。需通过【Menu 任务】面板中的"编辑 MenuItem Databindings"设置菜单项绑定参数后才能实现导航功能。

##  任务 3：创建并使用主题外观文件

**开发任务：**

设计 Web 程序 Task3.aspx，其运行效果如图 7-16 所示。要求在该程序中使用主题外观文件 Task3.skin。

图 7-16　Task3.aspx 的运行效果

**解决方案：**

Task3.aspx 页面使用表 7-7 所示的 Web 服务器控件完成指定的开发任务。

表 7-7　Task3.aspx 中使用的 Web 服务器控件

| 类型 | ID | 说明 |
| --- | --- | --- |
| Label | Label1 | 没有使用外观 |
| Label | Label2 | 使用了外观 |
| Button | Button1 | 没有使用外观 |
| Button | Button2 | 使用了外观 |

**操作步骤：**

(1) 打开 Chapter07 ASP .NET 网站。

(2) 添加主题。右击【解决方案资源管理器】窗口中的项目"C:\ASPNET\Chapter07"，在弹出的快捷菜单中选择【添加 ASP .NET 文件夹】→【主题】命令，此时系统会自动生成两层文件夹：App_Themes 文件夹以及在其下的默认名为"主题 1"的主题文件夹，将主题文件夹"主题 1"重命名为"Skin"。

(3) 添加外观文件。右击主题 Skin，在弹出的快捷菜单中选择【添加新项】命令，打开【添加新项】对话框，选择【外观文件】模板，在【名称】处输入文件的名称"Task3.skin"，单击【添加】按钮，在 Skin 文件夹下创建 1 个名为 Task3.skin 的外观文件。

(4) 定义外观内容。在打开的外观文件中加入如下粗体阴影语句。

保存并关闭外观文件。

```
<asp:Label    runat="server"    BackColor="#FF0099"    Font-Size="X-Large"
ForeColor="
#00FF66"/>
<%-- 设置默认 Label 控件的外观属性--%>
<asp:Label    runat="server"    BackColor="#FFFF80"    Font-Size="XX-Large"
ForeColor="Blue"
skinID="lbl"/>
<%-- 设置命名为"lb1"的 Label 控件的外观属性--%>
<asp:Button    runat="server"    BackColor="#00FF66"    Font-Size="X-Large"
ForeColor=
"#FF0099"/>
<%-- 设置默认 Button 控件的外观属性--%>
<asp:Button    runat="server"    BackColor="#E0E0E0"    Font-Size="X-Large"
ForeColor=
"Fuchsia" skinID="btn"/>
<%-- 设置命名为"btn"的 Button 控件的外观属性--%>
```

(5) 添加 ASP .NET 页面。在网站中创建 1 个名为 Task3.aspx 的 Web 窗体文件。

(6) 设计 Task3.aspx ASP .NET 页面。首先切换到 Task3.aspx 页面的设计视图；其次向页面中插入 1 个 4 行 1 列的表格；最后从【工具箱】的【标准】组中将两个 Label 控件和 2 个 Button 控件拖动到设计界面，并参照表 7-8 所示设置其属性。

表 7-8　Task3.aspx 中使用的 Web 服务器控件的属性设置

| 类　型 | 控件 ID | Text 属性值 |
| --- | --- | --- |
| Label | Label1 | 使用默认外观的 Label 控件 |
| Label | Label2 | 使用已命名外观的 Label 控件 |
| Button | Button1 | 使用默认外观的 Button 控件 |
| Button | Button2 | 使用已命名外观的 Button 控件 |

(7) 运行 Task3.aspx 页面，2 个 Label 控件和 2 个 Button 控件并没有区别，如图 7-17 所示。

(8) 将主题外观应用于页面 Task3.aspx。单击页面空白处，首先在页面 DOCUMENT 的【属性】面板中设置属性 Theme 的值为"Skin"，如图 7-18 所示。接着选择 Label2 控件，在 Label2 的【属性】面板中设置属性 SkinID 的值为"lbl"；同样，设置控件 Button2 属性 SkinID 的值为"btn"。

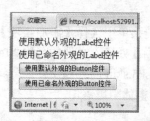

图 7-17 应用外观之前的运行效果

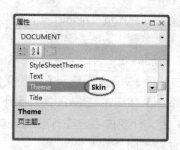

图 7-18 设置 DOCUMENT 参数 Theme 的值

（9）保存并运行 Task3.aspx，观察运行效果，比较应用外观前后的运行效果。

**操作小结：**

（1）外观文件是 Web 服务器控件外观设置的集合，可以对每个 Web 服务器控件的外观进行定义。本例中设置了 Label 控件和 Button 控件的外观。

（2）外观文件的应用需要通过在 Web 页面中设置属性 Theme 的值体现，或在 Web 页面的源码<%@ Page Language="C#" Theme="" %>中输入主题的名称，这种设置也可以将外观应用在本页面中。

（3）将主题应用到整个网站的实现方法就是配置 Web.config 文件。配置代码如下粗体阴影语句。

```
<configuration>
    <system.web>
    <pages theme="Skin"></pages>
<%-- 设置网站的主题为 Skin,即网站所有页面中控件的外观属性默认使用外观文件 Task3.skin
内默认的属性设置--%>
    </system.web>
</configuration>
```

（4）对于已经使用主题的页面，若其中的某一控件不使用主题，必须将该控件的 EnableTheming 属性值改为 False。

 练习 3：设计登录页面，使用外观文件设置控件外观

**开发任务：**

设计邮箱登录 Web 程序 Exercise3.aspx，通过使用外观文件 Exercise3.skin 实现对所用控件外观的设置。程序运行效果如图 7-19 所示。

图 7-19 Exercise3.aspx 的运行效果

## 解决方案：

Exercise3.aspx 页面使用表 7-9 所示的 Web 服务器控件完成指定的开发任务。

表 7-9  Exercise3.aspx 中使用的 Web 服务器控件

| 类型 | ID | 属性 Text 的值 | 说明 |
|---|---|---|---|
| Label | Label1 | 请输入账号： | 用户名 |
| TextBox | TextBox1 |  | 【用户名】文本框 |
| Label | Label2 | 请输入密码： | 密码 |
| TextBox | TextBox2 |  | 【密码】文本框 |
| Button | Button1 | 确认 | 【确定】按钮 |
| Button | Button2 | 取消 | 【取消】按钮 |

**操作步骤：**

(1) 打开 Chapter07 ASP .NET 网站。

(2) 添加主题和外观文件。参照任务 3 中步骤(1)、(2)操作，添加名为 Exercise3 的主题，添加名为 Exercise3.skin 的外观文件。

(3) 添加外观定义。在打开的外观文件 Exercise3.skin 中加入如下粗体阴影语句。

```
<asp:Label runat="server" BackColor="#FFFF66" ForeColor="#FF0066"
BorderStyle="Groove" BorderCorlor="#00EE99" BorderWidth="3"/>
<asp:Label runat="server" BackColor="#6699FF" ForeColor="#FFFF00"
BorderStyle="Dotted" BorderCorlor="# FF99FF" BorderWidth="3" SkinId="lb"/>
<asp:TextBox runat="server" BackColor="#FFFF66" BorderStyle="Groove"
BorderCorlor="" BorderWidth="3"/>
<asp:TextBox runat="server" BackColor="#6699FF" BorderStyle="Dotted"
BorderCorlor="" BorderWidth="3" SkinId="tb"/>
<asp:Button runat="server" BackColor="#FFFF66" ForeColor="#FF0066"
BorderStyle="Groove" BorderCorlor="" BorderWidth="3"/>
<asp:Button runat="server" BackColor="#6699FF" ForeColor="#FFFF00"
BorderStyle="Dotted" BorderCorlor="" BorderWidth="3" SkinId="btn"/>
```

(4) 其他参照任务 3 自行完成。

## 任务 4：在主题中创建并使用 CSS 文件

**开发任务：**

设计 Web 程序 Task4.aspx，然后在主题中创建 CSS 文件 Task4.css，要求使用此文件控制页面的格式。运行效果如图 7-20 所示。

**解决方案：**

Task4.aspx 页面使用表 7-10 所示的 Web 服务器控件完成指定的开发任务。

图 7-20  CSS 样式应用之后的运行效果

表 7-10  Task4.aspx 中使用的 Web 服务器控件

| 类型 | ID | 说明 |
| --- | --- | --- |
| Label | Label1 | 没有使用 CSS 样式表的 Label 控件 |
| Label | Label2 | 使用 CSS 样式表的 Label 控件 |
| Button | Button1 | 没有使用 CSS 样式表的 Button 控件 |
| Button | Button2 | 使用 CSS 样式表的 Button 控件 |

**操作步骤：**

(1) 打开 Chapter07 ASP.NET 网站。

(2) 添加 ASP.NET 页面。在网站中创建名为 Task4.aspx 的 Web 窗体文件。

(3) 设计 ASP.NET 页面。单击【设计】标签，切换到设计视图。选择【表】→【插入表】命令，向页面插入 1 个 4 行 1 列的表格。然后从【工具箱】的【标准】组中将 2 个 Label 控件和 2 个 Button 控件拖到设计界面，并设置其属性如下。初始设计界面如图 7-21 所示。

① 设置 Label1 的 ID 属性值为"Label1"、属性 Text 的值为"没有使用 CSS 样式表的 Label 控件"。

② 设置 Label2 的 ID 属性值为"Label2"、属性 Text 的值为"使用 CSS 样式表的 Label 控件"。

③ 设置 Button1 的 ID 属性值为"Button1"、属性 Text 的值为"没有使用 CSS 样式表的 Button 控件"。

④ 设置 Button2 的 ID 属性值为"Button2"、属性 Text 的值为"使用 CSS 样式表的 Button 控件"。

⑤ 单击页面 Task4.aspx 的【源】标签，在 Task4.aspx 的源码中嵌入样式表，样式表的内容如下粗体阴影语句所示，之后保存并关闭 Task4.aspx 文件。

```
<style type="text/css">
  .table
  {
      width: 99%;/*定义表的宽度为窗口的99%*/
      background-color: #FFCCFF;/*定义 table 的背景颜色为#FFCCFF*/
      border-color: #CCFFCC #000000 #FF0000 #00FF00;
      /*定义上、右、底、左边框颜色依次为#CCFFCC #000000 #FF0000 #00FF00*/
```

```
        border-style: dashed dotted solid double;
        /*定义上、右、底、左边框线型依次为长短线、点、实线、双线*/
        border-width: 3px 6px 4px 6px;/*定义上、右、底、左边框线粗依次为3px 6px 4px 6px*/
    }
    .td
    {
        height: 40px;/*定义单元格高为40px*/
        /*单元格的底边框线粗为4px,线型采用实线,颜色为红色*/
        border-bottom: 4px solid #FF0000;
    }
</style>
```

(4) 添加主题 CSS。在【解决方案资源管理器】窗口中的项目 "C:\ASPNET\Chapter07" 中，右击文件夹 "App_Themes"，选择【添加 ASP .NET 文件夹】→【主题】命令，并将新文件夹重命名为 "CSS"。

(5) 主题中添加 CSS 样式表。在【解决方案资源管理器】窗口中，依次展开项目 "C:\ASPNET\Chapter07" 的文件夹 "App_Themes" → "CSS"。右击主题 CSS，选择【添加新项】命令，在【添加新项】对话框中选择 "样式表"，单击【添加】按钮，将新样式表重命名为 "Task4.css"。在 CSS 文件夹下创建 1 个名为 Task4.css 的 CSS 样式表。

(6) 定义样式内容。在打开的样式表文件 Task4.css 中加入如下粗体阴影语句。

```
body {
}
.label
{
    background-color:#FFFF66;/*设置Label控件的背景色*/
    color:#FF00FF;/*设置Label控件的字体颜色*/
    font-family:@楷体_GB2312;/*设置Label控件的上字体为楷体*/
    border-left: 6px double #00FF00;/*设置Label控件的左边框粗为6px,双线,颜色为绿色*/
    border-right: 6px dotted #000000;/*设置Label控件的右边框粗为6px,点线,颜色为黑色*/
    border-top: 3px dashed #0000FF;/*设置Label控件的上边框粗为3px,长短线,颜色为蓝色*/
    border-bottom: 4px solid #FF0000;/*设置Label控件的底框粗为4px,实线,颜色为红色*/
}
.button
{
    border-color:#0000FF #FFFFFF #FF0000 #00FF00;
    /*按照上、右、底、左的次序设置button控件的边框颜色依次为蓝、黑、红、绿*/
    border-width:3px 4px 4px 3px;/*同样次序设置边框线条粗细为3px,4px,4px,3px*/
    border-style: solid double dashed dotted;
    /*同样次序设置边框线型为实线、双线、长短线、点线*/
    margin:20px;/*设置button控件的边框空白大小为20px*/
```

```
padding:5px;/*设置button控件的对象间隙大小为 5px*/
background-color:#3366FF;/*设置button控件的背景色为#3366FF*/
color:#FFFF66;/*设置button控件的字体颜色为#FFFF66*/
font-size:large;  /*设置button控件的字体大小为 large*/
}
```

(7) 保存并关闭 Task4.css 文件。

(8) 页面中应用 CSS 样式表。打开 Task4.aspx 页面，单击【设计】标签。此时界面设计效果如图 7-21 所示。单击页面空白处，首先在页面的 DOCUMENT【属性】面板中设置属性 StyleSheetTheme 的值为"CSS"。接下来对 HTML 元素显式地绑定 CSS 样式表，选择表"table"，在【属性】面板中设置属性 Class 的值为"table"。同样，再选择每一单元格，在【属性】面板中设置属性 Class 的值为"td"。此时界面设计效果发生改变，效果如图 7-22 所示。最后，对控件仍采用显式地绑定样式表。选择 Label2 控件，在 Label2 的【属性】面板中设置参数 CssClass 的值为"label"。选择 Button2 控件，在 Button2 的【属性】面板中设置参数 CssClass 的值为"button"。Task4.aspx 页面设计的最终效果与运行效果相同。

(9) 保存并运行 Task4.aspx 程序，观察效果。

图 7-21 CSS 样式应用之前的设计效果

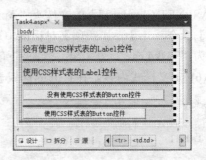

图 7-22 Task4.aspx 界面设计效果

**操作小结：**

(1) 浏览器在处理网页中的 CSS 样式表时按照一定的顺序处理，首先检查页面中是否有内联样式表，如果存在就先执行，针对本句的其他 CSS 就不被执行。接着检查页面中是否有嵌入样式表，如果有且已经绑定，则执行。接下来再依次检查执行"@import"导入样式表和外联样式表。因此，在 1 个网页中同时调用 CSS 的多种引入方式完全是可行的。

(2) 本任务中采用了 CSS 样式表代码缩写性质，但二者的实际效果是完全一样的。例如：

```
border-left: 6px double #00FF00;/*设置 Label 控件的左边框粗为 6px，双线，颜色为绿色*/
```

该语句是三个语句的缩写形式，三个语句分别为

```
border-left-width:6px;
border-left-style:double;
border-left-color:#00FF00;
```

要注意，缩写性质是将多个属性中的每一个属性都对应一个被组合进入缩写性质的常规性质。缩写属性由空格隔开。当属性是类似的值的时候，如用于边框颜色的属性，

接在缩写性质之后的属性的顺序很重要，属性的次序从框的上边开始，按顺时针次序进行。例如：

```
border-color:#0000FF #000000 #FF0000 #00FF00;
/*按照上、右、底、左的次序设置 button 控件的边框颜色依次为蓝、黑、红、绿*/
```

另外，对于颜色值也可以进行缩写，例如：

```
color:#099;/*设置 button 控件的字体颜色为#009999*/
```

其中#099 就等价于#009999。

（3）对于采用了 CSS 样式表的页面，在设置相关控件的属性值后，无须运行即可看到样式设置效果；而对于外观文件，则需要将相应控件绑定外观后，只有运行时才会显示外观定义效果。

（4）如果 CSS 样式表设置出现冲突，则按其优先级别进行处理。首先是内联样式表；其次是嵌入样式表；再次是导入样式表；最后是外联样式表。因此，一旦在样式设置出现冲突时，则优先级别低的将不起作用。

 **练习 4：将自动生成的 CSS 样式表应用于网页**

**开发任务：**

设计 Web 程序 Exercise4.aspx，实现简单的邮箱登录界面。要求使用 VS2010 中新建样式功能完成 CSS 样式表的设计，并将该样式表应用于 Exercise4.aspx 外观的设置中。Exercise4.aspx 运行效果如图 7-23 所示。

**解决方案：**

Exercise4.aspx 页面使用表 7-11 所示的 Web 服务器控件完成指定的开发任务。

表 7-11　Exercise4.aspx 中使用的 Web 服务器控件

| 类型 | ID | 说明 |
| --- | --- | --- |
| TextBox | TextBox1 | 【用户名】文本框 |
| TextBox | TextBox2 | 【密码】文本框 |
| Button | Button1 | 【确定】按钮 |
| Button | Button2 | 【取消】按钮 |

**操作步骤：**

（1）打开 Chapter07 ASP .NET 网站。

（2）添加 ASP .NET 页面。在网站中创建名为 Exercise4.aspx 的 Web 窗体文件。

（3）设计 ASP .NET 页面。单击【设计】标签，切换到页面的设计视图。选择【表】→【插入表】命令，向页面插入 1 个 4 行 2 列的表格。然后从【工具箱】的【标准】组中将 2 个 TextBox 控件、2 个 Button 控件拖动到设计界面，如图 7-24 所示。并设置其属性如下。

① 设置 TextBox1 的 ID 属性值为"TextBox1"。

② 设置 TextBox2 的 ID 属性值为"TextBox2"、属性 TextMode 的值为"Password"。

图 7-23 Exercise4.aspx 运行效果

图 7-24 应用样式表之前的页面设计效果

③ 设置 Button1 的 ID 属性值为"Button1"、属性 Text 的值为"确定"。
④ 设置 Button2 的 ID 属性值为"Button2"、属性 Text 的值为"取消"。
(4) 选择【格式】→【新建样式(S)…】命令，打开【新建样式】对话框，如图 7-25 所示。在【选择器】文本框中输入".textbox"，在【定义位置】下拉列表中选择"当前网页"。在【类别】列表中选择"字体"，在右侧字体相关属性中设置 font-family 的值为"楷体_GB2312"，font_size 值为"25px"，color 值为"#00FF00"。选择【类别】列表中的"背景"，设置 textbox 的背景颜色为"#FFAAFF"。继续选择【类别】列表中的"边框"，设置 border-style 为"全部相同"，设置线型为"groove"。最后，单击【确定】按钮，回到 Exercise4.aspx 的【设计】界面。单击【源】标签，查看 Exercise4.aspx 的源码，新建的样式表已经嵌入到 Exercise4.aspx 中。源码如下粗体阴影语句所示。

```
.textbox
    {
        font-family: 楷体_GB2312;
        font-size: 22px;
        color: #00FF00;
        background-color: #FFAAFF;
        border-style: groove;
    }
```

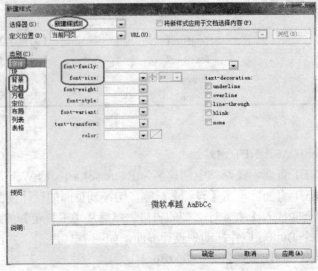
图 7-25 新建样式对话框

以同样的方式继续选择【格式】→【新建样式】命令创建样式，创建的样式源码如下粗体阴影语句所示。

```
.button
    {
        font-family: 黑体;
        font-size: 22px;
        color: #009900;
        word-spacing: 2mm;
        text-align: center;
        background-color: #FFCC66;
        border-style: ridge;
    }
.table
    {
        line-height: normal;
        text-align: center;
        border: medium double #0000FF;
        background-color: #FFCCFF;
        font-size: 22px;
        color: #0000FF;
        font-family: 宋体;
    }
```

(5) 将 CSS 样式应用于页面。回到 Exercise4.aspx 的设计视图下，看到样式 table 已经绑定到页面中，如图 7-26 所示。在 TextBox1 和 TextBox2 的【属性】面板中分别设置参数 CssClass 的值为"textbox"；在 Button1 和 Button2 的【属性】面板中设置参数 CssClass 的值为"button"。最后的 Exercise4.aspx 页面设计效果如图 7-27 所示。

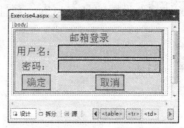

图 7-26　Exercise4.aspx 初始设计效果　　　图 7-27　Exercise4.aspx 最终设计效果

(6) 保存并运行 Exercise4.aspx 页面，输入用户名和密码，观察其运行效果。

**操作小结：**

(1) 利用【格式】→【新建样式(S)…】命令可以实现嵌入式 CSS 样式表的设计，操作简单，使用方便。

(2) 利用 CSS 样式表可以统一定义页面内容外观，并且方便修改。

## 学习小结

通过本章您学习了:

(1) 创建和设计母版页。母版页类似于普通.aspx 页面，但又不同于普通页面。

① 母版页和普通页面一样，可以可视化地设计。

② 母版页可以应用于多个页面，实现的是多个页面公有功能的设计，普通页却不可重用。

③ 母版页源代码中使用@ Master 标志，而.aspx 页使用@Page 标志。

④ 母版页创建之后，设计视图中会自动生成控件 ContentPlaceHolder，而在.aspx 页面中没有。

(2) 创建和使用 Menu 控件和 TreeView 控件。并与数据源控件 SiteMapDataSource、XmlDataSource 相关联，共同实现网站的导航，方便用户浏览网站。

(3) 创建和使用数据源文件：站点地图文件、XML 文件。XML 文件的创建要比站点地图文件的创建灵活得多。SiteMapDataSource 数据源控件会自动绑定站点地图文件，而 XmlDataSource 数据源控件需要手动配置数据源文件，并且需要通过对 Menu 控件"编辑 MenuItem Databindings"设置菜单项绑定参数，方可实现页面导航。

(4) 创建和使用主题的外观文件与 CSS 样式表。

(5) 外观的应用需要指明.aspx 页面所用的主题，以及具体控件所用的外观 ID。多个控件可以使用相同的外观，只需显式地设置控件的属性 SkinID 的属性值。故外观定义时属性 SkinID 是不可缺少的。

(6) CSS 样式规则有两种形式：#选择的是 id，被称为 ID 选择符；点号(.)选择的是 class，被称为类选择符。另外设置控件样式时，对 HTML 元素或控件设置的是 Class 属性，而对 Web 服务器控件设置的是 CssClass 属性。

## 习题

一、单选题

1．母版页实质是其他网页可以将其作为模板来引用的特殊网页，是扩展名为_____的 ASP.NET 文件。

    A．.aspx     B．.master     C．.css     D．.skin

2．母版页的区域被分为两大类：公用区域和可编辑区域，可编辑区域是用_____控件预留出来的区域。

    A．Content     B．PlaceHolder

    C．ContentPlaceHolder     D．ListBox

3．TreeView 控件是以树形结构为用户提供导航功能，其数据源控件也有_____控件和 XmlDataSource 控件两种。

A．SiteMapDataSource　　　　　B．AccessDataSource
C．ObjectDataSource　　　　　　D．SqlDataSource

4．外观文件是通过设置 Web 服务器控件的属性来实现的，它有两种类型：默认外观和已命名外观。默认外观是在对 Web 服务器控件的设置过程中，没有设置_____属性值的控件外观。

A．Class　　　　B．ID　　　　C．Name　　　　D．SkinID

5．CSS 样式规则有两种形式：类选择符和 ID 选择符。而类选择符是在自定义类的前面加 1 个_____开始的。

A．大于(>)　　　B．单引号(')　　　C．点号(.)　　　D．冒号(:)

二、填空题

1．母版页源代码中使用_____标志，而.aspx 页使用@Page 标志。

2．在站点地图文件中，有多个节点<siteMapNode>，每一个节点<siteMapNode>代表 1 个导航项，通过其中的_____表明页面之间的逻辑关系。

3．将主题应用到整个网站的实现方法就是配置_____文件。

4．外联样式表是将<style>标签内的样式语句定义在 CSS 样式文件中，通过使用_____元素引入 CSS 样式文件。

5．将样式表应用于当前网页：设置 HTML 元素 class 属性可应用 CSS 样式；设置 Web 服务器控件的_____属性也可应用 CSS 样式。

三、思考题

1．母版页与普通.aspx 页有哪些异同点？
2．站点地图文件中，节点有哪些常用的属性设置？
3．CSS 样式表中的样式定义由哪几部分组成？样式规则是什么？

四、实践题

1．编写 Web 程序 Practice1.aspx，要求最终页面运行呈"三"型布局，其中上下两部分要求在母版中设计实现，中间部分要求在内容页中实现。其母版设计界面如图 7-28 所示，运行效果如图 7-29 所示。

图 7-28　Practice1.master 设计界面

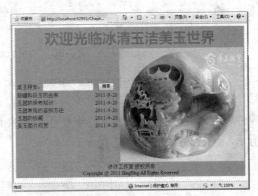
图 7-29　Practice1.aspx 运行效果

2．编写 Web 程序 Practice2.aspx，实现常用网站导航功能，要求导航控件采用 TreeView 控件实现。常用网站分为 3 类：购物类网站、音乐类网站和视频类网站；其中购物类网站包括以下 3 个。

> 淘宝网：http://www.taobao.com
> 当当网：http://www.dangdang.com
> 凡客诚品：http://www.vancl.com

音乐类网站包括以下 4 个。

> 百度 MP3：http://mp3.baidu.com
> 酷狗音乐：http://www.kugou.com
> QQ 音乐：http://music.qq.com
> 搜狗音乐：http://mp3.sogou.com

视频类网站包括以下 4 个。

> 新浪视频：http://video.sina.com.cn
> 酷 6 网：http://www.ku6.com
> 土豆网：http://www.tudou.com
> 迅雷看看：http://www.xunlei.com

其运行效果如图 7-30(a)和图 7-30(b)所示。

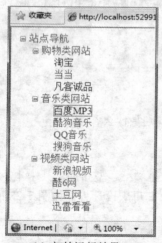

(a) 初始运行效果　　　　　　　(b) 单击百度 MP3 导航项后的运行效果

图 7-30　Practice2.aspx 的运行效果

3．编写 Web 程序 Practice3.aspx，在页面内实现添加学生信息功能，学生信息包括学号、姓名、性别、年龄、专业等内容。在设计时要求将 Label 控件、TextBox 控件、Button 控件以及表格等全部用上。要求使用外观文件进行页面的美化工作。其设计界面如图 7-31 所示，运行效果如图 7-32 所示。

图 7-31　Practice3.aspx 的设计界面　　　图 7-32　Practice3.aspx 的运行效果

4. 编写 Web 程序 Practice4.aspx，对上题要求采用 CSS 样式表进行页面的美化工作。其设计界面如图 7-33 和图 7-35 所示，运行效果如图 7-34 和图 7-36 所示。

图 7-33　Practice4.aspx 初始设计界面　　　图 7-34　Practice4.aspx 未使用 CSS 的运行效果

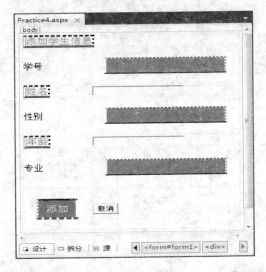
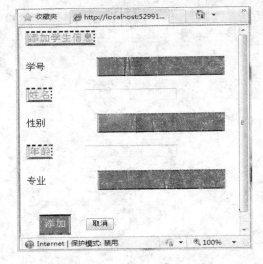

图 7-35　Practice4.aspx 使用 CSS 后设计界面　　　图 7-36　Practice4.aspx 使用 CSS 后的运行效果

# Web 数据库操作基础

**通过本章您将学习：**

- 使用 Microsoft Visual Studio 2010 创建和维护数据库和数据表
- 使用 sqlcmd 命令行实用程序创建和维护 SQL Server 数据库

# 第8章 Web数据库操作基础

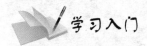
学习入门

(1) 数据库(Database，DB)就是存储数据的仓库，即存储在计算机系统中结构化的、可共享的相关数据的集合。数据库的数据按一定的数据模型组织、描述和存储，可以最大限度地减少数据的冗余度。

(2) 数据库指由数据库管理系统(DataBase Management System，DBMS)管理的数据集。

(3) 数据库管理系统(DataBase Management System，DBMS)是用于管理数据的计算机软件。数据库管理系统使用户能够方便地定义数据、操作数据、维护数据。其主要功能包括以下几项。

① 数据定义功能。使用数据定义语言(Data Definition Language，DDL)，生成和维护各种数据对象的定义。

② 数据操作功能。使用数据操作语言(Data Manipulation Language，DML)，对数据库进行查询、插入、删除和修改等基本操作。

③ 数据库的管理和维护。数据库的安全性、完整性、并发性、备份和恢复等功能。

(4) 目前流行的 DBMS 产品可以分为两类。

① 适合于企业用户的网络版 DBMS，如 Oracle、Microsoft SQL Server、DB2 等。

② 适合于个人用户的桌面 DBMS，如 Microsoft Access 等。

(5) 数据库系统(Database System, DBS)是指在计算机系统中引入数据库后组成的系统。数据库系统一般包括计算机硬件、操作系统、DBMS、开发工具、应用系统、数据库管理员、用户等。

(6) 数据库模型。

① 常用的数据库模型包括：层次模型(Hierarchical Model)、网状模型(Network Model)、关系模型(Relational Model)和面向对象的数据模型(Object Oriented Model)。

② 关系模型具有数学基础完备、简单灵活、易学易用等特点，已经成为数据库的标准。目前流行的 DBMS 都是基于关系模型的关系数据库管理系统。

③ 关系模型把世界看做是由实体(Entity)和联系(Relationship)构成的。实体是指现实世界中具有一定特征或属性并与其他实体有联系的对象，在关系模型中实体通常是以表的形式来表现。表的一行描述实体的一个实例，表的每一列描述实体的一个特征或属性。联系是指实体之间的对应关系，通过联系就可以用一个实体的信息来查找另一个实体的信息。

(7) 最常用的数据库系统为关系数据库系统。关系数据库中的数据都存储在表中，一个表由行和列组成；列也称为字段或者域；一行中的数据组合在一起称为一条记录。每个数据表中通常都有一个主关键字(Primary Key)，用于唯一确定一条记录。例如，如图 8-1 所示的"类别"表，由"类别ID"(主关键字)、"类别名称"、"说明"和"图片"四个字段构成，共8条记录。

(8) Microsoft SQL Server。

① Microsoft SQL Server 是流行的关系数据库管理系统之一。Microsoft SQL Server 2008 是用于大规模联机事务处理(OLTP)、数据仓库和电子商务应用的数据库和数据分析平台。

② Microsoft SQL Server 2008 Express Edition 是 SQL Server 的一个免费版本。SQL Server Express Edition 是一种建立在 SQL Server 的核心技术基础上，并与 SQL Server 兼容

的数据库引擎，广泛适用于各种小型或嵌入式数据库应用。

图 8-1 【类别】数据表的记录内容

③ Microsoft SQL Server Express Edition 是 Microsoft SQL Server 的 Microsoft 桌面引擎(MSDE)版本的替代产品。该版本为免费版，所以没有内置的基于图形界面的管理工具。Microsoft 提供了免费的 Microsoft SQL Server Management Studio Express(SSMSE)，它是一种简单高效的 Microsoft SQL Server Express 管理工具。SSMSE 是一个免费的集成环境，用于访问、配置、管理和开发 SQL Server 的所有组件，同时它还合并了多种图形工具和丰富的脚本编辑器，可以高效地管理 SQL Server。SSMSE 是 SQL Server 管理工具 SQL Server Management Studio 的简化免费版本，使用 SSMSE，开发人员和数据库管理员可获得一致的体验。

(9) SQL 是 Structured Query Language(结构化查询语言)的缩写，它是与关系数据库交互的标准语言。SQL 语言包括两个组成部分。

① DDL(Data Definition Language)：主要命令包括 CREATE、ALTER、DROP 等，DDL 用于数据库对象的操作，包括表、视图、约束、索引、触发器、存储过程。

② DML(Data Manipulation Language)：主要命令包括 SELECT、UPDATE、INSERT、DELETE，用来对数据库中的数据进行操作。

(10) 常用的数据库 DDL 操作命令包括以下几项。

① 创建数据库。

    CREATE DATABASE  数据库名

② 删除数据库。删除数据库将删除其所使用的所有数据库文件和磁盘文件。

    DROP DATABASE  数据库名

③ 创建数据库表。

    CREATE TABLE  数据表名 (字段名 数据类型, …)

④ 删除数据库表。删除数据库表将删除包括表的定义及该表的所有数据、索引、触发器、约束和权限规范。

    DROP TABLE  数据表名

⑤ 更新数据表字段。通过 ALTER TABLE 中的 ALTER 子命令更改数据库表指定的字段信息。基本语法如下。

    ALTER TABLE 数据表名 ALTER COLUMN 字段名 [ 新数据类型 [ (精度 [ , 小数位数 ] ) ] ]

⑥ 删除数据表字段。通过 ALTER TABLE 中的 DROP 子命令删除数据库表指定的字段信息。基本语法如下。

```
ALTER TABLE 数据表名 DROP {字段名}
```

⑦ 增加新的数据表字段。通过 ALTER TABLE 中的 ADD 子命令为数据库表添加新的字段信息。基本语法如下。

```
ALTER TABLE 数据表名 ADD { 数据类型 [ （精度 [ ，小数位数］ ） ] }
```

(11) 常用的数据库 DML 操作命令包括以下几项。

① 查询数据表。可以通过 SELECT 语句从数据库表中检索行，并允许从 1 个或多个表中选择 1 个或多个行或列。虽然 SELECT 语句的完整语法较复杂，但是其主要的子句可归纳如下。

```
SELECT *|字段名表
FROM 数据表清单
[WHERE 数据表连接条件/记录过滤条件]
[GROUP BY 分组字段]
[HAVING 分组满足条件]
[ORDER BY 排序字段 [ ASC | DESC ]]
```

② 插入记录到数据表。通过 INSERT 语句插入新的记录到数据库表。INSERT 语句的基本语法如下。

```
INSERT INTO 数据表名(字段名表) VALUES(字段值)
```

③ 更新数据表记录。通过 UPDATE 语句更新数据库表现有的数据记录。UPDATE 语句的基本语法如下。

```
UPDATE 数据表名 SET 字段名=字段值[,字段名=字段值……] WHERE 条件
```

④ 删除数据表记录。通过 DELETE 语句删除数据库表的记录。DELETE 语句的基本语法如下。

```
DELETE FROM 数据表名 WHERE 条件
```

(12) 使用 sqlcmd 命令行实用程序管理和维护数据库。

① sqlcmd 实用工具是 Microsoft SQL Server Express 提供的命令行界面管理工具，允许输入 TRANSACT-SQL 语句、系统过程、脚本文件等来维护 1 个 SQL Server 2008 Express 的数据库。该实用工具通过 ODBC 与服务器通讯。

② 启动后，sqlcmd 接受 SQL 语句并将它们交互地发送到 SQL Server。执行结果被格式化并显示在屏幕上(STDOUT)。

③ sqlcmd 使用 go 命令以执行最后 1 个 go 命令之后输入的所有语句。go 表明一批的结束和任何已被高速缓存的 TRANSACT-SQL 语句的执行。在每个输入行的最后按 ENTER 键时，sqlcmd 将高速缓存此行的语句。输入 go 后按 ENTER 键时，所有当前已缓存的语句都将作为批处理发送到 SQL Server。

④ 可使用 QUIT 或 EXIT 退出 sqlcmd。

(13) 可以使用 SQL 脚本文件以批处理的方式创建数据库和数据表。
① 数据库脚本就是包括创建数据库和数据库表的 SQL 语句的文本文件。
② 可以通过 sqlcmd 命令的[-i inputfile]批量执行。

## 任务 1：使用 Microsoft Visual Studio 2010 图形界面创建 SQL 网上书店数据库

**操作任务：**

利用 Microsoft Visual Studio 2010 图形界面创建网上书店数据库 WebBookshopDB 和其中的一个数据表 Categories，并在 Categories 表中插入基本数据。

(1) 创建数据库 WebBookshopDB。
(2) 创建数据表 Categories，该表包含如图 8-2 所示的两个字段。
(3) 在数据表 Categories 中输入如图 8-3 所示的记录信息。

图 8-2  Categories 数据表的数据结构

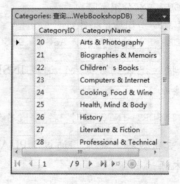

图 8-3  Categories 数据表的记录信息

**操作方案：**

创建用户数据库→创建数据库内的数据表→定义该数据表的字段→输入数据表中的记录信息。

**操作步骤：**

(1) 运行 Microsoft Visual Studio 2010。

(2) 添加数据库连接。在 Microsoft Visual Studio 2010 的【服务器资源管理器】窗口中，单击工具栏右上角的连接到数据库按钮 以添加数据库连接。

(3) 创建数据库。在随后出现的【添加连接】对话框中，选择"Microsoft SQL Server"数据源，在【服务器名】中输入要连接到的本机服务器实例".\SQLEXPRESS"；在【选择或输入一个数据库名】文本框中输入要创建数据库的名称"WebBookshopDB"，单击【确定】按钮，如图 8-4 所示。在随后出现的创建数据库创建确认对话框中单击【是】按钮，完成 WebBookshopDB 数据库的创建。

(4) 创建数据表。在【服务器资源管理器】窗口展开新创建的数据库连接"\sqlexpress.

WebBookshopDB.dbo";然后右击其下的"表"结点,在弹出的快捷菜单中选择【添加新表】命令,如图 8-5 所示。

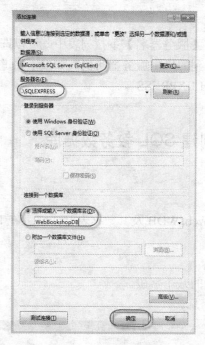

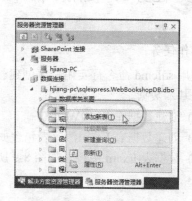

图 8-4　连接并创建数据库　　　　　图 8-5　创建数据表

(5) 创建数据表的第一个字段。在数据表设计窗口,在【列名】文本框中输入 Categories 数据表的第 1 个字段名称"CategoryID";在【数据类型】文本框中输入或选择该字段的数据类型"int";并取消勾选【允许空】复选框,如图 8-6 所示。单击工具栏上的设置主键按钮，或者右击该字段,在弹出的快捷菜单中选择【设置主键】命令,设置 CategoryID 字段为 Categories 数据表的主键。

(6) 创建 Categories 数据表的其他字段。参照步骤(5)以及图 8-2 所示的 Categories 数据表结构信息,再为 Categories 数据表增加 CategoryName 字段。Categories 数据表最终的结构信息参见图 8-7 所示。

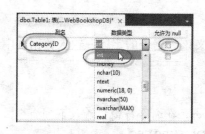

图 8-6　创建数据表字段信息　　　　图 8-7　Categories 数据表最终的结构信息

(7) 保存数据表。单击工具栏上的保存 Table 按钮，将数据表保存为 Categories。

(8) 在数据表中插入基本数据。右击 "Categories" 数据表，在弹出的快捷菜单中选择【显示表数据】命令，显示其记录信息，为 Categories 表添加如图 8-3 所示的具体数据。

**操作小结：**

在如图 8-4 所示的【添加连接】对话框中，在【服务器名】下拉列表中既可以选择要连接到的本机服务器实例，也可以直接输入要连接到的本机服务器实例，如果不知道本机名称，则可以输入 ".\SQLEXPRESS 或者(local)\SQLEXPRESS"。

## 任务 2：使用 sqlcmd 命令行创建 SQL 教务数据库

**操作任务：**

使用 sqlcmd 命令行实用程序创建教务数据库 WebJWDB 及其数据表 Exam，并在 Exam 表插入基本数据。

(1) 创建数据库 WebJWDB。
(2) 创建数据表 Exam，该表包含如图 8-8 所示的八个字段。
(3) 数据表 Exam 中包含如图 8-9 所示的记录信息。

图 8-8  Exam 数据表的结构信息

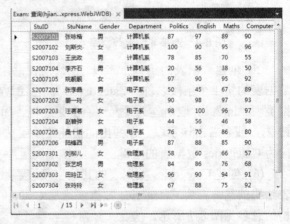

图 8-9  Exam 数据表的记录信息

**操作方案：**

(1) 使用 sqlcmd 命令行实用程序。
(2) 创建用户数据库→创建库内的数据表→定义该数据表的字段→输入数据表中的记录信息。

**操作步骤：**

(1) 进入 sqlcmd 命令行程序并连接到 SQL Server。在命令行窗口输入下列命令，以通过 Windows 集成验证的方式，连接到 SQL Server SQLEXPRESS。

```
sqlcmd -E -S .\SQLEXPRESS
```

(2) 创建数据库。输入以下命令，创建 WebJWDB 数据库。

```
CREATE  DATABASE  WebJWDB
go
```

(3) 打开数据库。输入以下命令，打开 WebJWDB 数据库。

```
use  WebJWDB
go
```

(4) 创建数据表。输入以下命令，创建数据表 Exam。

```
CREATE TABLE Exam (
 StuID varchar (10) NOT NULL ,
 StuName varchar (10) NOT NULL ,
 Gender char (2) NOT NULL ,
 Department varchar (10) NULL ,
 Politics int NULL ,
 English int NULL ,
 Maths int NULL ,
 Computer int NULL,
    CONSTRAINT PK_Exam PRIMARY KEY (StuID)
)
go
```

(5) 在数据表 Exam 中插入第 1 条记录。输入下列命令，在 Exam 数据表中插入一行记录。

```
INSERT Exam (StuID,StuName,Gender,Department,Politics,English,Maths,Computer) VALUES ('S2007101','张咏楷','男','计算机系',87,97,89,90)
go
```

(6) 在数据表 Exam 中插入第 2 条记录。输入下列不指定数据表具体字段的简化命令，插入 1 行记录。

```
INSERT Exam (StuID,StuName,Gender,Department,Politics,English,Maths,Computer) VALUES ('S2007102','刘斯炎','女','计算机系',100,90,95,96)
go
```

(7) 在数据表 Exam 中插入第 3 条记录。输入下列指定数据表部分字段信息的命令，插入 1 行记录。

```
INSERT Exam (StuID,StuName,Gender,Department,Politics,English,Maths,Computer) VALUES ('S2007103','王武政','男','计算机系',78,85,70,55)
go
```

(8) 插入其他记录(具体内容参见图 8-10)。其他记录的具体内容及插入命令可以从 SQL 脚本文件 WebJWDB.sql 中获取(本教材的素材包提供，保存在 ASPNET\SQLData_Base 目录下)。

图 8-10　WebJWDB.sql 内容

(9) 退出 sqlcmd 命令行程序。输入下列命令，结束 sqlcmd 命令行程序的运行。

```
EXIT
```

**操作小结：**

SQL 实用工具是 MSDE 2000 提供的命令行界面管理工具。启动后，sqlcmd 接受 go 命令后执行前一个 go 命令之后输入的所有语句，将它们交互地发送到 SQL Server。可以通过在命令行方式"sqlcmd /?"或者"sqlcmd -?"显示 sqlcmd 的帮助信息。

　练习 1：修改数据表 Exam 的结构信息

**操作任务：**

修改数据库 WebJWDB 中的数据表 Exam 的结构。
(1) 添加字段"Class"：类型为 INT；允许空值。
(2) 将字段"Gender"的类型改为 VARCHAR(2)；允许空值。
(3) 删除字段"Computer"。

**操作方案：**

使用 sqlcmd 命令行实用程序。注意首先要打开 WebJWDB 数据库。

**语句设计：**

(1) 添加字段的命令：

```
ALTER TABLE Exam ADD Class INT NULL
```

(2) 修改字段的命令：

```
ALTER TABLE Exam ALTER COLUMN Gender VARCHAR(2) NULL
```

(3) 删除字段的命令：

```
ALTER TABLE Exam DROP COLUMN Computer
```

**操作步骤：**

参照任务 2 自行完成。

## 任务3：自动创建完整的网上商店数据库

**操作任务：**

使用数据库脚本自动创建完整的网上商店数据库和数据表信息，并自动插入成批的数据表基本数据。

**操作方案：**

运行 SQL 脚本文件 WebBookshopDB.sql(本任务涉及的脚本文件保存在本教程素材包中的 C:\ASPNET\SQLDataBase 目录下)。

**操作步骤：**

(1) 进入 sqlcmd 命令行程序并连接到 SQL Server。在命令行窗口输入下列命令，以通过 Windows 集成验证的方式，连接到 SQL Server SQLEXPRESS。

```
sqlcmd -E -S .\SQLEXPRESS
```

(2) 删除 WebBookshopDB 数据库。在命令行窗口输入下列命令。

```
DROP DATABASE WebBookshopDB
go
```

(3) 运行脚本文件，自动创建网上商店数据库及其各数据表。
① 先退出 sqlcmd 命令行程序。

```
EXIT
```

② 然后在命令行窗口输入下列命令。

```
sqlcmd -E -S .\SQLEXPRESS -i C:\ASPNET\SQLDataBase\WebBookshopDB.sql
```

(4) 创建成功后的 WebBookshopDB 数据库及其 Books、Categories、Customers、OrderDetails、Orders、Reviews 和 ShoppingCart 共 7 个数据表清单参见图 8-11。其中，数据表 Books 和 Categories 自动插入了成批的数据表基本数据。

图 8-11　WebBookshopDB 数据库及其数据表清单

**操作小结：**

(1) 数据库脚本，即包括创建数据库和数据库表的 SQL 语句的文本文件，可以通过 sqlcmd 命令的[-i inputfile]批量执行。

(2) 不能删除正在使用的数据库。

**练习 2：重新创建完整的教务数据库(独立练习)**

**操作任务：**

使用数据库脚本重新创建完整的教务数据库和数据表信息，并自动插入成批的数据表基本数据。

**操作方案：**

运行 SQL 脚本文件 WebJWDB.sql(涉及的素材可到前言所指明的网址去下载。本练习涉及的脚本文件保存在 C:\ASPNET\SQLDataBase 目录下)。

**操作步骤：**

参照任务 3 自行完成。

## 任务 4：使用 Microsoft Visual Studio 2010 图形界面查询数据表 Exam 的信息

**操作任务：**

显示教务数据库 WebJWDB 的 Exam 数据表中计算机及格人数不少于 3 人的系别信息，并按人数从多到少显示。

**操作方案：**

使用 Microsoft Visual Studio 2010 图形界面进行查询。

**操作步骤：**

(1) 添加数据库连接。在 Microsoft Visual Studio 2010 的【服务器资源管理器】窗口中，单击工具栏右上角的连接到数据库按钮 ，在随后出现的【添加连接】对话框中，选择 "Microsoft SQL Server(SqlClient)" 数据源，在【服务器名】文本框中输入要连接到的本机服务器实例 ".\SQLEXPRESS"；在【选择或输入一个数据库名】下拉列表中选择数据库的名称 "WebJWDB" 单击【确定】按钮，添加 WebJWDB 数据库连接。

(2) 新建查询。在【服务器资源管理器】窗口中，展开所创建的 WebJWDB 数据库连接，右击表 "Exam"，在弹出的快捷菜单中选择【新建查询】命令，如图 8-12 所示。

(3) 添加表。在随后出现的如图 8-13 所示的【添加表】对话框中，选择 "Exam" 表，单击【添加】按钮添加参与查询的数据表，单击【关闭】按钮，关闭【添加表】对话框。

(4) 设计和执行查询。在随后出现的查询设计器界面，参照图 8-14 所示，进行查询设计。可以通过单击工具栏上的添加分组依据按钮 ，添加 "分组依据" 条件(如 Group By、

Count 等)。通过单击工具栏上的执行 SQL 按钮，执行 SQL 查询。通过单击工具栏上的添加表按钮，或者右击查询设计器界面的关系图窗格空白处，在弹出的快捷菜单中选择【添加表】命令，也可以为当前查询添加数据表。

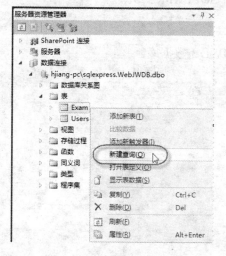

图 8-12 新建查询

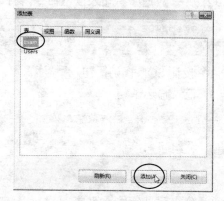

图 8-13 添加表

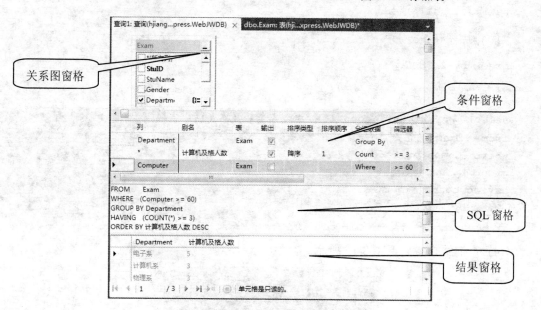

图 8-14 查询设计器

练习 3：使用 sqlcmd 命令行实用程序查询数据表 Exam 的信息

**操作任务：**

使用 sqlcmd 命令行实用程序，查询教务数据库 WebJWDB 的 Exam 数据表中计算机及格人数不少于 3 人的系别信息，并按人数从多到少显示。

**操作步骤:**

(1) 进入 sqlcmd 命令行程序并连接到 SQL Server。在命令行窗口输入下列命令,以通过 Windows 集成验证的方式,连接到 SQL Server SQLEXPRESS。

```
sqlcmd -E -S .\SQLEXPRESS
```

(2) 打开数据库。输入以下命令,打开 WebJWDB 数据库。

```
use WebJWDB
go
```

(3) 设计 SQL 查询语句。

① 记录筛选子句:

```
where Computer >=60。
```

② 分组子句:

```
group by Department。
```

③ 分组满足条件子句:

```
having count(*)>=3。
```

④ 排序子句:

```
order by 2 DESC。
```

⑤ 完整的语句:

```
select Department, count(*) as 计算机及格人数
from   Exam
where  Computer >=60
group by Department
having count(*)>=3
order by 2 DESC
go
```

(4) 查询结果参见下图 8-15 所示。

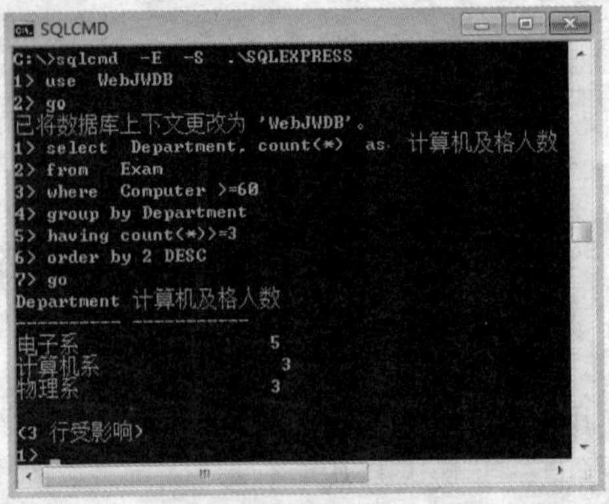

图 8-15  Exam 数据表的查询结果

**练习 4：查询网上书店数据库的信息**

### 操作任务：

分别使用 Microsoft Visual Studio 2010 图形界面和 sqlcmd 命令行实用程序，查询网上书店数据库 WebBookshopDB 中书名为 "Microsoft(r) Visual Basic(r) .NET Step by Step" 所对应的图书类别编号及名称。

### 语句设计：

(1) 关联条件表达式：

Books.CategoryId=Categories. CategoryId

(2) 记录筛选条件表达式：

BookName=" Microsoft(r) Visual Basic(r) .NET Step by Step "

(3) 完整的 SQL 语句：

```
SELECT Categories.CategoryID, Categories.CategoryName
FROM Books,Categories
WHERE Books.CategoryID = Categories.CategoryID and
Books.Bookname = 'Microsoft(r) Visual Basic(r) .NET Step by Step'
```

### 操作步骤：

参照任务 4 自行完成。查询设计和查询结果分别参见图 8-16(a)和图 8-16(b)所示。

(a) Visual Studio 2010 图形界面的查询设计

图 8-16　WebBookshopDB 数据库的查询结果

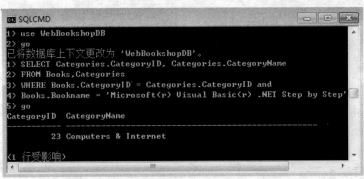

(b) sqlcmd 命令行实用程序查询结果

图 8-16　WebBookshopDB 数据库的查询结果(续)

 ## 任务 5：更新数据表 Exam 的记录信息

**操作任务：**

修改数据库 WebJWDB 中的数据表 Exam 的记录信息。

(1) 插入 1 条记录：S2008226、杜萧怡、女、电子系、97、98、96、95；

(2) 将学号为"S2007104"的学生"Maths"分数改为 40，"English"分数改为 55；

(3) 删除 Exam 表中每门功课均不及格的学生记录。

**操作方案：**

使用 sqlcmd 命令行实用程序。

**操作步骤：**

(1) 进入 sqlcmd 命令行程序并连接到 SQL Server。在命令行窗口输入下列命令，以通过 Windows 集成验证的方式，连接到 SQL Server SQLEXPRESS。

```
sqlcmd -E -S .\SQLEXPRESS
```

(2) 打开数据库。输入以下命令，打开 WebJWDB 数据库。

```
use  WebJWDB
go
```

(3) 设计 SQL 更新语句。

① 插入记录的命令：

```
INSERT Exam (StuID,StuName,Gender,Department,Politics,English,Maths,Computer) VALUES ('S2008226','杜萧怡','女','电子系',97,98,96,95)
go
```

② 修改记录的命令：

```
UPDATE Exam set Maths=40, English=55 where StuID='S2007104'
go
```

③ 删除记录的命令：

```
DELETE from Exam where Politics<60 and English<60 and English<60 and Computer<60
go
```

(4) 修改后的 Exam 数据表的记录信息如图 8-17 所示。

图 8-17 修改后的数据表 Exam 的记录信息

学习小结

通过本章您学习了：

(1) 使用 Microsoft Visual Studio 2010 图形界面中的【服务器资源管理器】窗口管理和维护数据库，包括创建数据库、创建数据表、输入数据表记录信息以及查询数据表记录信息、更新数据表记录信息、删除数据表记录信息等。

① 连接数据库：包括 Microsoft Access 数据库文件、Microsoft ODBC 数据源、Microsoft SQL Server、Microsoft SQL Server Mobile Edition、Microsoft SQL Server 数据库文件以及 Oracle 数据库等多种数据库。认证方式包括"使用 Windows 身份验证"和"使用 SQL Server 身份验证"两种方式。

② 创建数据库。
③ 创建数据表及各个字段的定义。
④ 插入数据表记录信息。
⑤ 编辑数据表记录信息。

⑥ 查询数据表记录信息。
⑦ 更新数据表记录信息。
⑧ 删除数据表记录信息。
⑨ 删除数据库和数据表。
⑩ 关闭数据库连接。
⑪ 删除数据库连接。

(2) 可以使用 sqlcmd 命令行实用程序管理和维护数据库。

① 启动：通过 Windows 集成验证的方式，连接到 SQL Server SQLEXPRESS。

```
sqlcmd  -E  -S  .\SQLEXPRESS
```

② 执行命令：sqlcmd 用法如下。

```
sqlcmd                  [-U login id]        [-P password]
  [-S server]           [-H hostname]        [-E trusted connection]
  [-d use database name][-l login timeout]   [-t query timeout]
  [-h headers]          [-s colseparator]    [-w columnwidth]
  [-a packetsize]       [-e echo input]      [-I     Enable    Quoted
Identifiers]
  [-L list servers]     [-c cmdend]          [-D ODBC DSN name]
  [-q "cmdline query"]  [-Q "cmdline query" and exit]
  [-n remove numbering] [-m errorlevel]
  [-r msgs to stderr]   [-V severitylevel]
  [-i inputfile]        [-o outputfile]
  [-p print statistics] [-b On error batch abort]
  [-X[1] disable commands [and exit with warning]]
  [-O use Old ISQL behavior disables the following]
  [-? show syntax summary]
```

③ 退出：QUIT 或 EXIT。

(3) 使用 SQL 脚本文件以批处理的方式创建数据库和数据表。数据库脚本就是包括创建数据库和数据库表的 SQL 语句的文本文件，可以通过 sqlcmd 命令的[-i inputfile]批量执行。例如，WebBookshopDB.sql 脚本文件的内容完成以下操作任务：

① 创建 WebBookshopDB 数据库；

② 创建 Categories、Customers、Orders、OrderDetails、Books、Reviews 以及 ShoppingCart 数据表；

③ 创建 ShoppingCart 数据表的索引；

④ 在 Books 数据表中插入 23 条记录；

⑤ 在 Categories 数据表中插入 9 条记录。

举例说明如下。

--创建 WebBookshopDB 数据库的语句：

```
CREATE DATABASE WebBookshopDB
go
```

--打开 WebBookshopDB 数据库的语句：
```
USE WebBookshopDB
go
```

--创建 Categories 数据表的语句：
```
CREATE TABLE Categories
(
    CategoryID int not NULL,
    CategoryName nvarchar(50) NULL,
    CONSTRAINT PK_Categories PRIMARY KEY (CategoryID)
)
go
```

--在 Categories 数据表中插入 9 条记录的语句：

```
INSERT INTO Categories ( CategoryID, CategoryName )
     VALUES ( 20, 'Arts & Photography' )
go
INSERT INTO Categories ( CategoryID, CategoryName )
     VALUES ( 21, 'Biographies & Memoirs' )
go
INSERT INTO Categories ( CategoryID, CategoryName )
     VALUES ( 22, 'Children's Books' )
go
INSERT INTO Categories ( CategoryID, CategoryName )
     VALUES ( 23, 'Computers & Internet' )
go
INSERT INTO Categories ( CategoryID, CategoryName )
     VALUES ( 24, 'Cooking, Food & Wine' )
go
INSERT INTO Categories ( CategoryID, CategoryName )
     VALUES ( 25, 'Health, Mind & Body' )
go
INSERT INTO Categories ( CategoryID, CategoryName )
     VALUES ( 26, 'History' )
go
INSERT INTO Categories ( CategoryID, CategoryName )
     VALUES ( 27, 'Literature & Fiction' )
go
INSERT INTO Categories ( CategoryID, CategoryName )
     VALUES ( 28, 'Professional & Technical' )
go
```

## 习题

**一、单选题**

1. Microsoft SQL Server 的数据库模型属于_____。
   A.层次模型(Hierarchical Model)
   B.网状模型(Network Model)
   C.关系模型(Relational Model)
   D.面向对象的数据模型(Object Oriented Model)

2. 下列数据库产品中，适合于个人用户的桌面 DBMS 为_____。
   A. Oracle                B. Microsoft SQL Server
   C. IBM DB2               D. Microsoft Access

3. 在销售管理系统中，供应商和商品这两个实体之间为_____的联系。
   A．一对一    B．一对多    C．多对一    D．多对多

4. 如果一个班只能有一个班主任，并且一个班主任只能负责一个班级，那么班主任和班级两个实体之间的联系属于_____。
   A．一对一联系  B．一对多联系  C．多对一联系  D．多对多联系

5. 在关系数据库系统中，为了简化用户的查询操作，而又不增加数据的存储空间，常用的方法是创建_____。
   A．另一个表(table)           B．触发器(trigger)
   C．视图(view)                D．索引(index)

**二、填空题**

1. 在数据库管理系统，使用数据定义语言_____，可以生成和维护各种数据对象的定义。

2. 在数据库管理系统，使用_____，可以对数据库进行查询、插入、删除和修改等基本操作。

3. 关系模型把世界看做是由_____和_____构成的。

4. 管理 Microsoft SQL Server 2008 的命令行实用程序为_____。

5. 默认情况下，安装 Microsoft SQL Server 2008 Express Edition 时，Microsoft SQL Server 系统数据库实例的名称为：_____。

**三、思考题**

1. 什么是数据库管理系统？数据库管理系统包括哪些功能？
2. 数据库管理系统通过哪两种方式操作数据库？
3. 什么是关系数据库系统？关系数据库系统包含哪些基本元素？
4. 什么是 SQL 语言？SQL 语言包括哪些组成部分？

5. 有哪些常用的数据库 DDL 操作命令？
6. 有哪些常用的数据库 DML 操作命令？
7. 如何使用 sqlcmd 命令行实用程序管理和维护数据库？
8. 如何使用 SQL 脚本文件以批处理的方式创建数据库和数据表？
9. 分别使用 Microsoft Visual Studio 2010 图形界面和 sqlcmd 命令行实用程序，查询网上书店数据库和教务数据库信息。
10. 分别使用 Microsoft Visual Studio 2010 图形界面和 sqlcmd 命令行实用程序，更新(插入、修改、删除)网上书店数据库和教务数据库信息。

四、实践题

1. 分别使用 Microsoft Visual Studio 2010 图形界面和 sqlcmd 命令行实用程序，查询网上书店数据库 WebBookshopDB 中图书类别为 "Cooking, Food & Wine" 下所有的图书 ID、图书名、作者及单价。查询设计器的设计和结果参见图 8-18 所示。

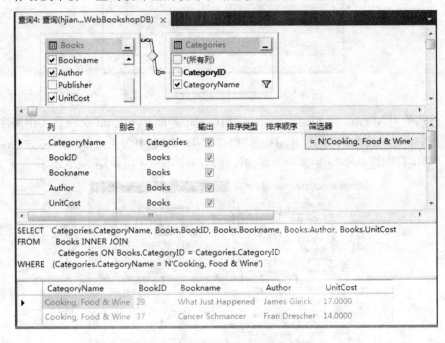

图 8-18　查询设计器的设计和结果(一)

2. 分别使用 Microsoft Visual Studio 2010 图形界面和 sqlcmd 命令行实用程序，查询 Access 数据库(C:\ASPNET\SQLDataBase\FPNWIND.MDB)中产品类别为 "特制品" 所对应的所有产品的产品 ID、产品名称、单价和库存量，并按库存量从多到少显示。查询设计器的设计和结果如图 8-19 所示。(提示：创建数据库连接时，在【更改数据源】对话框中，选择【Microsoft Access 数据库文件】选项。)

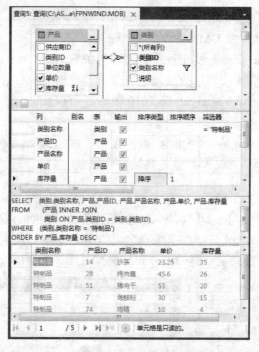

图 8-19　查询设计器的设计和结果(二)

3. 分别使用 Microsoft Visual Studio 2010 图形界面和 sqlcmd 命令行实用程序，查询 Access 数据库(C:\ASPNET\SQLDataBase\FPNWIND.MDB)中每类产品所对应的产品数量和订购量，并按订购量从少到多显示。查询设计器的设计和结果如图 8-20 所示。

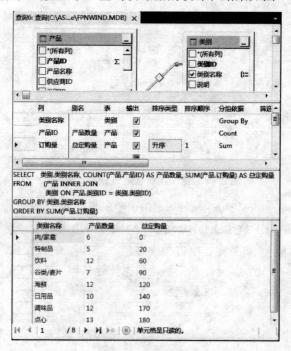

图 8-20　查询设计器的设计和结果(三)

第 9 章

# ASP .NET 数据源访问基础

**通过本章您将学习:**

- ADO.NET 的基础知识
- SqlCommand 对象和 SqlDataReader 对象结合使用实现读数据库中数据
- 使用 SqlCommand 对象维护数据库,包括添加、修改和删除记录
- SqlDataAdapter 对象和 DataSet 对象结合使用实现读数据库中数据
- SqlDataAdapter 对象和 DataSet 对象结合使用实现数据库维护
- 使用 SqlCommand 对象实现存储过程的访问

ADO.NET 是.NET Framework 的重要技术之一，可以实现对.NET 环境中数据库的访问操作。ADO.NET 包括.NET Framework 数据提供程序和 DataSet 对象两个重要的组成部分。其中，.NET Framework 提供程序提供了 4 个数据库访问对象：Connection、Command、DataAdapter 和 DataReader。不同类型的数据源，使用不同的.NET Framework 数据提供程序及其对应的对象。本章各节均采用在 Microsoft SQL Server 2008 Express 环境下创建的数据库实例，使用.NET 的 SQL Server 数据提供程序。

(1) Connection 对象：又称连接对象，用于建立与指定数据库的连接。当创建 Connection 对象时，可以使用无参数的构造函数，然后再设置 ConnectionString 属性的值，也可以直接使用带参数的构造函数隐式的对 ConnectionString 属性赋值。Connection 对象的常用属性是 ConnectionString，用于获取或设置连接到指定数据库的连接字符串。在连接字符串中常用参数如表 9-1 所示。

表 9-1 连接字符串中常用的属性

| 连接字符串参数名 | 参数说明 |
| --- | --- |
| Data Source | 设置要连接到 SQL Server 实例所在的服务器名、IP 地址或者机器域名 |
| Initial Catalog | 设置要连接的数据库 |
| Integrated Security | 设置安全认证选项，设置为 True 表示采用 Windows 集成安全性认证 |
| User ID | 设置进行数据库访问的用户名 |
| PassWord | 设置进行数据库访问的用户名对应的密码 |

Connection 对象的常用方法有以下两种。

① Open()方法：建立与数据库的连接。当创建完 Connection 对象后，须调用 Open()方法才能建立与数据库的连接。

② Close()方法：断开与数据库的连接。当数据库使用结束后，应调用 Close()方法及时断开与数据库的连接。

(2) Command 对象：又称命令对象，用于对数据库执行给定的 SQL 命令，主要包括添加数据、修改数据、删除数据及运行存储过程等。Command 对象常用的属性如表 9-2 所示。Command 对象常用的方法如表 9-3 所示。

表 9-2 Command 对象常用的属性表

| 属性名 | 属性说明 |
| --- | --- |
| CommandType | 获取或设置 Command 对象要执行的命令对象类型，默认属性值为 Text，即 SQL 文本命令，可以修改为 StoredProcedure(存储过程) |
| CommandText | 获取或设置对数据库执行的 SQL 语句或存储过程名。当 CommandType 为 Text 时，CommandText 为 SQL 语句；当 CommandType 为 StoredProcedure 时，CommandText 为存储过程名 |
| CommandTimeout | 获取或设置在终止对执行的命令的尝试并生成错误之前的等待时间 |
| Connection | 获取或设置 Command 对象用到的 Connection 对象名称 |

续表

| 属性名 | 属性说明 |
|---|---|
| Transaction | 执行 Command 对象的 Transaction 对象 |
| Parameters | 获取与 Command 对象相关联的参数的集合 |

表 9-3  Command 对象常用的方法表

| 方法名 | 方法说明 |
|---|---|
| ExecuteNonQuery() | 执行非查询的 SQL 语句并返回受影响的行数 |
| ExecuteReader() | 执行查询语句，结果集返回给 DataReader 对象 |
| ExecuteScalar() | 执行查询，返回查询结果集中的第 1 行第 1 列的数据，忽略其他行和列的数据，一般适用于 SQL 语句中要求返回聚合函数值的查询语句 |

(3) DataAdapter 对象：又称为数据适配器。用于从数据库中检索数据并填充数据集 DataSet，也可以将数据集中对数据的添加、修改、删除等操作结果回送给数据库。DataAdapter 对象常用的属性如表 9-4 所示。

表 9-4  DataAdapter 对象常用的属性表

| 属性名 | 属性说明 |
|---|---|
| SelectCommand | 获取或设置 1 个 Transact-SQL 语句或存储过程，用于在数据库中查询数据 |
| InsertCommand | 获取或设置 1 个 Transact-SQL 语句或存储过程，用于在数据库中添加新数据 |
| UpdateCommand | 获取或设置 1 个 Transact-SQL 语句或存储过程，用于修改数据库中的数据 |
| DeleteCommand | 获取或设置 1 个 Transact-SQL 语句或存储过程，用于从数据库中删除数据 |

DataAdapter 对象常用的方法有以下两种。

① Fill() 方法将查询结果填充到 DataSet 对象的 DataTable(数据表)对象。由于 DataAdapter 对象的 Fill 方法会自动检查数据库连接是否打开，如果没有打开连接，则先自动调用 Open() 方法打开连接，再执行填充操作。在数据填充结束后，会自动调用 Close() 方法关闭数据库连接。因此，如果仅使用 DataAdapter 对象从数据库中检索或者维护数据，则不必在代码中添加 Open() 方法和 Close() 方法。

② Update() 方法为数据库提交存储在数据集 DataSet 中每个已添加、已修改或已删除的更改。

(4) DataReader 对象：又称为数据读出器。DataReader 对象可以看做是一个简单的数据集，主要用于从数据库中 1 次 1 条顺序读取 Command 对象获得的数据结果集，而且这些数据只允许读出，不允许再进行其他操作。当使用 DataReader 对象读了 1 条记录后，就不能再回退到该记录进行重复读取。因此，DataReader 对象适用于顺序查询大量数据，同时不需要对数据进行修改的情况。DataReader 对象常用的属性如表 9-5 所示。DataReader 对象常用的方法如表 9-6 所示。

表 9-5  DataReader 对象常用的属性如表

| 属性名 | 属性说明 |
|---|---|
| HasRows | 指示 DataReader 对象是否包含数据，其值为布尔类型 True 或 False |
| FieldCount | 指示 DataReader 对象得到的 1 条记录中的字段个数，其值为整型数据 |
| IsClosed | 指示 DataReader 对象是否已经关闭，其值为布尔类型 True 或 False |

表 9-6 DataReader 对象常用的方法

| 方法名 | 方法说明 |
| --- | --- |
| Read() | 使记录指针指向当前结果集的下一条记录,返回逻辑值 True 或 False。当返回为 True 时,则当前记录是可访问的;当返回 False 值时,表示当前记录是最后一条记录后面的记录,即为空记录 |
| Close() | 用来关闭 DataReader 对象,无返回值 |
| NextResult() | 当读取批处理 Transact-SQL 语句结果时,使数据读取器前进到下一个结果集。当用户使用该方法获得下一个结果集后,仍然使用 Read 方法访问数据集 |
| GetName() | 返回当前数据集中指定列的名称,要求有 1 个整数参数,用于指定第几列 |
| GetString() | 返回当前数据集中当前记录的指定列的字符串类型值,同样要求有 1 个整数参数,用于指出要返回的是第几列的值 |
| GetInt32() | 返回当前数据集中当前记录的指定列的整形类型值,同样要求有 1 个整数参数,用于指出要返回的是第几列的值 |

(5) DataSet 对象: 又称为数据集对象。DataSet 对象用于在本地内存中缓存从数据库中检索到的数据。DataSet 对象是 ADO.NET 对象模型中的核心组件,它在本地内存中存储从数据库中获取的数据从而实现在无连接情况下访问数据库。DataSet 对象由一组 DataTable 对象组成,每个 DataTable 对象都包含若干 DataRow 对象、DataColumn 对象和 Constraint 对象等。

数据集的使用过程一般如下。

① 数据集对象的实例化。

② 填充数据集对象。使用 DataAdapter 对象的 Fill()方法,一般格式如下。

```
dataAdapter.Fill(DataSet dataset)
```

其中, dataAdapter 表示 DataAdapter 对象的名称, dataSet 表示 DataSet 对象的名称。

③ 访问数据集对象。DataSet 对象包含数据表 DataTable 的集合,而数据表 DataTable 对象又包含记录的集合 Rows 和字段的集合 Columns,所以,可以直接使用这些对象访问数据集中的数据,常用访问格式如下。

```
数据集对象名.Table["数据表名"].Row[n]["列名"]
数据集对象名.Table["数据表名"].Row[n].ItemsArray[k]
```

其中"数据表名"表示要访问表的名称;行列的下标是从 0 开始的,即 Row[0]表示记录集合的第 1 行,而 ItemsArray[1]则表示字段的第 2 列。

④ 维护数据集。对数据集的维护操作主要包括向当前数据表中添加 1 行、修改指定行以及删除指定行。

⑤ 更新数据库。主要是通过 DataAdapter 对象的 Update()方法进行的。

(6) Transaction 对象: 又称为事务对象。有时,可能需要把对数据库操作的一系列命令组织到一起作为一个原子操作来执行,即"要么都执行,要么都不执行",在数据库编程中,这样的工作单元被称为事务。Connection 对象的 BeginTransaction()方法实现 Transaction 对象的创建,即 Transaction 对象只有在 Connection 对象建立以后,通过 Connection 对象的 BeginTransaction()方法来建立。Transaction 对象可用于在其生命周期中提交或者取消对数据库所作的操作。

(7) 使用 ADO.NET 访问数据库操作的步骤如下。
① 建立数据库连接，即创建 Connection 对象。
② 建立 SQL 命令，即创建 Command 对象。
③ 执行 SQL 命令，给出执行结果。
④ 根据返回的结果，进行后续的处理。
⑤ 结束操作，释放数据连接 Connection 和内存中的缓存数据，关闭 Command 命令对象。

## 任务 1：使用 Connection 对象连接 SQL Server 数据库

**操作任务：**

设计 Web 程序 Task1.aspx，要求在 Task1.aspx 创建 Connection 对象连接 SQL Server 数据库 WebBookshopDB。

(1) Task1.aspx 的初始运行效果如图 9-1 所示。

(2) 单击页面按钮，测试数据源连接。若连接成功，则页面提示"数据库连接成功"的信息，否则输出"数据库连接失败"及其原因信息。

**解决方案：**

Task1.aspx 页面使用一个用于测试连接数据源的 Button 服务器控件完成指定的开发任务。

**操作步骤：**

(1) 运行 SQL Server 2008 应用程序，使用数据库脚本重新创建 WebBookshopDB 和 WebJWDB 数据库及各自的数据表。(具体步骤参看第 8 章相应内容，另本章中其他涉及该数据库的部分将不再赘述)。

(2) 运行 Microsoft Visual Studio 2010 应用程序。

(3) 创建本地 ASP .NET 网站：C:\ASPNET\Chapter09。

(4) 新建"单文件页模型"的 Web 窗体"Task1.aspx"。

(5) 设计 Task1.aspx 页面。从【工具箱】的【标准】组中将 1 个 Button 控件拖动到 Task1.aspx 页面中。在【属性】面板中设置其 Text 属性为"数据库连接测试"。最后 Task1.aspx 页面编辑效果如图 9-2 所示。

图 9-1  Task1.aspx 运行效果    图 9-2  Task1.aspx 设计界面

(6) 在源代码编辑窗口，在代码的头部添加下列阴影加粗的语句，实现对 ADO.NET 命名空间的引用，以访问 Microsoft SQL Server 数据源。

```
<%@ Page Language="C#" %>
<%@ Import Namespace="System.Data.SqlClient" %>
```

(7) 生成并处理单击事件。在设计窗口双击【测试数据库连接】按钮,系统将自动生成 1 个名为 Button1_Click 的事件函数,同时打开源代码编辑窗口。在 Button1_Click 事件的处理代码中,加入如下粗体阴影部分语句。

```
protected void Button1_Click(object sender, EventArgs e)
{
    string connstr="Data Source=.\\SQLEXPRESS;Initial Catalog=WebBook shopDB;
Integrated Security=True";
    //给出连接字符串,Data Source 指出所要连接的服务器是本机,
    //Initial Catalog 指出访问的数据库是 WebBookshopDB,
    //integrated security 表示是否采用集成验证,
    //采用就是使用 Windows 验证的方式连接到数据库服务器
    SqlConnection connection=new SqlConnection();//创建连接对象
    try
    {
        connection.ConnectionString=connstr;//为连接对象的连接字符串属性赋值
        connection.Open();//连接对象使用打开方法,即打开与数据库的连接
        Response.Write("数据库连接成功!");//显示连接成功的信息
    }
    catch(Exception ex)
    {
        Response.Write("数据库连接失败原因是"+ex.ToString());
        //显示连接失败的信息及原因
    }
    connection.Close();//关闭连接
}
```

(8) 保存并运行 Task1.aspx 文件,观察运行效果。

**操作小结:**

(1) 当在程序中使用 SqlConnection()对象时,必须引入命名空间 System.Data.SqlClient。

(2) 连接数据源字符串指定格式如下。

```
Data Source=.\SQLExpress;Initial Catalog=WebBookshopDB;Integrated Security=True
```

(3) 当定义过连接对象并对连接字符串属性赋值后,需要再调用方法 Open()打开与数据库的连接。

(4) 当数据库连接使用完后,要及时调用 Close()方法断开与数据库的连接。

(5) 在连接数据源字符串中出现的单个"\"作用是转义字符,含义是将紧跟在后面的字符结合起来实现原有字符的含义。因此,在实际应用中,连接字符串中 Data Source=.\SQLExpress 需要使用两个"\"表示本地服务器中的实例 SQLExpress,即 Data Source=.\\SQLExpress,否则将出现编译错误"无法识别的转义序列"。

练习 1：使用 SqlConnection()对象连接 WebJWDB 数据库

**操作任务：**

设计 Web 程序 Exercise1.aspx，要求在 Exercise1.aspx 使用 SqlConnection()对象连接 WebJWDB 数据源，并在页面输出连接成功信息，然后关闭数据源连接。

**操作提示：**

将任务 1 中相关的内容进行如下修改。

① 新建 Web 窗体文件的名称为"Exercise1.aspx"。

② 将代码中的连接字符串修改为" string connstr = "Data Source=.\\SQLEXPRESS; Initial Catalog=WebJWDB; Integrated Security=True";"

**操作步骤：**

参照任务 1 自行完成。

## 任务 2：使用 Command 对象与 DataReader 对象实现学生成绩信息的查询

**操作任务：**

设计 Web 程序 Task2.aspx，要求使用 Command 对象与 DataReader 对象实现对 WebJWDB 数据库中 Exam 数据表进行查询，并返回 Exam 数据表中计算机成绩前五名的学生成绩信息。运行效果如图 9-3 所示。

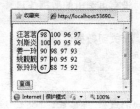

图 9-3　Task2.aspx 显示 Exam 表中前五条记录

**解决方案：**

Task2.aspx 页面使用 1 个显示查询的 Button 服务器控件完成指定的操作任务。

**操作步骤：**

(1) 打开 Chapter09 ASP .NET 网站，新建名为 Task2.aspx 的 Web 窗体文件。

(2) 设计 Task2.aspx 页面。从【工具箱】的【标准】组中将 1 个 Button 控件拖动到设计页面，在 Task2.aspx 页面中生成 1 个 Button 对象，在【属性】面板中设置其 Text 属性为"查询"。

(3) 生成并处理单击事件。在设计窗口双击【查询】按钮，系统将自动生成 1 个名为 Button1_Click 的事件函数，同时打开源代码编辑窗口，在 Button1_Click 事件的处理代码中，加入如下粗体阴影语句。

```
protected void Button1_Click(object sender, EventArgs e)
{
    string connstr = "Data Source=.\\SQLEXPRESS;Initial Catalog=WebJWDB;Integrated Security=True";
    SqlConnection connection = new SqlConnection();
    connection.ConnectionString = connstr;
    try {
        connection.Open();
        string sqlstr = "select top 5 * from Exam order by computer desc";
        //创建 SQL 查询语句，查询 Exam 表中 computer 成绩前五名的学生的全部成绩信息
        SqlCommand command = new SqlCommand(sqlstr, connection);
        //创建命令对象 command
        SqlDataReader dataReader = command.ExecuteReader();
        // 创建数据读出器 dataReader 并通过执行 command 的方法获取数据
        if (dataReader.HasRows)//判断数据读出器中是否有数据
        {
        while (dataReader.Read())//通过循环 while 读出数据
        {
            Response.Write(dataReader.GetString(1) + "  "
                + dataReader.GetInt32(4).ToString() + "  " + dataReader.GetInt32(5).ToString()
                + "  " +dataReader.GetInt32(6).ToString() + "  "
                + dataReader.GetInt32(7).ToString() + "<br/>");
        }
        }
        else
        {
            Response.Write("没有可读出的数据信息！");
        }
        dataReader.Close();//关闭数据读出器
    }
    catch (Exception ex)
    {
        Response.Write("错误信息是:" + ex.ToString());
    }
    connection.Close();
}
```

(4) 保存并运行 Task2.aspx，观察运行效果。

**操作小结：**

(1) SqlCommand 对象与 SqlConnection 对象结合使用时，首先要用 SqlConnection 对象打开与数据库的连接；其次再使用 SqlCommand 对象实现对数据库的维护操作；最后再次使用 SqlConnection 对象关闭与数据库的连接。

(2) DataReader 对象是通过 Command 对象的 ExecuteReader()方法创建的。

(3) 方法"reader.GetInt32(n).tostring()"用于读取数值型数据并转换成字符串。

(4) DataReader 对象是"基于连接"的方式访问数据库，在访问数据库和执行 SQL 操作时，DataReader 对象一直连在数据库上，因此，使用结束时要及时断开连接。

**练习 2：使用 Command 对象与 DataReader 对象实现图书信息查询**

**操作任务：**

设计 Web 程序 Exercise2.aspx，要求在 Exercise2.aspx 中使用 Command 对象和 DataReader 对象实现对 WebBookShopDB 数据库 Book 数据表中信息的查询，并返回图书分类号最小的五类图书信息。

**操作步骤：**

参照任务 2 自行完成。

## 任务 3：使用 Command 对象维护学生成绩表

**操作任务：**

设计 Web 程序 Task3.aspx，要求在 Task3.aspx 中使用 Command 对象对 WebJWDB 中的 Exam 表进行记录的添加、修改和删除操作。

(1) 初始运行效果如图 9-4(a)所示。

(2) 添加信息：单击【添加】按钮，显示内容如图 9-4(b)所示。添加学号为"S2007305"、姓名为"刘冰冰"、性别为"女"、所在院系为"物理系"、政治成绩为"72"、英语成绩为"86"、数学成绩为"82"、计算机成绩为"79"的学生信息后，单击【确定】按钮，将记录添加到 Exam 表中，同时页面输出添加数据成功信息，效果如图 9-4(c)所示。查看 Exam 表，验证添加操作是否成功。如果数据表中已经存在主键学号为"S2007305"的记录，则数据添加操作失败。

(3) 修改信息：在学号项输入"S2007305"，单击【修改】按钮，效果如图 9-4(d)所示。将学号为"S2007305"的学生的计算机成绩信息修改为"89"；单击【确定】按钮，页面输出更新数据成功信息。查看 Exam 表，验证学号为"S2007305"的记录信息是否被成功修改。如果记录不存在，提示"该记录不存在"。

(4) 删除信息：在学号项输入"S2007305"，单击【删除】按钮，删除数据表 Exam 中学号为"S2007305"的记录信息；同时页面输出删除数据成功信息，如果记录不存在，提示"该记录不存在"。查看 Exam 表，验证学号为"S2007305"的记录信息是否被成功删除。

(a) 初始运行效果        (b) 单击【添加】按钮后效果

图 9-4　Task3.aspx 的运行效果

 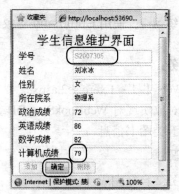

(c) 添加数据成功信息　　　　　(d) 修改数据信息

图 9-4　Task3.aspx 的运行效果(续)

**解决方案：**

Task3.aspx 页面使用表 9-7 所示的 Web 服务器控件完成指定的开发任务。

表 9-7　Task3 中使用的 Web 服务器控件

| 类　　型 | ID | 说　　明 |
| --- | --- | --- |
| TextBox | stuid | 【学号】文本框(Text 为空) |
| TextBox | stuname | 【姓名】文本框(Text 为空) |
| TextBox | gender | 【性别】文本框(Text 为空) |
| TextBox | department | 【所在院系】文本框(Text 为空) |
| TextBox | politics | 【政治成绩】(Text 为空) |
| TextBox | english | 【英语成绩】(Text 为空) |
| TextBox | maths | 【数学成绩】(Text 为空) |
| TextBox | computer | 【计算机成绩】(Text 为空) |
| Button | Button1 | 【添加】按钮 |
| Button | Button2 | 【修改】按钮 |
| Button | Button3 | 【删除】按钮 |

**操作步骤：**

(1) 打开 Chapter09 ASP .NET 网站，新建名为 Task3.aspx 的 Web 窗体文件。

(2) 设计 Task3.aspx 页面。切换到页面的设计视图，为了整齐布局 Web 页面，首先向页面插入 1 个 10 行 2 列的表格。然后从【工具箱】的【标准】组中分别将 8 个 TextBox 控件、3 个 Button 控件拖到 Task3.aspx 设计页面。并参照表 9-7，分别在【属性】面板中设置各控件属性，最后页面编辑效果与初始运行效果一样。

(3) 生成并处理按钮单击事件。在设计窗口分别双击【添加】、【修改】和【删除】按钮，系统将自动生成名为 "Button1_Click"、"Button2_Click" 和 "Button3_Click" 的事件函数，同时打开源代码编辑窗口，在 "Button1_Click"、"Button2_Click" 和 "Button3_Click" 的事件函数体中分别加入如下粗体阴影语句。

① 【添加】按钮的源代码如下。

```csharp
protected void Button1_Click(object sender, EventArgs e)
{
    if (Button1.Text == "添加")
    {//若是首次单击【添加】按钮，则将按钮文本改为确定，清空文本框的内容，并使【修改】按钮
和【删除】按钮暂时不能用
        Button1.Text = "确定";
        Button2.Enabled = false;
        Button3.Enabled = false;
        stuid.Text = "";
        stuname.Text = "";
        gender.Text = "";
        department.Text = "";
        politics.Text = "";
        english.Text = "";
        maths.Text = "";
        computer.Text = "";
        stuid.Focus();
    }
    else
    {//若是添加完成后单击【确定】按钮，则将按钮文本改为添加，并使其他两个按钮可以使用
        Button1.Text = "添加";
        Button2.Enabled = true;
        Button3.Enabled = true;
        string connstr = "Data Source=.\\SQLEXPRESS;Initial Catalog=WebJWDB;Integrated Security=True";
        SqlConnection connection = new SqlConnection();
        connection.ConnectionString = connstr;
        string insertstr = "insert into Exam(StuID,StuName,Gender,Department,Politics,English,Maths,Computer) values(@StuID,@StuName,@Gender,@Department,@Politics,@English,@Maths,@Computer)";//定义SQL语句将添加结果送回数据库指定表中
        SqlCommand command = new SqlCommand(insertstr, connection);
        command.Parameters.AddWithValue("@StuID", stuid.Text);
        //为command对象添加参数
        command.Parameters.AddWithValue("@StuName", stuname.Text);
        command.Parameters.AddWithValue("@Gender", gender.Text);
        command.Parameters.AddWithValue("@Department", department.Text);
        command.Parameters.AddWithValue("@Politics", politics.Text);
        command.Parameters.AddWithValue("@English", english.Text);
        command.Parameters.AddWithValue("@Maths", maths.Text);
        command.Parameters.AddWithValue("@Computer", computer.Text);
        try
        {
            command.Connection.Open();
            command.ExecuteNonQuery();//使用command对象添加数据
            Response.Write("学生数据信息添加成功！");
        }
        catch (Exception ex)
```

```
        {
            Response.Write("学生数据信息添加失败！" + ex.ToString());
        }
        connection.Close();
    }
}
```

② 【修改】按钮的源代码如下。

```
protected void Button2_Click(object sender, EventArgs e)
{
    //要求先输入学号，再单击该按钮，修改完成后再单击该按钮确认
    string connstr = "Data Source=.\\SQLEXPRESS;Initial Catalog=WebJWDB;Integrated Security=True";
    SqlConnection connection = new SqlConnection();
    connection.ConnectionString = connstr;
    connection.Open();
    if (Button2.Text == "修改")
    {//在修改界面下，将【修改】按钮改为【确定】按钮，同时将【添加】和【删除】按钮及学号项改为不能用
        Button2.Text = "确定";
        Button1.Enabled = false;
        Button3.Enabled = false;
        stuid.Enabled = false;
        string commstr = "select * from Exam where StuID='"+stuid.Text.Trim()+"'";
        //设置命令字符串
        SqlCommand command = new SqlCommand(commstr, connection);
        SqlDataReader reader = command.ExecuteReader();
        if(reader.Read())
        {//读出采用的是任务 2 的读方式，若该学号的学生信息在 Exam 表中存在，将此学号下的
        //学生信息从数据库中读出置于对应项中
            stuname.Text = reader.GetValue(1).ToString();
            gender.Text = reader.GetString(2);
            department.Text = reader.GetString(3);
            politics.Text = reader.GetInt32(4).ToString();
            english.Text = reader.GetInt32(5).ToString();
            maths.Text = reader.GetInt32(6).ToString();
            computer.Text = reader.GetInt32(7).ToString();
            reader.Close();
        }
        else
        {//若学号不存在，刚及时提示学生信息不存在信息，以免用户修改后才发现学生不存在
            Response.Write("学生数据信息修改失败,原因是该学生信息不存在！");
            Button2.Text = "修改";
            Button1.Enabled = true;
            Button3.Enabled = true;
            goto breaklabel;
        }
```

```
            }
            else
            {//当修改完成后,再次要求单击该按钮确认修改信息,并将信息送回 Exam 表
                Button2.Text = "修改";
                Button1.Enabled = true;
                Button3.Enabled = true;
                stuid.Enabled = true;
                string updatestr = "update Exam set   StuName=@StuName,Gender=@Gender,
    Department=@Department,Politics=@Politics,English=@English,Maths=@Maths,
    Computer=
    @Computer where StuID=@StuID";    //定义 SQL 语句将修改结果送回数据库指定表中
                SqlCommand command = new SqlCommand(updatestr, connection);
                command.Parameters.AddWithValue("@StuID", stuid.Text);
                command.Parameters.AddWithValue("@StuName", stuname.Text);
                command.Parameters.AddWithValue("@Gender", gender.Text);
                command.Parameters.AddWithValue("@Department", department.Text);
                command.Parameters.AddWithValue("@Politics", politics.Text);
                command.Parameters.AddWithValue("@English", english.Text);
                command.Parameters.AddWithValue("@Maths", maths.Text);
                command.Parameters.AddWithValue("@Computer", computer.Text);
                try
                {
                    command.ExecuteNonQuery();
                    Response.Write("学生数据信息修改成功!");
                }
                catch (Exception ex)
                {
                    Response.Write("数据库操作错误!错误原因是:" + ex.ToString());
                }
            }
        breaklabel:connection.Close();
}
```

③ 【删除】按钮的源代码如下。

```
protected void Button3_Click(object sender, EventArgs e)
{//输入所要删除学生学号后即可完成删除
    int deleteRows;
    string connstr = "Data Source=.\\SQLEXPRESS;Initial Catalog=WebJWDB;
Integrated Security=True";
    SqlConnection connection = new SqlConnection();
    connection.ConnectionString = connstr;
    string deletestr = "delete from Exam where StuID=@stuID";
    SqlCommand command = new SqlCommand(deletestr, connection);
    command.Parameters.AddWithValue("@StuID", stuid.Text);
    try
    {
        command.Connection.Open();
        deleteRows=command.ExecuteNonQuery();
```

```
            if(deleteRows>0)
            {
            Response.Write("学生信息删除成功！");
            }
            else
            {
            Response.Write("该学号在数据库中不存在！");
            }
        }
        catch(Exception ex)
        {
            Response.Write("数据库操作错误！错误原因是：" + ex.ToString());
        }
        connection.Close();
    }
}
```

(4) 保存并运行 Task3.aspx 文件，观察运行效果。

**操作小结：**

（1）通过查看代码，会发现 3 个按钮的 Click 事件中，都使用 command.ExecuteNonQuery() 方法执行 SQL 语句，返回受影响的行数，区别只是要执行的 SQL 语句不同。

（2）注意 SqlCommand 对象与 SqlConnection 对象的结合使用。

（3）若添加记录的学号与已经存在的记录学号有重复，则违反数据库中 Exam 表定义时主键约束，因为主键约束要求主键不能为空并且是唯一值。

（4）由于在 Exam 表中主键定义为 StuID，因此对 Exam 表执行修改和删除操作只能以学号为条件进行。

**练习 3：使用 Command 对象实现对库 WebBookshopDB 中 Categories 表进行添加、修改和删除操作**

**操作任务：**

设计 Web 程序 Exercise3.aspx，要求在 Exercise3.aspx 中使用 Command 对象对 WebBookshopDB 中的 Categories 表进行记录的添加、修改和删除操作：

（1）为库 WebBookshopDB 中 Categories 表添加 1 条新的记录：CategoryID 为 32，CategoryName 为 "music"；

（2）将 Categories 表中 CategoryID 为 32 的数据记录的 CategoryName 字段值修改为 "sport"；

（3）对 Categories 表进行删除操作。将 CategoryID 为 32 的记录删除。

**操作步骤：**

参照任务 3 自行完成。

# 第9章 ASP.NET 数据源访问基础

## 任务 4：DataAdapter 对象和 DataSet 对象结合使用实现读取库 WebJWDB 中 Exam 表的数据

**操作任务：**

设计 Web 程序 Task4.aspx，要求在 Task4.aspx 中结合使用 DataAdapter 对象和 DataSet 对象实现当输入学号后对库 WebJWDB 中 Exam 表中的数据进行查询，若存在则返回查询的信息，否则返回相应的提示。

(1) 初始运行效果如图 9-5 所示。
(2) 输入学号"S2007103"后的运行效果如图 9-6 所示。

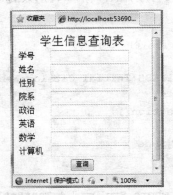 

图 9-5  Task4.aspx 初始运行效果　　　　图 9-6  Task4.aspx 输入查询学号运行效果

**解决方案：**

Task4.aspx 页面使用表 9-8 所示的 Web 服务器控件完成指定的开发任务。

表 9-8　Task4 中使用的 Web 服务器控件

| 类　型 | ID | 说　明 |
| --- | --- | --- |
| TextBox | TextBox1 | 【学号】文本框(Text 为空) |
| TextBox | TextBox2 | 【姓名】文本框(Text 为空) |
| TextBox | TextBox3 | 【性别】文本框(Text 为空) |
| TextBox | TextBox4 | 【院系】文本框(Text 为空) |
| TextBox | TextBox5 | 【政治】(Text 为空) |
| TextBox | TextBox6 | 【英语】(Text 为空) |
| TextBox | TextBox7 | 【数学】(Text 为空) |
| TextBox | TextBox8 | 【计算机】(Text 为空) |
| Button | Button1 | 从指定数据库中查询数据 |

**操作步骤：**

(1) 打开 Chapter09 ASP.NET 网站，新建名为 Task4.aspx 的 Web 窗体文件。

(2) 设计 Task4.aspx 页面。切换到页面的设计视图，首先向页面插入 1 个 10 行 2 列的表格。然后从【工具箱】→【标准】中分别将 8 个 TextBox 控件、1 个 Button 控件拖动到 Task4.aspx 设计页面。参照表 9-8，在【属性】面板中设置其属性。最后的 Task4.aspx 页面设计效果与运行的初始效果相同。

(3) 添加引用。进入源代码编辑窗口，在代码的头部添加下列阴影加粗部分的 ADO.NET 命名空间引用语句，以访问 Microsoft SQL Server 数据源。

```
<%@ Page Language="C#" %>
<%@ Import Namespace="System.Data.SqlClient" %>
<%@ Import Namespace="System.Data" %>
```

(4) 生成并处理按钮单击事件。在设计窗口双击【查询】按钮，系统将自动生成名为 Button1_Click 的事件函数，同时打开源代码编辑窗口。分别在各自的事件函数的中加入如下粗体阴影语句。

```
protected void Button1_Click(object sender, EventArgs e)
{
    string connstr = "Data Source=.\\SQLEXPRESS;Initial Catalog=WebJWDB;Integrated Security=True";
    SqlConnection connection = new SqlConnection();
    connection.ConnectionString = connstr;
    DataSet ds = new DataSet();//创建数据集对象 ds
    try
    {
        string sqlstr = "select * from Exam where StuID='" + TextBox1.Text.Trim() + "' ";
        SqlDataAdapter dataAdapter = new SqlDataAdapter(sqlstr, connection);
        //用查询字符串和命令对象来创建数据适配器对象 dataAdapter,selectstr 查询字符串实
        //质是赋值给 dataAdapter 的 SelectCommand 属性
        dataAdapter.Fill(ds);//为数据集 ds 填充数据
        if (ds.Tables[0].Rows.Count != 0)
        { //如果数据集 ds 中数据行数不等于 0，即查询结果不空
            TextBox2.Text=ds.Tables[0].Rows[0].ItemArray[1].ToString();
            TextBox3.Text=ds.Tables[0].Rows[0].ItemArray[2].ToString();
            TextBox4.Text=ds.Tables[0].Rows[0].ItemArray[3].ToString();
            TextBox5.Text=ds.Tables[0].Rows[0].ItemArray[4].ToString();
            TextBox6.Text=ds.Tables[0].Rows[0].ItemArray[5].ToString();
            TextBox7.Text=ds.Tables[0].Rows[0].ItemArray[6].ToString();
            TextBox8.Text=ds.Tables[0].Rows[0].ItemArray[7].ToString();
        }
        else
        {
            Response.Write("找不到该学号的学生信息!");
        }
    }
    catch (Exception ex)
    {
```

```
            Response.Write("错误是: " + ex.ToString());
        }
}
```

(5) 保存并运行 Task4.aspx，观察运行效果。

**操作小结：**

(1) 如果 DataAdapter 对象在使用 Fill()方法前与数据库的连接不是打开的，则 DataAdapter 对象在使用 Fill()方法时首先主动打开与数据库连接，再对数据库执行相应的操作，当对数据库操作结束时即时关闭与数据库的连接。但是当数据库在 DataAdapter 对象使用前已经打开连接，则当 DataAdapter 对象使用后不会断开连接。

(2) 本例在实例化 DataAdapter 对象时实质已经使用到 DataAdapter 对象的 SelectCommand 属性，并为其赋值为 SQL 查询字符串。

练习 4：DataAdapter 对象和 DataSet 对象结合使用实现读取 WebBookshopDB 数据库中 Book 表的数据

**操作任务：**

设计 Web 程序 Exercise4.aspx，要求在 Exercise4.aspx 中结合使用 DataAdapter 对象和 DataSet 对象实现读取 WebBookshopDB 数据库中 Book 表中指定分类号的数据信息。

**操作提示：**

参照任务 4 自行完成。

## 任务 5：DataAdapter 对象和 DataSet 对象结合使用进行数据维护操作

**操作任务：**

设计 Web 程序 Task5.aspx，要求在 Task5.aspx 中结合使用 DataAdapter 对象和 DataSet 对象实现对 WebJWDB 数据库中 Exam 表的数据进行添加、修改和删除等操作，具体添加、修改与删除内容与任务 3 类同，但学号一定不能与 Exam 表中已有学生学号相同。

**解决方案：**

Task5.aspx 页面使用任务 3 表 9-7 所示的 Web 窗体控件完成指定的开发任务。

**操作步骤：**

(1) 打开 Chapter09 ASP .NET 网站，新建名为 Task5.aspx 的 Web 窗体文件。

(2) 设计 Task5.aspx 页面。参考任务 3 完成。

(3) 添加引用。进入源代码编辑窗口，在代码的头部添加下列阴影加粗部分的 ADO.NET 命名空间的引用语句，以访问 Microsoft SQL Server 数据源。

```
<%@ Page Language="C#" %>
<%@ Import Namespace="System.Data.SqlClient" %>
<%@ Import Namespace="System.Data" %>
```

(4) 生成并处理按钮单击事件。在设计窗口分别双击【添加】、【修改】和【删除】按钮，系统将自动生成名为"Button1_Click"、"Button2_Click"和"Button3_Click"的事件函数，同时打开源代码编辑窗口。分别在各自的事件函数中加入如下粗体阴影语句。

① 【添加】按钮的源代码如下。

```
protected void Button1_Click(object sender, EventArgs e)
{
    if (Button1.Text == "添加")
    {
        Button1.Text = "确定";
        Button2.Enabled = false;
        Button3.Enabled = false;
        stuid.Text = "";
        stuname.Text = "";
        gender.Text = "";
        department.Text = "";
        politics.Text = "";
        english.Text = "";
        maths.Text = "";
        computer.Text = "";
        stuid.Focus();
    }
    else
    {
        Button1.Text = "添加";
        Button2.Enabled = true;
        Button3.Enabled = true;
        string connstr = "Data Source=.\\SQLEXPRESS;Initial Catalog=WebJWDB;Integrated Security=True";
        SqlConnection connection = new SqlConnection();
        connection.ConnectionString = connstr;
        DataSet ds = new DataSet();//创建数据集对象ds
        string selectstr = "select * from Exam";
        string insertstr = "insert into Exam(StuID,StuName,Gender,Department,Politics,English,Maths,Computer) values('" + stuid.Text.Trim() + "','" + stuname.Text.Trim() +
"','" + gender.Text.Trim() +"','" + department.Text.Trim() + "','" + politics.Text.Trim() +
"','" + english.Text.Trim() + "','" + maths.Text.Trim() +"','" + computer.Text.Trim() + "')";
        //创建插入字符串
        try
        {
```

```csharp
            SqlDataAdapter dataAdapter = new SqlDataAdapter(selectstr,
connection);
            //用查询字符串和命令对象来创建数据适配器对象 dataAdapter,selectstr 查询字符
            //串实质是赋值给 dataAdapter 的 SelectCommand 属性
            dataAdapter.Fill(ds,"Exam");//将查询结果存放在数据集对象 ds 中
            dataAdapter.InsertCommand = connection.CreateCommand();
            //使用连接对象 connection 为数据适配器对象 dataAdapter 创建 command 对象
            dataAdapter.InsertCommand.CommandText = insertstr;
            //为 dataAdapter 对象的插入命令属性的命令文本内容赋值一个 SQL 文本
            DataTable stable = ds.Tables[0];//实例化表对象,并赋值为查询结果
            DataRow newRow = stable.NewRow();
            //创建数据行对象,其格式采用 stable 表格形式,内容为用户刚输入的内容
            newRow["StuID"] = stuid.Text.Trim();
            newRow["StuName"] = stuname.Text.Trim();
            newRow["Gender"] = gender.Text.Trim();
            newRow["Department"] = department.Text.Trim();
            newRow["Politics"] = int.Parse(politics.Text);
            newRow["English"] = int.Parse(english.Text);
            newRow["Maths"] = int.Parse(maths.Text);
            newRow["Computer"] = int.Parse(computer.Text);
            ds.Tables[0].Rows.Add(newRow);//将新得到值的数据行添加到数据集 ds 中,
            dataAdapter.Update(ds,"Exam");
            Response.Write("学生数据信息添加成功!");
        }
        catch (Exception ex)
        {
            Response.Write("学生数据信息添加失败!" + ex.ToString());
        }
    }
}
```

② 【修改】按钮的源代码如下。

```csharp
protected void Button2_Click(object sender, EventArgs e)
{
    string connstr = "Data Source=.\\SQLEXPRESS;Initial Catalog=WebJWDB;Integrated Security=True";
    SqlConnection connection = new SqlConnection();
    string commstr = "select * from Exam where StuID='" + stuid.Text.Trim() + "'";
    connection.ConnectionString = connstr;
    try
    {
        SqlDataAdapter dataAdapter = new SqlDataAdapter(commstr, connection);
        DataSet ds = new DataSet();
        dataAdapter.Fill(ds, "Exam");
        if (Button2.Text == "修改")
        {
```

```csharp
            Button2.Text = "确定";
            Button1.Enabled = false;
            Button3.Enabled = false;
            if (ds.Tables[0].Rows.Count != 0)
            {
                stuid.Enabled = false;
                stuname.Text = ds.Tables[0].Rows[0].ItemArray[1].ToString();
                gender.Text = ds.Tables[0].Rows[0].ItemArray[2].ToString();
                department.Text=ds.Tables[0].Rows[0].ItemArray[3].ToString();
                politics.Text=ds.Tables[0].Rows[0].ItemArray[4].ToString();
                english.Text = ds.Tables[0].Rows[0].ItemArray[5].ToString();
                maths.Text = ds.Tables[0].Rows[0].ItemArray[6].ToString();
                computer.Text=ds.Tables[0].Rows[0].ItemArray[7].ToString();
            }
            else
            {
            Response.Write("学生数据信息修改失败,原因是该学生信息不存在!");
                Button2.Text = "修改";
                Button1.Enabled = true;
                Button3.Enabled = true;
                goto breaklabel;
            }
        }
        else
        {
        Button2.Text = "修改";
        Button1.Enabled = true;
        Button3.Enabled = true;
        stuid.Enabled = true;
        string updatestr = "update Exam set StuName=@StuName,Gender=@Gender,
        Department=@Department,"Politics=@Politics,English=@English,
        Maths=@Maths,Computer=@Computer where StuID=@StuID";
        dataAdapter.UpdateCommand = connection.CreateCommand();
        dataAdapter.UpdateCommand.CommandText = updatestr;
        dataAdapter.UpdateCommand.Parameters.AddWithValue("@StuName",
        stuname.Text);//为数据适配器添加更新命令参数,其值取自文本框
            dataAdapter.UpdateCommand.Parameters.AddWithValue("@Gender",
gender.Text);
            dataAdapter.UpdateCommand.Parameters.AddWithValue("@Department",
        department.Text);
            dataAdapter.UpdateCommand.Parameters.AddWithValue("@Politics",
        int.Parse(politics.Text));
            dataAdapter.UpdateCommand.Parameters.AddWithValue("@English",
        int.Parse(english.Text));
            dataAdapter.UpdateCommand.Parameters.AddWithValue("@Maths",
        int.Parse(maths.Text));
            dataAdapter.UpdateCommand.Parameters.AddWithValue("@Computer",
        int.Parse(computer.Text));
```

```
            dataAdapter.Update(ds,"Exam");//修改数据
            Response.Write("学生数据信息修改成功！");
        }
    }
    catch (Exception ex)
    {
        Response.Write("数据库操作错误！错误原因是：" + ex.ToString());
    }
    breaklabel:;
}
```

③ 【删除】按钮的源代码如下。

```
protected void Button3_Click(object sender, EventArgs e)
{
    string connstr = "Data Source=.\\SQLEXPRESS;Initial Catalog=WebJWDB;
Integrated Security=True";
    SqlConnection connection = new SqlConnection();
    connection.ConnectionString = connstr;
    try
    {
        string str = "select * from Exam";
        SqlDataAdapter dataAdapter = new SqlDataAdapter(str, connection);
        DataSet ds = new DataSet();
        dataAdapter.Fill(ds, "Exam");
        dataAdapter.DeleteCommand = new SqlCommand();
        string deletestr = "delete from Exam where StuID='"+stuid.Text.
Trim()+"'";
        dataAdapter.DeleteCommand.CommandText = deletestr;
        dataAdapter.DeleteCommand.Connection = connection;
        DataTable dt = ds.Tables[0];
        int r=dt.Rows.Count;
        int i;
        for(i=0;i<dt.Rows.Count-1;i++)
        {
            if(dt.Rows[i].ItemArray[0].ToString().Trim()==stuid.Text.Trim())
            {
                dt.Rows[i].Delete();
                break;
            }
        }
        if (i<r)
        {
            dataAdapter.Update(ds, "Exam");
            Response.Write("学生信息删除成功！");
        }
        else
        {
```

```
            Response.Write("该学号在数据库中不存在！");
        }
    }
    catch (Exception ex)
    {
        Response.Write("数据库操作错误！错误原因是：" + ex.ToString());
    }
}
```

(5) 保存并运行 Task5.aspx，观察运行效果。

**操作小结：**

(1) 向数据表中添加 1 行数据时，首先要使用 DataTable 对象的 NewRow()方法，创建 1 个空行；其次对该行的各个字段赋值；再次使用 DataRow 对象的 Add()方法将该行添加到数据集中；最后通过使用 DataAdapter 对象的 Update()方法将最终数据回送到库中。

(2) DataAdapter 对象和 DataSet 对象结合使用适用于数据经常性改动，但可能有多次的改动不必回送的情况。

(3) 添加、修改、删除数据信息 DataAdapter 对象均使用方法 update()实现数据回送到数据库。

(4) 具体添加、修改、删除数据信息分别使用 SqlDataAdapter 对象的 InsertCommand、UpdateCommand 和 DeleteCommand 属性来定义对应的 SQL 语句和参数。

**练习 5：DataAdapter 对象和 DataSet 对象结合使用维护图书分类库中的数据**

**操作任务：**

设计 Web 程序 Exercise5.aspx，要求在 Exercise5.aspx 中结合使用 DataAdapter 对象和 DataSet 对象实现练习 5 的要求。

**操作提示：**

参照任务 5 自行完成。

## 任务 6：Command 对象实现利用存储过程访问数据库

**操作任务：**

设计 Web 程序 Task6.aspx，要求在 Task6.aspx 中采用 Command 对象实现利用存储过程访问 WebJWDB 数据库，并查询 Exam 表中 Computer 成绩前 5 的学生姓名及性别。点击查询后运行效果如图 9-7 所示。

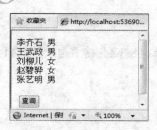

图 9-7　Task6.aspx 通过存储过程查询结果

**解决方案：**

Task6.aspx 页面使用 1 个显示查询的 Button 控件完成指定的开发任务。

**操作步骤：**

(1) 打开 Chapter09 ASP .NET 网站，新建名为 Task6.aspx 的 Web 窗体文件。

(2) 设计 Task6.aspx 页面。从【工具箱】中将 1 个 Button 控件拖动到设计页面中，在【属性】面板中设置其 Text 属性为"查询"。

(3) 添加引用。进入源代码编辑窗口，在代码的头部添加下列阴影加粗部分的 ADO.NET 命名空间引用语句，以访问 Microsoft SQL Server 数据源。

```
<%@ Page Language="C#" %>
<%@ Import Namespace="System.Data.SqlClient" %>
<%@ Import Namespace="System.Data" %>
```

(4) 生成并处理按钮单击事件。在设计窗口双击【查询】按钮，系统将自动生成 1 个名为 Button1_Click 的事件函数，同时打开源代码编辑窗口。在 Button1_Click 的事件函数中加入如下粗体阴影语句。

```
protected void Button1_Click(object sender, EventArgs e)
{
    SqlConnection connection = new SqlConnection();
    connection.ConnectionString = "Data Source=.\\SQLEXPRESS;
    Initial Catalog=WebJWDB;Integrated Security=True";
    try
    {
        connection.Open();
        SqlCommand command = new SqlCommand("stuInfo", connection);
        //创建命令对象 command
        command.CommandType = CommandType.StoredProcedure;
        //为命令对象 command 的命令类型属性赋值,指定为存储类型
        SqlDataReader reader = command.ExecuteReader();
        //创建数据读出器,并将执行指定的存储过程获取数据
        if (reader.HasRows)
        {
            while (reader.Read())
            {
                Response.Write(reader.GetString(1) + "  " +
                reader.GetString(2) + "<br/>");
            }
        }
```

```
            else
            {
                Response.Write("找不到该系任何学生信息！");
            }
        }
        catch (Exception ex)
        {
            Response.Write(ex.Message);
        }
}
```

(5) 添加 WebJWDB 数据库连接。在 Microsoft Visual Studio 2010 的【服务器资源管理器】窗口中，单击工具栏上的连接到服务器按钮，打开【添加服务器】对话框，在【计算机】文本框中输入本机服务器实例 ".\SQLEXPRESS"；接着单击工具栏上的连接到数据库按钮，打开【添加连接】对话框，单击【浏览】按钮，为【数据库文件名(新建或现有名称)】中选择现有的数据库或者在指定位置新建数据库，本例选择现有的数据库"C:\ASP.NET\SQLDatabase\WebJWDB.mdf"，单击【确定】按钮，添加 WebJWDB 数据连接。

(6) 新建存储过程。在【服务器资源管理器】窗口中，展开所创建的 WebJWDB 数据连接，右击【存储过程】项，在弹出的快捷菜单中选择【添加新存储过程】命令，打开编辑存储过程窗口。

(7) 参照如下粗体阴影代码，编辑存储过程代码。

```
CREATE PROCEDURE stuInfo
AS
select top 5 * from Exam order by Computer
return
```

(8) 单击工具栏的【保存】按钮，保存存储过程，在【服务器资源管理器】窗口中出现新建立的存储过程 stuInfo。

(9) 保存并运行 Task6.aspx，观察运行结果。

**操作小结：**

(1) 创建数据库的存储过程时，先要进行数据库连接，在连接成功的基础之上选择对应的数据库，在选择的数据库下创建所需的存储过程。

(2) 利用 Command 对象实现存储过程访问数据源时，Command 对象的 CommandType 属性的值一定设定成 "CommandType.StoredProcedure"；Command 对象的 CommandText 属性的值一定设定成新建立的存储过程的名称。

 **练习 6**：创建一个基于图书分类表的查询存储过程，并返回查询结果

**操作任务：**

设计 Web 程序 Exercise6.aspx，要求在 Exercise6.aspx 中利用存储过程 bookInfo，查询 WebBookshopDB 数据库中 Categories 表的数据，并返回所有记录信息。

**操作步骤：**

参照任务 6 自行完成。

# 第9章 ASP.NET 数据源访问基础

## 任务 7：创建一个事务对两个不同数据表进行操作

**操作任务：**

设计 Web 程序 Task7.aspx，要求在 Task7.aspx 中创建事务实现对 WebJWDB 库中的表 Exam 和 Users 添加数据进行限制：当在 Exam 中添加 1 条学生记录信息时，对应的要把该学生信息中的学号作为用户编号、学生姓名作为用户名，形成 1 条记录添加到 Users 表中。

(1) 运行程序，添加信息项：学生编号为"S2007305"、学生姓名为"刘冰冰"、性别为"女"、所在院系为"物理系"、政治成绩"72"、英语成绩"86"、数学成绩"82"、计算机成绩"79"、密码为"123"、身份为"学生"。

(2) 单击【测试事务】按钮，执行事务成功如图 9-8 所示。分别查看 Exam 表和 User 表，验证记录是否成功添加。

(3) 当记录已经成功添加后，再次执行相同的事务时，添加操作应该失败。查看数据表，验证数据是否被再次添加。

**解决方案：**

Task7.aspx 页面使用表 9-9 所示的 Web 控件完成指定的开发任务。

表 9-9  Task7 中使用的 Web 服务器控件

| 类型 | ID | 说明 |
| --- | --- | --- |
| TextBox | TextBox1 | 【学号】/【用户编号】文本框(Text 为空) |
| TextBox | TextBox2 | 【姓名】文本框(Text 为空) |
| TextBox | TextBox3 | 【性别】文本框(Text 为空) |
| TextBox | TextBox4 | 【院系】文本框(Text 为空) |
| TextBox | TextBox5 | 【政治】成绩(Text 为空) |
| TextBox | TextBox6 | 【英语】(Text 为空) |
| TextBox | TextBox7 | 【数学】(Text 为空) |
| TextBox | TextBox8 | 【计算机】(Text 为空) |
| TextBox | TextBox9 | 【密码】文本框(Text 为空、TextMode 属性为 password) |
| TextBox | TextBox10 | 【身份】文本框(Text 为空) |
| Button | Button1 | 【事务测试】按钮 |

**操作步骤：**

(1) 打开 Chapter09 ASP.NET 网站，新建名为 Task7.aspx 的 Web 窗体文件。

(2) 设计 Task7.aspx 页面。单击【设计】标签，首先选择【表】→【插入表】命令在页面中插入 1 个 6 行 4 列的表格；然后从【工具箱】的【标准】组中分别将 10 个 TextBox 控件、1 个 Button 控件拖到 Task7.aspx 设计页面；并参照表 9-9，分别在【属性】面板中设置各控件属性；最后 Task7.aspx 页面设计效果如图 9-9 所示。

(3) 添加引用。进入源代码编辑窗口，在代码的头部添加下列阴影加粗的 ADO.NET 命名空间引用语句，以访问 Microsoft SQL Server 数据源。

图 9-8　Task7.aspx 事务执行成功效果　　　　　图 9-9　Task7.aspx 设计界面

```
<%@ Page Language="C#" %>
<%@ Import Namespace="System.Data.SqlClient" %>
<%@ Import Namespace="System.Data" %>
```

（4）生成并处理按钮单击事件。在设计窗口双击【测试事务】按钮，系统将自动生成 1 个名为 Button1_Click 的事件函数，同时打开源代码编辑窗口。在 Button1_Click 的事件函数中加入如下粗体阴影语句。

```
protected void Button1_Click(object sender, EventArgs e)
{
    SqlConnection connection = new SqlConnection();
    connection.ConnectionString = "Data Source=.\\SQLEXPRESS;
    Initial Catalog=WebJWDB;Integrated Security=True";
    try
    {
        connection.Open();
        SqlCommand command = connection.CreateCommand();
        SqlTransaction transacion ;//声明事务对象,此时事务尚未开始
        transacion = connection.BeginTransaction();
        //通过使用连接对象的BeginTransaction()方法创建事务对象
        command.Connection = connection;
        command.Transaction = transacion;//设置命令对象的Transaction 属性为事务对象
        try
        {
            command.CommandText = "insert into Exam values(@StuID,@StuName,
                @Gender,@Department,@Politics,@English,@Maths,@Computer)";
            command.Parameters.AddWithValue("@StuID", TextBox1.Text.Trim());
            command.Parameters.AddWithValue("@StuName", TextBox2.Text.Trim());
            command.Parameters.AddWithValue("@Gender",TextBox3.Text.Trim());
            command.Parameters.AddWithValue("@Department", TextBox4.Text.Trim());
            command.Parameters.AddWithValue("@Politics", int.Parse(TextBox5.Text));
            command.Parameters.AddWithValue("@English", int.Parse(TextBox6.Text));
            command.Parameters.AddWithValue("@Maths", int.Parse(TextBox7.Text));
            command.Parameters.AddWithValue("@Computer", int.Parse(TextBox8.Text));
            command.ExecuteNonQuery();
            command.CommandText = "insert into Users(UserID,UserName,PassWD,
                Flag) values(@userid,@username,@passwd,@flag)";
            command.Parameters.AddWithValue("@userid", TextBox1.Text.Trim());
            command.Parameters.AddWithValue("@username", TextBox2.Text.Trim());
```

```csharp
            command.Parameters.AddWithValue("@passwd", TextBox9.Text.Trim());
            String str=TextBox10.Text.Trim();
            if(str=="教师")
               command.Parameters.AddWithValue("@flag","1");
            else
               command.Parameters.AddWithValue("@flag", "0");
            command.ExecuteNonQuery();
            transacion.Commit();
            Response.Write("事务成功执行!");
         }
         catch (Exception ex)
         {
            Response.Write("事务不能成功执行!" + ex.Message);
            transacion.Rollback();
         }
      }
      catch (Exception ex)
      {
         Response.Write("数据库连接失败!" + ex.Message);
      }
}
```

(5) 保存并运行 Task7.aspx，观察运行效果。

**操作小结：**

(1) 事务对象必须在连接对象建立后，通过连接对象的 BeginTransaction()方法建立。

(2) 将数据表 Exam 中"刘冰冰"记录删除，保留 Users 表中"刘冰冰"记录，再次执行事务，事务仍然不能正常提交，回到本次添加记录之前的状态，原因是事务操作时发现在 Users 表中已经存在"刘冰冰"的数据信息，因此再次添加"刘冰冰"的数据信息将违反 Users 表中的主键约束，系统拒绝此操作的执行；按照该事务的要求，执行两次添加操作，只有两次添加操作均成功，则该事务才成功，否则，有一个添加操作没有成功执行，则该事务就不能正确提交，其他已经成功的操作也要回到未执行相应操作之前的状态。

 **练习 7：创建一个事务删除同一数据源内两个不同数据表的某一行记录**

**操作任务：**

设计 Web 程序 Exercise7.aspx，要求在 Exercise7.aspx 中创建一个事务实现删除 WebBookShopDB 数据源中 Categories 表中相应的一条记录时，同时也删除 Book 表的所有相关记录。

(1) 删除 Book 表中 CategoryID 为 20 的所有记录。

(2) 删除 Categories 表中 CategoryID 为 20 的记录。

**操作提示：**

将任务 7 中事件函数按照如下内容修改。

(1) 连接字符串修改为

Me.ExecuteSqlTransaction("DataSource=.\SQLExpress;

```
        Initial Catalog=WebBookShopDB;Integrated Security=True");
```

(2) 事务中 SQL 语句修改为

```
command.CommandText = "delete from Categories where CategoryID='" +
TextBox1.Text.Trim() + "'";
command.CommandText = "delete from Book where CategoryID='"+
int.Parse(TextBox2.Text)+"'";
```

**操作步骤：**

参照任务 7 自行完成。

**通过本章您学习了：**

(1) 使用 Connection 对象连接数据源。
(2) 使用 Command 对象实现对数据库中数据的维护操作。
(3) 使用 DataSet 对象实现对数据库中数据的维护操作。
(4) 使用 DataReader 对象实现对数据库中数据的查询操作。
(5) 使用存储过程实现对数据库中数据的查询操作。
(6) 使用事务实现对数据库中数据的级联维护操作。

一、单选题

1. 在对 SQL Server 数据库操作时，应选用_____数据提供程序。
   A．Oracle .NET Framework        B．SQL Server .NET Framework
   C．OLE DB .NET Framework        D．ODBC .NET Framework
2. 当需要执行 SQL 命令时，可以使用 ADO.NET 的_____对象。
   A．SqlCommand    B．SqlConnection    C．SqlDataSet    D．SqlDataReader
3. 下列 ASP .NET 语句中，正确地创建了一个与 SQL Server 2008 数据库连接的是_____。
   A．SqlConnection connection = new SqlCommand("Data Source=.\\SQLEXPRESS;Initial Catalog=WebJWDB;Integrated Security=True");
   B．SqlConnection connection = new OleDbConnection("Data Source=.\\SQLEXPRESS;Initial Catalog=WebJWDB;Integrated Security=True");
   C．SqlConnection connection = new SqlConnection("Data Source=.\\SQLEXPRESS;Initial Catalog=WebJWDB;Integrated Security=True");
   D．SqlConnection connection = new SqlConnection(Data Source=.\\SQLEXPRESS;

Initial Catalog=WebJWDB;Integrated Security=True);

4. 在 ADO.NET 中，对于 Command 对象的 ExecuteNonQuery()方法与 ExecuteReader()方法叙述中，错误的是_____。

  A．SQL 语句中的 insert、update、delete 等操作主要用 ExecuteNonQuery()方法执行

  B．ExecuteNonQuery()方法返回执行 SQL 语句所影响的行数

  C．ExecuteReader()方法返回一个 DataReader 对象

  D．SQL 语句中的 Select 操作只能由 ExecuteReader()方法来执行

5. 当数据库使用结束后，应调用_____方法及时断开与数据库的连接。

  A．Open()　　　　B．IsClosed()　　　　C．Close()　　　　D．Read()

二、填空题

1. ADO.NET 提供了两个组件来访问和处理数据，它们是_____和_____。

2. ADO.NET 包含了 5 个主要的对象：_____、_____、_____、_____和_____。

3. DataSet 对象可以实现数据的_____访问。

4. Command 对象，又称为命令对象，用于对数据库执行给定的 SQL 命令，主要包括添加数据、修改数据、删除数据及运行_____等。

5. DataAdapter 对象使用_____方法将查询结果填充到 DataSet 对象的 DataTable(数据表)对象。

三、思考题

1. 简述 ADO.NET 中数据集的工作过程。

2. 什么是事务？

3. 简述使用 ADO.NET 访问数据库操作的步骤。

四、实践题

1. 编写程序 Practice1.aspx，要求采用 SqlDataAdapter 对象和 SqlDataSet 对象相结合实现对数据库 WebBookshopDB 中表 Categories 的查询操作。其设计布局如图 9-10 所示，运行效果如图 9-11 所示。

图 9-10　Practice1.aspx 的设计界面

图 9-11　Practice1.aspx 输入分类号后运行效果

2. 设计程序，要求采用 SqlCommand 对象对数据库 WebJWDB 中表 Users 的数据进行添加、修改和删除操作。添加时用户密码与账号一致。其设计布局如图 9-12 所示，运行效果如图 9-13 和图 9-14(a)～图 9-14(f)所示。

图 9-12　Practice2.aspx 的设计界面　　　　图 9-13　Practice2.aspx 初始运行效果

(a) 单击【添加】按钮添加数据效果　　　　(b) 添加数据后单击【确定】按钮效果

(c) 输入用户帐号后单击【修改】按钮效果　　(d) 修改用户名称后单击【确定】按钮效果

(e) 输入用户帐号后单击【删除】按钮效果　　(f) 输入错误的用户帐号单击【删除】按钮效果

图 9-14　Practice2.aspx 维护运行效果

3. 设计程序，要求采用 SqlDataAdapter 对象和 SqlDataSet 对象相结合实现对数据库 WebJWDB 中表 Users 的数据进行添加、修改和删除操作。其设计布局图与运行效果图如上题所示。

# 第 10 章

# ASP .NET 数据绑定控件的使用(1)

**通过本章您将学习：**

- 数据绑定的概念
- 使用 SqlDataSource 控件连接到关系数据库
- 使用 DropDownList 控件实现数据绑定
- 使用 ListBox 控件实现数据绑定
- 使用 RadioButtonList 控件实现数据绑定
- 使用 CheckBoxList 控件实现数据绑定
- 使用 BulletedList 控件实现数据绑定
- 使用 GridView 控件实现数据绑定
- 使用 DetailsView 控件实现数据绑定

## 学习入门

(1) 数据绑定是 ASP .NET 中的关键技术之一,该技术主要实现在 Web 应用程序中将数据源中的数据读取出来,显示在页面的各种控件上。用户可以通过这些控件对数据进行查看或修改操作,并把修改的结果回送到数据源中。数据绑定技术实现把 Web 页面(包括其控件或其他元素)和数据源无缝地连接到一起,增强了页与数据源的交互能力。数据绑定技术可以分为简单数据绑定技术和复杂数据绑定技术。

① 简单数据绑定技术能够将控件的属性绑定到数据源中的某一个值,并且这些值将在页面运行时确定。简单数据绑定技术包括了数据绑定表达式和 DataBind()方法两部分内容。

② 复杂数据绑定技术能够将一组或一列值绑定到指定的控件。这些控件通常被称为数据绑定控件,如 ListBox、DropDownList、Repeater、GridView 等控件。这些数据绑定控件可以分为两类:列表控件和迭代控件。其中,迭代控件包括 Repeater、DataList 和 GridView 等控件。列表控件包括 5 个控件:BulletedList、CheckBoxList、RadioButtonList、ListBox 和 DropDownList。它们都是从 BaseDataBoundControl 类派生的。然而,列表控件并不是直接派生于 BaseDataBoundControl 类,而是直接派生于 ListControl 类,并且 ListControl 类直接继承于 DataBoundControl 类。DataBoundControl 类直接继承于 BaseDataBoundControl 类。

(2) ListItem 控件并不是一个独立存在的控件,它必须依附在几种控件下,如 RadioButtonList 控件、DropDownList 控件或 CheckBoxList 控件。一个 ListItem 控件代表的是一个 ListControl 控件的选项内容,因此使用时可以不需要指定其 ID 属性。

(3) DropDownList Web 控件,又称为下拉列表服务器控件,是一个下拉式的选单,功能是使用户能够从预定义的列表中选择项,但只能提供使用者在一组选项中选择单一项。

(4) ListBox Web 控件和 DropDownList Web 控件的功能几乎一样,只是 ListBox Web 控件是一次将所有的选项都显示出来,用户可以使用滚动条进行数据查看,也可以使用鼠标单击进行数据的选择,而 DropDownList Web 控件其项列表在用户单击下拉按钮以前一直保持隐藏状态。

(5) 由于每一个 RadioButton Web 控件是独立的控件,若要判断同一个群组内的 RadioButton 是否被选择,则必须判断每一个 RadioButton 控件的 Checked 属性,这在程序的实现上非常麻烦,而 RadioButtonList Web 控件可以管理许多选项,其功能与一组 RadioButton 控件一样可以方便地取得使用者选择的项目,并且程序实现比较方便。DropDownList Web 控件则适合用来管理大量的选项群组项目,而 RadioButtonList Web 控件适合使用在较少量的选项群组项目。

(6) BulletedList 控件创建一个无序或有序(编号的)的项列表,它们分别呈现为 HTML ul 或 ol 元素,可以指定项、项目符号或编号的外观,静态定义列表项或通过将控件绑定到数据定义列表项,也可以在用户单击项时做出响应。

(7) GridView 控件又称为网格视图控件,它能够以数据网格形式显示数据。当把数据源绑定到控件,就能够对这些数据进行编辑(修改、删除等)以及排序、分页、自定义样式等操作。数据源可以是数据库(如 SQL Server、Access、Oracle 等)、XML 文件以及公开数据的业务对象等。

(8) ASP .NET 提供了一种可以操作一条记录的数据控件:DetailsView 和 FormView。它们和 Repeater、DataList、GridView 等迭代控件最大的区别在于:迭代控件可以一次显示多条记录,而 DetailsView 和 FormView 一次只能显示一条记录。

# 任务 1：使用 SqlDataSource 控件连接数据库

**操作任务：**

设计 Web 程序 Task1.aspx，要求在 Task1.aspx 中创建 SqlDataSource 控件对象连接数据库，并显示 Exam 数据表的姓名和性别字段信息。运行效果如图 10-1 所示。

图 10-1　Task1.aspx 的运行效果

**解决方案：**

Task1.aspx 页面使用表 10-1 所示的 Web 服务器控件完成指定的开发任务。

表 10-1　Task1.aspx 中使用的 Web 服务器控件

| 类　型 | ID | 说　明 |
|---|---|---|
| SqlDataSource | SqlDataSource1 | SqlDataSource 对象连接数据库 |
| GridView | GridView 1 | 显示数据控件 |

**操作步骤：**

(1) 使用数据库脚本重新创建数据库 WebBookshopDB 和 WebJWDB 及其中的数据表。(具体步骤参看第 8 章相应内容，另本章其他部分所涉及该数据库时将不再赘述)。

(2) 运行 Microsoft Visual Studio 2010 应用程序。

(3) 创建本地 ASP .NET 网站：C:\ASPNET\Chapter10。

(4) 新建"单文件页模型"的 Web 窗体：Task1.aspx。

(5) 设计 Task1.aspx 页面。从【工具箱】的【数据】组中将 1 个 SqlDataSource 控件拖到设计页面，在 Task1.aspx 页面中生成一个 SqlDataSource1 对象。

(6) 单击 SqlDataSource1 对象右上角的智能标记，打开【SqlDataSource 任务】菜单，选择【配置数据源】命令，打开【配置数据源】对话框，如图 10-2(a)所示。在对话框里单击【新建连接】按钮，打开【添加连接】对话框，如图 10-2(b)所示。单击【浏览】按钮，选择数据库"WebJWDB"后单击【测试连接】按钮。在弹出【测试连接成功】提示框后依次单击【确定】→【确定】→【下一步】按钮。

(7) 在随后的【配置数据源】对话框中勾选【是将此连接另存为】复选框，如图 10-2(c)所示。然后单击【下一步】按钮。

(8) 配置 Select 语句。在对话框的【配置 Select 语句】页中，选中【指定来自表或视图的列】单选按钮，同时在【名称】的下拉列表中选择 Exam 数据表，在【列】下拉列表中勾选【StuName】和【Gender】两个复选框。在【Select 语句】文本框中将自动生成相对应的 Select 语句："SELECT [StuName], [Gender] FROM [Exam]"，如图 10-2(d)所示。然后单击【下一步】按钮。

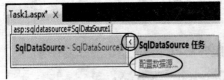

(a)选择配置数据源　　　　　　　　　　　(b)添加连接

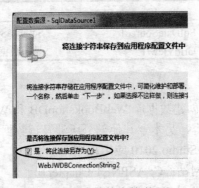

(c) 保存连接字符串

图 10-2　配置 SqlDataSource 数据源

(9) 测试查询。在随后打开的对话框中，单击【测试查询】按钮，将显示 Select 语句的查询结果，单击【完成】按钮结束查询。

(10) 选择【工具箱】下【数据】组中 GridView 控件，在 Task1.aspx 页面中生成一个 GridView1 对象，单击 GridView 对象的智能标记，展开【GridView 任务】菜单，在【选择数据源】项后的下拉列表中选择 SqlDataSource1，如图 10-3 所示。

(11) 最后的 ASP.NET 页面编辑效果如图 10-4 所示。

(12) 保存并运行 Task1.aspx 文件，观察运行效果。

第 10 章 ASP .NET 数据绑定控件的使用(1)

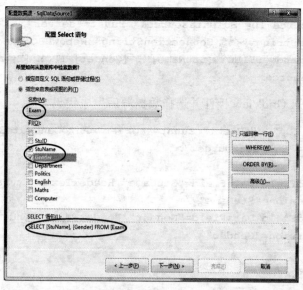

(d) 配置 select 语句

图 10-2 配置 SqlDataSource 数据源(续)

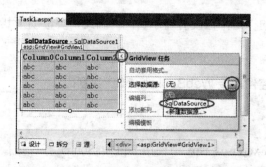 

图 10-3 DataView1 对象选择数据源　　　图 10-4 Task1.aspx 初始设计界面

**操作小结：**

(1) SqlDataSource 控件的主要属性如表 10-2 所示。

表 10-2 SqlDataSource 控件的主要属性

| 名　称 | 描　述 |
| --- | --- |
| ConnectionString | 连接数据库的连接字符串 |
| SelectQuery | 用于执行查询的命令 |
| InsertQuery | 用于执行插入的命令 |
| UpdateQuery | 用于执行更新的命令 |
| DeleteQuery | 用于执行删除的命令 |
| DataSourceMode | 指定数据源类型是 DataSet 或 DataReader( 默认值是 DataSet) |
| ProviderName | 连接底层数据库的提供程序名称 |

(2) 本任务中拖入 SqlDataSource 控件并配置数据源后生成代码如下。

```
<asp:SqlDataSource ID="SqlDataSource1" runat="server"
    ConnectionString="<%$ ConnectionStrings:WebJWDBConnectionString2 %>"
    SelectCommand="SELECT [StuName] , [Gender] FROM [Exam]">
</asp:SqlDataSource>
```

(3) 本任务中拖入 GridView 控件并选择数据源后生成代码如下。

```
<asp:GridView ID="GridView1" runat="server" AutoGenerateColumns="False"
  DataSourceID="SqlDataSource1">
  <Columns>
      <asp:BoundField DataField="StuName" HeaderText="StuName"
      SortExpression="StuName" />
      <asp:BoundField DataField="Gender" HeaderText="Gender"
      SortExpression="Gender" />
  </Columns>
</asp:GridView>
```

(4) 对于 SqlDataSource 控件所要执行的命令 SelectCommand 可以在配置数据源向导中生成，也可以在属性 SelectQuery 中使用【命令或参数编辑器】手工设置或者采用【查询生成器】生成。

(5) SqlDataSource 控件只能实现数据的绑定，但没有显示功能。因此，要借助于其他显示类控件将数据进行显示。

练习1：使用 SqlDataSource 控件连接 WebBookshopDB 数据库

**操作任务：**

设计 Web 程序 Exercise1.aspx，要求在 Exercise1.aspx 中使用 SqlDataSource 控件连接数据库 WebBookshopDB，并显示 Book 数据表的 BookID 和 Bookname 字段信息。运行效果如图 10-5 所示。

**操作提示：**

(1) 配置数据源时，选择数据库 WebBookshopDB。

(2) 配置 Select 语句时，从【如何从数据库中检索数据】项中选中【指定来自表或视图的列】单选按钮并在【名称】下拉列表中选择数据表 Book，从【列】列表中选择 BookID 和 BookName 字段。设计效果如图 10-6 所示。

图 10-5　Exercise1 的运行效果　　　　图 10-6　Exercise1 的设计效果

**操作步骤：**

参照任务 1 自行完成。

## 任务 2：使用 DropDownList 控件，绑定显示数据

**操作任务：**

设计 Web 程序 Task2.aspx，要求在 Task2.aspx 中使用 DropDownList 控件，并为 DropDownList 控件创建数据源 SqlDataSource1。数据源绑定到 Exam 数据表的 StuName 列，并作为 DropDownList 控件的显示列与值列。运行效果如图 10-7 所示。

图 10-7　Task2.aspx 的运行效果

**解决方案：**

Task2.aspx 页面使用表 10-3 所示的 Web 服务器控件完成指定的开发任务。

表 10-3　Task2.aspx 中使用的 Web 服务器控件

| 类型 | ID | 说明 |
| --- | --- | --- |
| DropDownList | DropDownList1 | DropDownList 对象绑定显示"姓名"数据项 |

**操作步骤：**

(1) 打开 Chapter10 ASP .NET 网站，新建名为 Task2.aspx 的 Web 窗体文件。

(2) 设计 Task2.aspx 页面。从【工具箱】的【标准】组中将一个 DropDownList 控件拖到页面中，在 Task2.aspx 页面中生成一个 DropDownList1 对象，如图 10-8 所示。

(3) 单击 DropDownList1 对象的智能标记，展开【DropDownList 任务】菜单，选择【选择数据源】命令，打开【数据源配置向导】对话框。在【新建数据源】下拉列表中选择"新建数据源"项，如图 10-9 所示。

(4) 在【选择数据源类型】页中选择【数据库】类型，默认数据源指定的 ID 为 "SqlDataSource1"，如图 10-10 所示。

(5) 单击【确定】按钮，打开【选择您的数据连接】对话框，单击【新建连接】按钮。添加连接数据库文件名 WebJWDB，单击【下一步】按钮。在【将连接保存到应用程序

配置文件中】对话框下单击【下一步】按钮。

图 10-8 生成 DropDownList1 对象

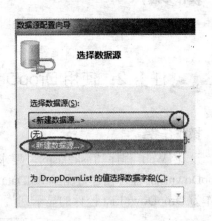

图 10-9 选择数据源

(6) 配置 Select 语句。在随后打开的【配置 Select 语句】对话框中，在【名称】下拉列表中选择 Exam 数据表。在【列】下拉列表中勾选"*"复选框，以显示所有列，【Select 语句】文本框中将自动生成相对应的 Select 语句："SELECT * FROM [Exam]"。单击【下一步】按钮，在随后的【测试查询】配置数据源向导对话框中，单击【完成】按钮。

(7) 选择数据源。在【选择数据源】对话框中修改【选择要在 DropDownList 中显示的数据字段】和【为 DorpDownList 的值选择数据字段】均为 StuName 字段，如图 10-11 所示。

(8) 保存并运行 Task2.aspx 文件，观察运行效果。

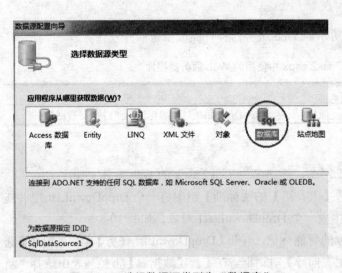

图 10-10 选择数据源类型为"数据库"

图 10-11 选择控件显示列和值列

**操作小结：**

(1) DropDownList 控件的常用属性如表 10-4 所示。

## 第 10 章 ASP.NET 数据绑定控件的使用(1)

表 10-4　DropDownList 控件的常用属性

| 名 称 | 描 述 |
| --- | --- |
| DataSource | 指定要绑定的数据源 |
| DataSourceID | 获取或设置控件的 ID，数据绑定控件中检索其数据项列表 |
| ID | 被程序代码所控制的名称 |
| DataTextField | 数据源中的一个字段，将被显示于下拉列表中 |
| DataValueField | 数据源中一个字段，指定下拉列表中每个可选项的值 |
| AutoPostBack | 获取或者设置一个逻辑值：当选定内容更改后，是否自动回发到服务器，默认值是 False，即不自动回发到服务器 |

(2) DropDownList 控件的常用事件是 SelectedIndexChanged 事件。若指定了本事件的事件程序，并将 AutoPostBack 属性设为 True，则当改变 DropDownList 控件里的选项时，便会触发这个事件。

(3) 默认数据源指定的 ID 为 SqlDataSource1，可以自行修改为其他的名称。

(4) 绑定的值列是 DropDownList 控件的 DataValueField 属性，绑定的显示列是 DropDownList 控件的 DataTextField 属性。

(5) 当对 DropDownList 控件配置数据源后系统会自动生成一个 SqlDataSource1 对象。

(6) 本任务中拖入 DropDownList 控件并配置数据源后生成代码如下。

```
<asp:SqlDataSource ID="SqlDataSource1"runat="server"
   ConnectionString="<%$ ConnectionStrings:WebJWDBConnectionString2 %>"
   SelectCommand="SELECT [StuName] FROM [Exam]">
</asp:SqlDataSource>
<asp:DropDownList ID="DropDownList1" runat="server"
   DataSourceID="SqlDataSource1" DataTextField="StuName" DataValueField=
"StuName">
</asp:DropDownList>
```

练习 2：使用 ListBox 控件，绑定显示数据

**操作任务：**

设计 Web 程序 Exercise2.aspx，要求在 Exercise2.aspx 中使用 ListBox 控件，并为 ListBox 控件选择数据源 SqlDataSource1，实现数据绑定。最终在该控件中显示 Exam 数据表的 StuName 列。运行效果如图 10-12 所示。

图 10-12　Exercises2.aspx 的运行效果

**解决方案：**

Exercise2 页面使用表 10-5 所示的 Web 服务器控件完成指定的开发任务。

表 10-5　Exercises2.aspx 中使用的 Web 服务器控件

| 类型 | ID | 说明 |
| --- | --- | --- |
| ListBox | ListBox1 | ListBox 对象绑定显示"姓名"数据项 |

**操作提示：**

(1) 打开 Chapter10 ASP .NET 网站，新建名为 Exercise2.aspx 的 Web 窗体文件。

(2) 设计 Exercise2.aspx 页面。从【工具箱】的【标准】组中将一个 ListBox 控件拖到页面中，在 Exercise2.aspx 页面中生成一个 ListBox1 对象。单击 ListBox 对象的智能标记，展开【ListBox 任务】菜单，选择【选择数据源】命令。建立数据源 SqlDataSource1(详见任务 2)，建立连接，绑定到 WebJWDB 数据库 Exam 数据表中 StuName 列。

(3) 保存并运行 Exercise2.aspx，观察运行结果。

**操作小结：**

(1) ListBox 控件常用属性如表 10-6 所示。

表 10-6　ListBox 控件常用属性

| 名称 | 描述 |
| --- | --- |
| DataSource | 指定要绑定的数据源 |
| DataSourceID | 获取或设置控件的 ID，数据绑定控件中检索其数据项列表 |
| ID | 被程序代码所控制的名称 |
| DataTextField | 数据源中的一个字段，将被显示于下拉列表中 |
| DataValueField | 数据源中一个字段，指定下拉列表中每个可选项的值 |
| AutoPostBack | 获取或者设置一个逻辑值：当选定内容更改后，是否自动回发到服务器，默认值是 False，即不自动回发到服务器 |
| SelectionMode | 列表的选择模式：可以约定只能选单行或者可以选多行，默认是只能选单行 |
| Rows | 要显示的可见行的数目 |

(2) 选项较多时，可拖动垂直滚动条查看选项。

(3) ListBox 控件的事件和 DropDownList Web 控件一样，只要将 AutoPostBack 属性设为 True，再指定事件 SelectedIndexChanged 所要执行的事件程序即可。

(4) 本练习中拖入 DropDownList 控件并配置数据源后生成代码如下。

```
<asp:ListBox
 ID="ListBox1" runat="server"
 DataSourceID="SqlDataSource1"
 DataTextField="StuName"
 DataValueField="StuName"
 SelectionMode="Multiple">
</asp:ListBox>
```

```
<asp:SqlDataSource
 ID="SqlDataSource1" runat="server"
    ConnectionString="<%$ ConnectionStrings:WebJWDBConnectionString3 %>"
    SelectCommand="SELECT [StuName] FROM [Exam]">
</asp:SqlDataSource>
```

(5) 从 DropDownList 控件与 ListBox 控件生成代码对比可见，在进行数据绑定时二者的用法基本相同，因此，读者可以从生成代码上自行总结 DropDownList 控件与 ListBox 控件的语法格式。

**练习 3：使用 RadioButtonList 控件，绑定显示数据**

**操作任务：**

设计 Web 程序 Exercise3.aspx，要求在 Exercise3.aspx 中使用 RadioButtonList 控件，并为 RadioButtonList 控件选择数据源 SqlDataSource1 实现数据绑定，最终在该控件中显示 Exam 数据表的 StuName 列。运行效果如图 10-13 所示。

图 10-13 Exercises3.aspx 的运行效果

**解决方案：**

Exercise3.aspx 页面使用表 10-7 所示的 Web 服务器控件完成指定的开发任务。

表 10-7 Exercises3.aspx 中使用的 Web 服务器控件

| 类型 | ID | 说明 |
| --- | --- | --- |
| RadioButtonList | RadioButtonList1 | RadioButtonList 对象绑定显示"姓名"数据项 |

**操作提示：**

(1) 打开 Chapter10 ASP .NET 网站，新建名为 Exercises3.aspx 的 Web 窗体文件。

(2) 设计 Exercise3.aspx 页面。从【工具箱】的【标准】组中将一个 RadioButtonList 控件拖动到页面，在 Exercise3.aspx 页面中生成一个 RadioButtonList1 对象。单击 RadioButtonList 对象智能标记，展开【RadioButtonList 任务】菜单，选择【选择数据源】命令。建立数据连接对象 SqlDataSource1(详见任务 2)，建立连接，绑定到 WebJWDB 数据库 Exam 数据表中 StuName 列。

(3) 保存并运行 Exercises3.aspx，观察运行效果。

**操作小结：**

(1) RadioButton Web 控件使用语法如下。

```
<ASP:RadioButtonList    Id="被程序代码所控制的名称"    Runat="Server"
AutoPostBack="True | False" CellPadding="像素" DataSourceID="<%数据源绑定%>"
    DataTextField="数据源的字段" DataValueField="数据源的字段" RepeatColumns="字段数量"
```

```
RepeatDirection="Vertical | Horizontal"  RepeatLayout="Flow | Table"
TextAlign="Right | Left"
OnSelectedIndexChanged= "事件程序名称">
</ASP:RadioButtonList>
```

(2) 只要直接参考 RadioButtonList Web 控件的 SelectedItem 属性，就可以取得被选取到的 ListItem 对象。RadioButtonList Web 控件内的项目也可以用程序来动态的新增，只要先产生一个 ListItem 型态的对象变量，再用 RadioButtonList Web 控件 Items 集合属性的 Add 方法将这个对象加到 Items 集合内即可。

(3) RadioButtonList 控件对象的选项只能单选，不能复选。

 练习 4：使用 CheckBoxList 控件，绑定显示数据

**操作任务：**

图 10-14  Exercises4.aspx 的运行结果

设计 Web 程序 Exercise4.aspx，要求在 Exercise4.aspx 中使用 CheckBoxList 控件，并为 CheckBoxList 控件绑定数据源 SqlDataSource1，最终在该控件中显示 Exam 表的 StuName 列。运行效果如图 10-14 所示。

**解决方案：**

Exercises4.aspx 页面使用表 10-8 所示的 Web 服务器控件完成指定的开发任务。

表 10-8  Exercises4.aspx 中使用的 Web 服务器控件

| 类  型 | ID | 说  明 |
| --- | --- | --- |
| CheckBoxList | CheckBoxList1 | CheckBoxList 对象绑定显示"姓名"数据项 |

**操作提示：**

(1) 打开 Chapter10 ASP.NET 网站，新建名为 Exercises4.aspx 的 Web 窗体文件。

(2) 设计 Exercise4 页面。从【工具箱】的【标准】组中将一个 CheckBoxList 控件拖动到页面，在 Exercise4.aspx 页面中生成一个 CheckBoxList1 对象。单击 CheckBoxList 对象智能标记，展开【CheckBoxList 任务】菜单，选择【选择数据源】命令，建立数据连接对象 SqlDataSource1(详见任务 2)，建立连接，绑定到 WebJWDB 数据库 Exam 数据表中 StuName 列。

(3) 保存并运行程序 Exercises4.aspx，观察运行效果。

**操作小结：**

(1) CheckBoxList Web 控件使用语法如下。

```
<ASP:CheckBoxList Id="被程序代码所控制的名称" Runat="Server"
AutoPostBack="True | False" CellPadding="像素"  DataSourceID="<%数据源绑定%>"
```

```
DataTextField="数据源的字段" DataValueField="数据源的字段" RepeatColumns="字段
数量"
    RepeatDirection="Vertical | Horizontal" RepeatLayout="Flow | Table"
TextAlign="Right | Left"
    OnSelectedIndexChanged="事件程序名称">
</ASP:CheckBoxList>
```

(2) CheckBoxListd Web 控件的项目可以复选。选择完毕后的结果可以利用 Items 集合作检查，只要判断 Items 集合对象中哪一个项目的 Selected 属性为 True，即表示项目已经被选择。

  练习 5：使用 BulletedList 控件，绑定显示数据

### 操作任务：

设计 Web 程序 Exercise5.aspx，要求在 Exercise5.aspx 中使用 BulletedList 控件，并为 BulletedList 控件选择数据源 SqlDataSource1，实现数据绑定，最终在该控件中显示学生 Exam 表的 StuName 列。运行效果如图 10-15 所示。

### 解决方案：

Exercise5 页面使用表 10-9 所示的 Web 服务器控件完成指定的开发任务。

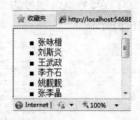

图 10-15  Exercises5.aspx 的运行效果

表 10-9  Exercises5.aspx 中使用的 Web 服务器控件

| 类　型 | ID | 说　　明 |
| --- | --- | --- |
| BulletedList | BulletedList1 | BulletedList 对象绑定显示"姓名"数据项 |

### 操作提示：

(1) 打开 Chapter10 ASP .NET 网站，新建名为 Exercises5.aspx 的 Web 窗体文件。

(2) 设计 Exercise5 页面。从【工具箱】的【标准】组中将一个 BulletedList 控件拖动到页面，在 Exercise5.aspx 页面中生成一个 BulletedList1 对象。单击 BulletedList 对象后智能标记，展开【BulletedList 任务】菜单，选择命令，建立数据连接对象 SqlDataSource1(详见任务 2)，建立连接，绑定到 WebJWDB 数据库 Exam 数据表中 StuName 列。

(3) 保存并运行 Exercises5.aspx 文件，观察运行效果。

### 操作小结：

(1) BulletedList 控件与 ListBox 控件、DropDownList 控件及其他 ASP .NET 列表控件派生自相同的 ListControl 类，因此其用法与这些控件的用法类似。

(2) BulletedList 控件的属性 BulletStyle 可呈现项目符号或编号。其默认值为 NotSet，即未设置；如果将控件设置为呈现项目符号，则可以选择与 HTML 标准项目符号样式匹配的预定义项目符号样式选项(如实心圆 Disc、圆圈 Circle、实心正方形 Square 和自定义图像

CustomImage 等);如果将控件设置为呈现编号,同样可以选择 HTML 标准编号选项(如小写字母 LowerAlpha、大写字母 UpperAlpha、小写罗马数字 LowerRoman、大写罗马数字 UpperAlpha、数字 Numbered 等)。

(3) 通过设置 FirstBulletNumber 属性,还可以为序列指定一个起始编号。

## 任务 3:使用 GridView 控件维护学生成绩表

**操作任务:**

设计 Web 程序 Task3.aspx,要求在 Task3.aspx 中使用 GridView 控件,并为 GridView 控件选择数据源 SqlDataSource1 并实现数据绑定,最终在该控件中显示 Exam 数据表的所有数据,并实现数据的删除、修改操作。初始运行界面如图 10-16(a)所示。

(1) 运行程序,单击学号为 S2007101 数据行的【编辑】按钮,将 Maths 成绩修改为 92,如图 10-16(b)所示。

(a) 初始运行界面

(b) 修改数据信息

图 10-16 Task3.aspx 的运行效果

(2) 单击【更新】按钮,修改后的数据信息如图 10-16(c)所示。查看 Exam 表,验证修改操作是否成功。

(3) 单击学号为 S2007102 数据行的【删除】按钮,删除数据表 Exam 中学号为 S2007102

的记录信息。查看 Exam 表，验证学号为 S2007102 的记录信息是否被成功删除。

| StuID | StuName | Gender | Department | Politics | English | Maths | Computer | | |
|---|---|---|---|---|---|---|---|---|---|
| S2007101 | 张咏楷 | 男 | 计算机系 | 87 | 97 | 92 | 90 | 编辑 | 删除 |
| S2007102 | 刘斯炎 | 女 | 计算机系 | 100 | 90 | 95 | 96 | 编辑 | 删除 |
| S2007103 | 王武政 | 男 | 计算机系 | 78 | 85 | 70 | 55 | 编辑 | 删除 |
| S2007104 | 李齐石 | 男 | 计算机系 | 20 | 56 | 38 | 50 | 编辑 | 删除 |
| S2007105 | 姚靓靓 | 女 | 计算机系 | 97 | 90 | 95 | 92 | 编辑 | 删除 |
| S2007201 | 张李晶 | 男 | 电子系 | 50 | 45 | 67 | 89 | 编辑 | 删除 |
| S2007202 | 姜一玲 | 女 | 电子系 | 90 | 98 | 97 | 93 | 编辑 | 删除 |
| S2007203 | 汪茗茗 | 女 | 电子系 | 98 | 100 | 96 | 97 | 编辑 | 删除 |
| S2007204 | 赵碧骅 | 女 | 电子系 | 44 | 56 | 46 | 58 | 编辑 | 删除 |
| S2007205 | 桑十恬 | 男 | 电子系 | 76 | 70 | 86 | 80 | 编辑 | 删除 |
| S2007206 | 陆锋西 | 男 | 电子系 | 87 | 88 | 85 | 90 | 编辑 | 删除 |
| S2007301 | 刘柳儿 | 女 | 物理系 | 58 | 60 | 66 | 57 | 编辑 | 删除 |
| S2007302 | 张艺明 | 男 | 物理系 | 84 | 86 | 76 | 68 | 编辑 | 删除 |
| S2007303 | 田玲正 | 女 | 物理系 | 96 | 90 | 94 | 91 | 编辑 | 删除 |
| S2007304 | 张玲玲 | 女 | 物理系 | 67 | 88 | 75 | 92 | 编辑 | 删除 |

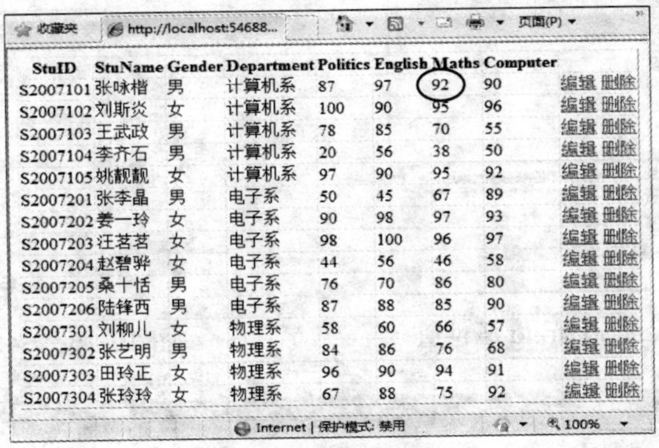

(c) 修改结果

图 10-16　Task3.aspx 的运行效果(续)

**解决方案：**

Task3.aspx 页面使用表 10-10 所示的 Web 服务器控件完成指定的开发任务。

表 10-10　Task3.aspx 中使用的 Web 服务器控件

| 类　型 | ID | 说　明 |
|---|---|---|
| GridView | GridView1 | GridView 对象绑定显示“姓名”数据项 |

**操作步骤：**

(1) 打开 Chapter10 ASP .NET 网站，新建名为 Task3.aspx 的 Web 窗体文件。

(2) 设计 Task3.aspx 页面。从【工具箱】的【数据】组中将一个 GridView 控件拖动到页面，在 Task3.aspx 页面中生成一个 GridView 对象。单击 GridView 对象的智能标记，展开【GridView 任务】菜单，选择【选择数据源】命令，建立数据连接对象 SqlDataSource1(详见任务 2)，并建立与数据库 WebJWDB 中数据表 Exam 的连接。上述操作过程中系统会自动为 SqlDataSource1 对象的 ConnectionString 属性和 SelectQuery 属性赋值，结果如图 10-17 与图 10-18 所示。接下来在 SqlDataSource 对象的【属性】面板中生成 SqlDataSource 对象的 DeleteQuery 属性值和 UpdateQuery 属性值。

① 生成 DeleteQuery 属性值。在 SqlDataSource1 对象的【属性】面板中单击 DeleteQuery 属性项，单击出现的对话框提示按钮 [...]，打开【命令和参数编辑器】对话框，如图 10-19 所示。在对话框中单击【查询生成器】按钮，打开【查询生成器】对话框和【添加表】对话框，如图 10-20 所示。先在【添加表】对话框中选择表“Exam”后单击【添加】按钮，再单击【添加表】对话框中的【关闭】按钮。然后在【查询生成器】对话框中【列】下的单元格中打开下拉列表，从中选择 StuID，在其后的【筛选器】文本框中输入“@StuID”，编辑效果如图 10-21 和图 10-22 所示。单击【确定】按钮，回到【命令和参数编辑器】对话框，在“DELETE 命令”下的文本框中显示删除命令为“DELETE FROM Exam WHERE (StuID=@StuID)”。单击文本框下方的【刷新参数】按钮，得到所需参数为 StuID，最后单击【确定】按钮。

图 10-17　ConnectionString 属性值

图 10-18　SelectQuery 属性值

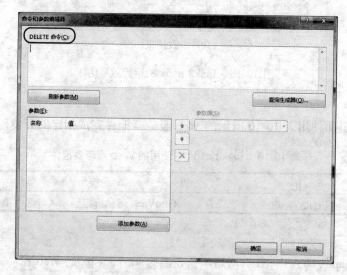

图 10-19　命令和参数编辑器

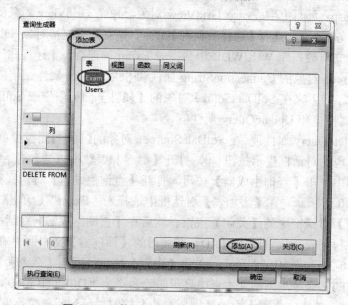

图 10-20　单击【查询生成器】按钮后效果

# 第 10 章 ASP.NET 数据绑定控件的使用(1)

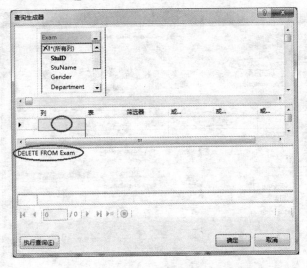

图 10-21 添加表后查询生成器设置

② 生成 UpdateQuery 属性值。其生成过程与 DeleteQuery 属性值的生成过程基本类似，不同之处仅在于生成 UpdateQuery 属性值时【查询生成器】设置中多次用到赋值。最终生成 UpdateQuery 属性值为 "UPDATE Exam SET StuName = @StuName, Gender = @Gender, Department = @Department, Politics = @Politics, English = @English, Maths = @Maths, Computer = @Computer WHERE (StuID = @StuID)"。

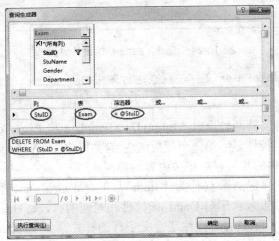

图 10-22 在查询生成器中编辑 Delete 命令界面

(3) 在 GridView1 对象【属性】面板的【杂项】中选择 Columns 选项右侧的 按钮，打开【字段】对话框。在【可用字段】列表中选择"CommandField"后单击【添加】按钮，添加 CommandField 选项，如图 10-23 所示。

(4) 拖动 CommandField 属性的垂直滚动条，找到并修改 ShowDeleteButton 和 ShowEditButton 属性值为"True"。单击【确定】按钮，完成属性设置。

(5) 在【GridView 任务】菜单中选择【启用编辑】和【启用删除】命令。

(6) 最后的 Task3.aspx 页面编辑效果如图 10-24 所示。

图 10-23 添加 CommandField 选项

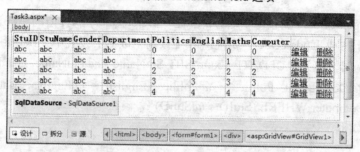

图 10-24 Task3.aspx 初始设计界面

(7) 保存并运行 Task3.aspx 文件，观察运行效果。

**操作小结：**

(1) GridView 控件支持两种模板：EmptyDataTemplate 和 PagerTemplate。当 GridView 控件的数据源为空时，控件显示第一个模板的内容(如果定义了该模板)。PagerTemplate 模板定义了 GridView 控件的与页导航相关内容的模板。

(2) DataList 控件称它的数据行为"Item"。但是，GridView 控件称它的数据行为"Row"。GridView 控件也包含了与 DataList 控件相对应的行，如 HeaderRow、FooterRow、SelectedRow 等。同时，GridView 控件还定义了行的样式，如 HeaderStyle、FooterStyle、SelectedRowStyle 等。

(3) GridView 控件的 Columns 属性表示该控件中字段的集合。该集合中的每一个元素的基类型都为 DataControlField。GridView 控件共包括 7 种域，如 BoundField、ButtonField 等。

(4) GridView 控件对数据具有内置的编辑功能，它能够直接修改或删除数据源中的数据。该控件的 CommandField 域可以提供【编辑】、【取消】、【更新】和【删除】按钮。这些按钮分别执行进行编辑状态、取消编辑、更新数据和删除数据等操作。

(5) 默认情况下，GridView 控件以只读模式显示数据。若在 GridView 任务列表中将启用编辑功能前的复选框选上则启用了编辑功能。处于编辑模式时，则被编辑行的位置不再显示文本，而是显示可编辑控件(如 TextBox、CheckBox 等控件)。此时，用户可以在可编

第 10 章　ASP .NET 数据绑定控件的使用(1)

辑控件中直接编辑数据。单击【取消】按钮，可以取消编辑操作，单击【更新】按钮，将把编辑的结果提交到数据库中。

(6) 如果不设定 SqlDataSource 控件对象的 UpdateCommand 和 DeleteCommand 属性值，则不支持数据的更新和删除操作。

(7) GridView 控件内置了排序功能，能够对显示的数据按列排序。若要启用 GridView 控件的排序功能，只要把它的 AllowSorting 属性的值设置为"True"或者在【GridView 任务】菜单中勾选【启用排序功能】复选框即可。此时，GridView 控件把每一列的标题显示为链接。单击每一列的标题可以对该列数据进行排序。

(8) GridView 控件提供了内置分页功能，它能够以分页方式显示数据源中的数据。若要启用 GridView 控件的分页功能，只要把它的 AllowPaging 属性的值设置为"True"或者在【GridView 任务】菜单中勾选【启用分页功能】复选框即可。

练习 6：使用 GridView 控件实现数据绑定，并显示用户表中的所有数据

**操作任务：**

设计 Web 程序 Exercise6.aspx，要求在 Exercise6.aspx 中使用 GridView 控件，并为 GridView 控件选择数据源 SqlDataSource1 并实现数据绑定，最终在该控件中显示 Users 表的全部数据。运行效果如图 10-25 所示。

图 10-25　Exercises6.aspx 的运行效果

**操作提示：**

参照任务 3 自行完成。

## 任务 4：使用 DetailsView 控件维护学生成绩表

**操作任务：**

设计 Web 程序 Task4.aspx，要求在 Task4.aspx 中使用 DetailsView Web 控件，并为 DetailsView 控件绑定数据源 SqlDataSource1，最终在该控件中显示 Exam 表的全部数据。

(1) Task4.aspx 初始运行界面如图 10-26(a)所示。

(2) 在学号为 S2007101 下单击【编辑】按钮后如图 10-26(b)所示。

219

(3) 将学号为 S2007101 的 Maths 成绩修改为 89，然后单击【更新】按钮，修改后数据信息如图 10-26(c)所示。查看 Exam 表，验证修改操作是否成功。

(a) 初始运行界面

(b) 在当前记录下单击【编辑】按钮

(c) 修改 Maths 成绩为 89

图 10-26  Task4.aspx 的运行效果

(4) 单击【删除】按钮，删除数据表 Exam 中学号为 S2007103 的记录信息。查看 Exam 表，验证学号为 S2007103 的记录信息是否被成功删除。

**解决方案：**

Task4.aspx 页面使用表 10-11 所示的 Web 服务器控件完成指定的开发任务。

表 10-11  Task4.aspx 中使用的 Web 服务器控件

| 类　型 | ID | 说　明 |
| --- | --- | --- |
| DetailsView | DetailsView1 | DetailsView 控件对象 |

**操作步骤：**

(1) 打开 Chapter10 ASP .NET 网站，新建名为 Task4.aspx 的 Web 窗体文件。

(2) 设计 Task4.aspx 页面。从【工具箱】的【数据】组中拖入一个 DetailsView 控件，在 Task4.aspx 页面中生成一个 DetailsView 对象。单击 DetailsView 对象的智能标记，展开【DetailsView 任务】菜单，选择【选择数据源】命令，建立数据源连接 WebJWDB 数据库中的 Exam 数据表，实现绑定。如任务 3 的步骤(2)至步骤(4)分别在 SqlDataSource1 对象和 DetailsView1 对象的【属性】窗口设置 SqlDataSource1 对象的属性和 DetailsView1 对象的属性，并勾选【启用分页】、【启用插入】、【启用编辑】和【启用删除】复选框。最后的 Task4.aspx 页面设计效果如图 10-27 所示。

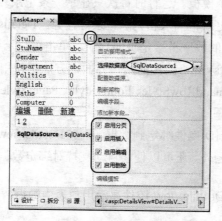

图 10-27　Task4.aspx 页面设计效果

(3) 保存并运行 Task4.aspx 文件，观察运行效果。

**操作小结：**

(1) 详细视图控件 DetailsView 能够实现显示、编辑、插入或删除数据源中的一条记录，且每一次只能显示或操作一条记录。DetailsView 控件使用表格对控件的内容进行布局，并且数据源中的每一个字段独占一行。

(2) DetailsView 控件可以自动对其关联数据源中的数据进行分页，但前提是数据由支持 ICollection 接口的对象表示或基础数据源支持分页。DetailsView 控件提供用于在数据记录之间导航的用户界面(UI)。将 AllowPaging 属性设置为"True"可启用 DetailsView 控件的分页行为。

(3) DetailsView 控件提供了以下用于绑定到数据的选项：使用 DataSourceID 属性进行数据绑定，此选项能够将 DetailsView 控件绑定到数据源控件。建议使用此选项，因为它允许 DetailsView 控件利用数据源控件的功能并提供了内置的更新和分页功能。

(4) 将 AutoGenerateEditButton 属性设置为"True"可以启用 DetailsView 控件的编辑功能。除呈现数据字段外，DetailsView 控件还将呈现一个【编辑】按钮。单击【编辑】按钮可使 DetailsView 控件进入编辑模式。在编辑模式下，DetailsView 控件的 CurrentMode 属性会从"ReadOnly"更改为"Edit"，并且该控件的每个字段都会呈现其编辑用户界面，如文本框或复选框等。还可以使用样式、DataControlField 对象和模板自定义编辑用户界面。

(5) 可以将 DetailsView 控件配置为显示【删除】和【插入】按钮，以便从数据源删除相应的数据记录或插入一条新的数据记录。与 AutoGenerateEditButton 属性相似，如果在 DetailsView 控件上将 AutoGenerateInsertButton 属性设置为"true"，该控件就会呈现一个【新建】按钮。单击【新建】按钮时，DetailsView 控件的 CurrentMode 属性会更改为"Insert"。DetailsView 控件会为每个绑定字段呈现相应的用户界面输入控件，除非绑定字段的 InsertVisible 的属性设置为"False"。

(6) DetailsView 控件通过模板提供了其他自定义方法，可以更多地控制某些元素的呈现。可以为 DetailsView 控件定义自己的 EmptyDataTemplate、HeaderTemplate、

FooterTemplate 和 PagerTemplate 属性。还可为通过将 TemplateField 对象添加到 Fields 集合中为单个字段创建一个模板。运行时每次只显示一条记录。DetailsView 控件依赖于数据源控件的功能执行诸如更新、插入和删除记录等任务。DetailsView 控件不支持排序。

（7）在图 10-26 中显示的数字链接是页面导航，单击可显示记录的分页信息。

（8）可以自定义 DetailsView 控件的用户界面，方法是使用 HeaderStyle、RowStyle、AlternatingRowStyle、CommandRowStyle、FooterStyle、PagerStyle 和 EmptyDataRowStyle 这样的样式属性。

（9）当使用 DataSourceID 属性绑定到数据源时，DetailsView 控件支持双向数据绑定。除可以使该控件显示数据之外，还可以使它自动支持对绑定数据的插入、更新和删除操作。

练习 7：使用 DetailsView 控件显示用户表中数据

**操作任务：**

设计 Web 程序 Exercise7.aspx，要求在 Exercise7.aspx 中使用 DetailsView 控件，并为 DetailsView 控件绑定数据源 SqlDataSource1，最终在该控件中显示 Users 表中所有数据。运行效果如图 10-28 所示。

图 10-28　Exercises7.aspx 的运行效果

**操作提示：**

新建 Exercises7.aspx，创建 DetailsView 控件对象。选择数据源建立连接，连接数据库 WebJWDB 中的数据表 Users。

**操作步骤：**

参照任务 4 自行完成。

学习小结

通过本章您学习了：

（1）通过 SqlDataSource 控件，可以使用 Web 服务器控件方便地访问在 SQL Server 下创建的数据库数据，并且可以减少程序代码编写数量。

(2) 列表类控件进行数据绑定主要是从数据库中读出数据。

(3) GridView Web 控件以表的形式显示数据，并提供对列进行排序、分页、翻阅数据以及编辑或删除单个记录的功能。

(4) DetailsView Web 控件一次呈现一条表格形式的记录，并提供翻阅多条记录以及插入、更新和删除记录的功能。

习题

一、单选题

1．下列_____控件创建一个无序或有序(编号的)的选项列表。
    A．SqlDataSource    B．DropDownList    C．BulletedList    D．RadioButton
2．下列 SqlDataSource 控件属性中，不能打开命令和参数编辑器对话框的是_____属性。
    A．DeleteQuery    B．SelectQuery    C．InsertQuery    D．ProviderName
3．下列_____属性用于指定 Web 服务器控件绑定到数据源的属性。
    A．DataSourceID                B．DataValueField
    C．DataTextField               D．SelectedIndexChanged
4．DropDownList Web 控件是一个下拉式的选单，功能和 RadioButtonList Web 控件很类似，提供使用者在一组选项中选择_____。
    A．多个值    B．单一值    C．默认多值    D．空值
5．详细视图控件 DetailsView 能够实现显示、编辑、插入或删除数据源中的一条记录，且每一次只能显示或操作_____条记录。
    A．零    B．一    C．两    D．多

二、填空题

1．默认情况下，GridView 控件以_____模式显示数据。
2．GridView 控件都提供了数据排序功能，能够对所显示的数据按列_____排序，但必须在其任务列表中_____。
3．DetailsView 控件支持_____数据绑定。
4．数据绑定技术实现把 Web 页面(包括其控件或其他元素)和_____无缝地连接到一起。
5．GridView 控件的 Columns 属性表示该控件中_____的集合。

三、思考题

1．DropDownList 控件中 DataValueField 属性和 DataTextField 属性的区别是什么？
2．使用 SqlDataSource 控件连接到数据库的主要属性是什么？
3．简述 GridView 控件和 DetailsView 控件的异同。

## 四、实践题

1. 设计 Web 程序 Practice1.aspx，要求使用 CheckBoxList 控件并为该控件新数据源 SqlDataSource1 实现数据绑定，最终在该控件中显示 Categories 表的 CategoryName 列。其设计布局如图 10-29 所示，运行效果如图 10-30 所示。

图 10-29　Practice1.aspx 的设计布局

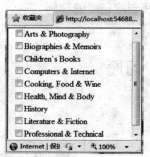

图 10-30　Practice1.aspx 运行效果

2. 设计 Web 程序 Practice2.aspx，要求使用 GridView 控件并为该控件新建数据源 SqlDataSource1 实现数据绑定，最终在该控件中显示 WebBookshopDB 数据库中 Categories 数据表的所有数据，并实现删除、修改操作。其设计布局如图 10-31 所示，运行效果如图 10-32 所示。

图 10-31　Practice2.aspx 的设计布局

图 10-32　Practice2.aspx 运行效果

3. 设计 Web 程序 Practice3.aspx，要求使用 DetailsView 控件并为该控件新建数据源 SqlDataSource1 实现数据绑定，最终在该控件中显示 WebBookshopDB 数据库中 Categories 数据表的所有数据，并实现删除、修改操作。其设计布局如图 10-33 所示，运行效果如图 10-34 所示。

图 10-33　Practice3.aspx 的设计布局

图 10-34　Practice3.aspx 运行效果

第 11 章

# ASP .NET 数据绑定控件的使用(2)

**通过本章您将学习：**

- 使用 DataList Web 控件实现数据绑定
- 使用 Repeater Web 控件实现数据绑定
- 使用 FormView Web 控件实现数据绑定
- 使用 ListView Web 控件实现数据绑定

(1) DataList 控件是一种迭代控件。它不但可以某种格式重复显示数据，而且还能够将样式应用于这些数据。另外，DataList 控件的属性 RepeatDirection 可以控制项的布局方向，默认是 Vertical(垂直方向显示)，也可以更改为 Horizontal(水平方向显示)。DataList 控件支持模板，并且还为这些模板提供相应的样式。

(2) Repeater 控件是一个数据容器控件，和数据列表控件 DataList 类似，都能以表格形式显示数据源的数据。若该控件的数据源为空，则什么都不显示。该控件允许用户创建自定义列，并且还能够为这些列提供布局。然而，Repeater 控件本身不提供内置呈现功能。若该控件需要呈现数据，则必须为其提供相应的布局。Repeater 控件最主要的用途是可以将数据依照制定的格式逐一显示出来。只要将想要显示的格式预先定义好，Repeater Web 控件就会依照模板显示。使用模板可以让数据更容易、更美观地呈现给使用者。

支持模板的 Web 控件有 Repeater、DataList、FormView、GridView 和 ListView 控件。DataList 控件和 Repeater 控件有点类似，但 DataList 控件除了可以将数据依照所制定的样板显示出来外，还可以进行 Repeater 控件无法做到的数据编辑。

(3) FormView 控件使用模板对控件的内容进行布局，这种布局方式比 DetailsView 控件灵活。FormView 控件用于显示数据源中的单个记录。该控件与 DetailsView 控件类似，只是它显示用户定义的模板而不是行字段。创建自己的模板可以更灵活地控制数据的显示方式。

(4) ListView 控件是 ASP .NET 3.5 提供了一个新的控件，为显示和操作数据库提供了基于模板的布局方案。它提供了非常优秀的自定义和扩展特性，使用这些特性，可以以任何格式显示数据，使用模板和样式，同时用最少的代码执行数据库查询及维护操作。由于其布局的灵活性，ListView 控件和 Repeater 控件类似，无法可视化设计模板，只能在源视图下通过代码定义。但 ListView 控件提供了几套内置样式，可以直接配置使用。

## 任务 1：使用 DataList 控件实现对 Exam 表的数据绑定，并对表中数据执行显示、修改、删除等操作

**操作任务：**

设计 Web 程序 Task1.aspx，要求在 Task1.aspx 中使用 DataList 控件实现对 WebBookshopDB 数据库中 Exam 表的绑定，并可对表中数据执行显示、修改、删除等操作。

(1) Task1.aspx 初始运行效果如图 11-1(a)所示。

(2) 单击学号为 S2007101 数据行下方的【edit】按钮，将姓名 Maths 成绩修改为 92，如图 11-1(b)所示。

(3) 单击【update】按钮，将修改后数据信息提交到数据库，如图 11-1(c)所示。查看 Exam 表，验证修改操作是否成功。

(4) 单击学号为 S2007103 的数据行下方的【edit】按钮，在命令按钮中单击【delete】按钮，删除表 Exam 中学号为 S2007103 的记录信息。删除数据后数据信息如图 11-1(d)所示。查看 Exam 表，验证学号为 S2007103 的记录信息是否被成功删除。

# 第 11 章 ASP .NET 数据绑定控件的使用(2)

(a) 初始运行效果

(b) 修改 Maths 成绩为 92

(c) 信息修改成功

(d) 学号为 S2007103 的数据被删除

图 11-1 Task1.aspx 的运行效果

**解决方案：**

Task1.aspx 页面使用表 11-1 所示的 Web 服务器控件完成指定的开发任务。

表 11-1 Task1.aspx 中使用的 Web 服务器控件

| 类　　型 | ID | CommandName | 说　　明 |
| --- | --- | --- | --- |
| DataList | DataList1 | | DataList 对象控件 |
| LinkButton | EditButton | Edit | 【编辑】按钮 |
| LinkButton | Update | Update | 【更新】按钮 |
| LinkButton | Delete | Delete | 【删除】按钮 |
| LinkButton | Cancel | Cancel | 【退出】按钮 |
| Textbox | StuID | | 绑定数据表中学号字段 |
| Textbox | StuName | | 绑定数据表中姓名字段 |
| Textbox | Gender | | 绑定数据表中性别字段 |
| Textbox | Department | | 绑定数据表中院系字段 |
| Textbox | Politics | | 绑定数据表中政治成绩字段 |
| Textbox | English | | 绑定数据表中英语成绩字段 |
| Textbox | Maths | | 绑定数据表中数学成绩字段 |
| Textbox | Computer | | 绑定数据表中计算机成绩字段 |

**操作步骤：**

(1) 使用数据库脚本重新创建数据库 WebBookshopDB 和 WebJWDB 及其中的数据表。(具体步骤参看第 8 章相应内容，另本章其他部分在涉及该数据库时将不再赘述)。

(2) 运行 Microsoft Visual Studio 2010 应用程序。

(3) 创建本地 ASP .NET 空网站：C:\ASPNET\Chapter11。

(4) 新建"单文件页模型"的 Web 窗体：Task1.aspx。

(5) 设计 Task1.aspx 页面。单击【设计】标签，选择【工具箱】的【数据】组中 DataList 控件，在 Task1.aspx 页面中生成一个 DataList 对象。在【DataList 任务】菜单中选择【选择数据源】命令，新建数据源并绑定到数据库 WebJWDB 中的 Exam 表(详见第 10 章任务 3)。绑定成功后，在 DataList 控件对象的下方自动生成一个 SqlDataSource 对象。

(6) 在 DataList 控件对象的【属性】面板中单击事件按钮，添加 DataList 控件对象的事件如图 11-2 所示。

(7) 编辑页面中 DataList 控件的 ItemTemplate 模板属性。在设计视图下，单击 DataList 控件对象的智能标记，展开【DataList 任务】菜单，选择【编辑模板】命令。在随后打开的 DataList1 下的项模板【ItemTemplate】中，添加一个 Text 属性为 "edit" 的 LinkButton 控件，在 "Edit" LinkButton 控件的 CommandName 属性处输入 "edit"，具体参见图 11-3 所示。

图 11-2　DataList 控件事件设置　　图 11-3　编辑 ItemTemplate 模板

(8) 编辑页面中 DataList 控件的【EditItemTemplate】模板属性。单击 DataList 控件对象项模板的智能标记，打开【DataList 任务模板编辑模式】。选择【显示】列表中的【EditItemTemplate】模板，在随后打开的 DataList1 项模板的编辑模板【EditItemTemplate】中添加 8 个 TextBox 控件对象和 3 个 LinkButton 控件，并按照表 11-1 设置其属性。【EditItemTemplate】模板的设计效果如图 11-4 所示。

(9) 在源代码编辑窗口添加 Edit_Command、Cancel_Command、Delete_Command 和 Update_Command 事件函数的代码。在事件函数中加入如下粗体阴影语句，最后 Task1.aspx 页面的设计效果如图 11-5 所示。

# 第11章 ASP.NET 数据绑定控件的使用(2)

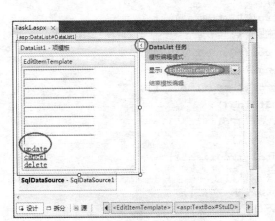

图 11-4  EditItemTemplate 模板设计效果

图 11-5  Task1.aspx 的设计界面

```
<script runat="server">
protected void Cancel_Command(object source, DataListCommandEventArgs e)
{
    DataList1.EditItemIndex = -1;
    //DataList1 中要编辑的选定项的索引号为-1,即取消对项的选定
    DataList1.DataBind();//为DataList1 执行数据绑定操作
}
protected void Delete_Command(object source, DataListCommandEventArgs e)
{
    TextBox textBox1 =(TextBox)(e.Item.FindControl("StuID"));
    //在 e.Item 中查找一个 ID 为 "StuID" 的 TextBox 控件并回送给 textBox1 对象
    string item = textBox1.Text.ToString();
    //将 textBox1 的文本取出送给 item,即取出将要删除学生的学号
    SqlDataSource1.DeleteCommand = "delete from Exam where StuID='" + item
+ "'";
    //定义删除所指定学号的删除命令
    SqlDataSource1.Delete();//执行删除操作
    Response.Write("已经删除学号为:" + item + "的学生信息。");
    //将已经删除学生的学号在页面开始位置写出
    DataList1.EditItemIndex = -1;
    DataList1.DataBind();
}
protected void Edit_Command(object source, DataListCommandEventArgs e)
{
    DataList1.EditItemIndex = e.Item.ItemIndex;
    DataList1.DataBind();
}
protected void Update_Command(object source, DataListCommandEventArgs e)
{
    TextBox t1;
    t1=(TextBox)(e.Item.FindControl("StuID"));
```

```
        string stuID=t1.Text.ToString();
        t1 = (TextBox)(e.Item.FindControl("StuName"));
        string stuName = t1.Text.ToString();
        t1 = (TextBox)(e.Item.FindControl("Gender"));
        string gender = t1.Text.ToString();
        t1 = (TextBox)(e.Item.FindControl("Department"));
        string department = t1.Text.ToString();
        t1 = (TextBox)(e.Item.FindControl("Politics"));
        string politics = t1.Text.ToString();
        t1 = (TextBox)(e.Item.FindControl("English"));
        string english = t1.Text.ToString();
        t1 = (TextBox)(e.Item.FindControl("Maths"));
        string maths = t1.Text.ToString();
        t1 = (TextBox)(e.Item.FindControl("Computer"));
        string computer = t1.Text.ToString();
        SqlDataSource1.UpdateCommand = "update Exam set stuName='" +
        stuName +"',Gender='" + gender + "',Department='" + department +
        "',Politics='" + politics +"',English='" + english +"',Maths='" + maths +
        "',Computer='" + computer + "' where StuID='"+stuID+"'";
        //定义修改所指定学号的更新命令，注意不能更改学生学号
        SqlDataSource1.Update();//执行更新操作,即将修改的结果回送数据库
        DataList1.EditItemIndex = -1;
        DataList1.DataBind();
    }
    protected void LinkButton1_Click(object sender, EventArgs e)
    {
        //定义 Edit 按钮时的单击事件,以进入编辑界面
    }
</script>
```

(10) 保存并运行 task1.aspx，观察运行效果。

**操作小结：**

(1) DataList 控件的使用语法如下。

```
<ASP:DataList  Id="被程序代码所控制的名称"  Runat="Server"
CellPadding="像素"CellSpacing="像素"  DataKeyField="数据源的主键字段"
DataSourceID='<%#数据系结叙述%>' GridLines="None | Horizontal | Vertical | Both"
RepeatColumns="ColumnCount"  RepeatDirection="Vertical | Horizontal"
RepeatLayout="Flow | Table" ShowFooter="True | False" ShowHeader="True | False"
OnSCancelCommand="事件程序"  OnDeleteCommand="事件程序"
OnEditCommand="事件程序"   OnItemCommand="事件程序"
OnItemCreated="事件程序"   OnUpdateCommand="事件程序">
<Template Name="模板名称">以 HTML 所定义的模板</Template >
```

其他模板定义方法如下。

```
AlternatingItemStyle-Property="value"  EditItemStyle-Property="value"
FooterStyle-Property="value"  HeaderStyle-Property="value"
ItemStyle-Property="value"  SelectedItemStyle-Property="value"
SeparatorStyle-Property="value"
</ASP:DataList>
```

(2) DataList 控件提供了大量的属性如 GridLines、RepeatColumns、RepeatDirection、ShowHeader、ShowFooter 等，通过这些属性可以设置控件的行为、样式、外观。

(3) DataList 控件提供了 5 个静态只读字段，它们分别表示选择、编辑、更新、取消和删除命令的名称，如表 11-2 所示。

表 11-2　DataList 控件的字段

| 字　　段 | 描　　述 |
| --- | --- |
| SelectCommandName | 【选择】命令名，只读字段 |
| EditCommandName | 【编辑】命令名，只读字段 |
| UpdateCommandName | 【更新】命令名，只读字段 |
| CancelCommandName | 【取消】命令名，只读字段 |
| DeleteCommandName | 【删除】命令名，只读字段 |

(4) DataList 控件支持 7 种模板：HeaderTemplate、FooterTemplate、ItemTemplate、AlternatingItemTemplate、EditItemTemplate、SelectedItemTemplate 和 SeparatorTemplate，它们的具体说明如表 11-3 所示。

表 11-3　DataList 控件的模板

| 模板或样式名称 | 描　　述 |
| --- | --- |
| ItemTemplate | 项的模板，定义列表中项目的内容和布局，必选 |
| AlternatingItemTemplate | 交替项的模板，确定替换项的内容和布局 |
| EditItemTemplate | 编辑项的模板，确定正在编辑项目的内容和布局 |
| HeaderTemplate | 标题部分的模板，确定列表标题的内容和布局 |
| FooterTemplate | 脚注部分的模板，确定列表脚注的内容和布局 |
| SelectedItemTemplate | 选定项的模板，确定选中项目的内容和布局 |
| SeparatorTemplate | 各项间分隔项的模板，在各个项目(以及替换项)之间呈现分隔符 |
| ItemStyle | 项的样式属性 |
| AlternatingItemStyle | 交替项的样式属性 |
| EditItemStyle | 编辑项的样式属性 |
| HeaderStyle | 标题部分的样式属性 |
| FooterStyle | 脚注部分的样式属性 |
| SelectedItemStyle | 选定项的样式属性 |
| SeparatorStyle | 各项间分隔项的样式属性 |

(5) DataList 控件提供了对行的数据进行选择、编辑、更新、删除等操作相关的事件，如表 11-4 所示。

表 11-4　DataList 控件的事件

| 事　件 | 描　述 |
| --- | --- |
| ItemCommand | 单击控件中的按钮时发生 |
| ItemCreated | 控件创建项时发生 |
| ItemDataBound | 控件中的项被数据绑定之后发生 |
| EditCommand | 单击控件中的【编辑】按钮时发生 |
| CancelCommand | 单击控件中的【取消】按钮时发生 |
| UpdateCommand | 单击控件中的【更新】按钮时发生 |
| DeleteCommand | 单击控件中的【删除】按钮时发生 |
| SelectedIndexChanged | 在两次服务器发送之间，当控件中选择了不同的项时发生 |

(6) HeaderTemplate 和 FooterTemplate 模板分别呈现 DataList 控件的标题部分和脚注部分。ItemTemplate 和 AlternatingItemTemplate(如果存在)模板交替呈现 DataList 控件的数据源中的数据项。如果不存在 AlternatingItemTemplate 模板，则显示 ItemTemplate 模板的内容。

(7) SeparatorTemplate 模板是 ItemTemplate 之间、AlternatingItemTemplate 之间或者两者之间的分隔项。SelectedItemTemplate 模板呈现控件中被选中的项的数据或控件。EditItemTemplate 模板呈现控件的编辑项的数据或控件。

(8) DataKeyField 属性指定 DataList 控件的数据源中的主键字段。

练习 1：使用 DataList 控件实现对 Exam 表的数据绑定，并显示表中的所有数据

**操作任务：**

设计 Web 程序 Exercise1.aspx，要求在 Exercise1.aspx 中使用 DataList 控件实现对 Exam 表的数据绑定，并显示 Exam 表中的所有数据。初始运行效果如图 11-6(a)所示；修改模板属性后运行效果如图 11-6(b)所示。

(a) 初始运行效果

(b) 修改模板属性后运行结果

图 11-6　Exercise1.aspx 的运行效果

**操作提示：**

(1) 新建的 Web 窗体文件 Exercise1.aspx 绑定数据时，选择连接数据库 WebJWDB 中的 Exam 数据表。

(2) 修改 DataList 控件对象的项模板，将其显示形式改为所有列连在一起显示，不再分行。

(3) 修改 DataList 控件对象的属性 ItemStyle：BorderColor 为#CC00CC、BorderStyle 为“Solid”、BorderWidth 为“2px”、ForeColor 为“#00C000”。

**操作步骤：**

参照任务 1 自行完成。

## 任务 2：使用 Repeater 控件实现对 Exam 表的数据绑定，并显示表中所有数据

**操作任务：**

设计 Web 程序 Task2.aspx，要求在 Task2.aspx 中使用 Repeater 控件实现数据绑定，显示学生成绩表 Exam 中的记录。运行效果如图 11-7 所示。

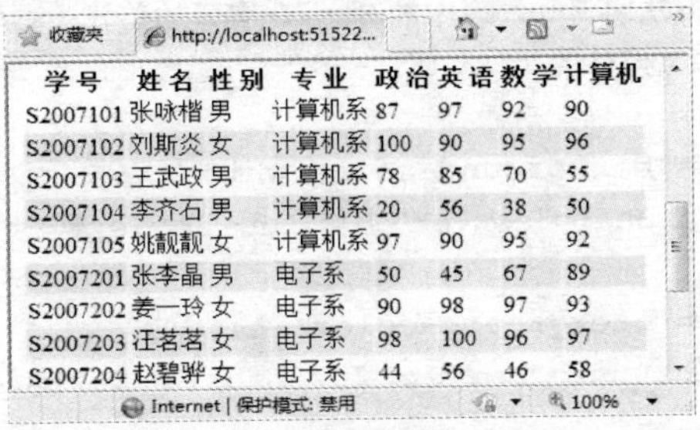


| 学号 | 姓名 | 性别 | 专业 | 政治 | 英语 | 数学 | 计算机 |
|---|---|---|---|---|---|---|---|
| S2007101 | 张咏楷 | 男 | 计算机系 | 87 | 97 | 92 | 90 |
| S2007102 | 刘斯炎 | 女 | 计算机系 | 100 | 90 | 95 | 96 |
| S2007103 | 王武政 | 男 | 计算机系 | 78 | 85 | 70 | 55 |
| S2007104 | 李齐石 | 男 | 计算机系 | 20 | 56 | 38 | 50 |
| S2007105 | 姚靓靓 | 女 | 计算机系 | 97 | 90 | 95 | 92 |
| S2007201 | 张李晶 | 男 | 电子系 | 50 | 45 | 67 | 89 |
| S2007202 | 姜一玲 | 女 | 电子系 | 90 | 98 | 97 | 93 |
| S2007203 | 汪茗茗 | 女 | 电子系 | 98 | 100 | 96 | 97 |
| S2007204 | 赵碧骅 | 女 | 电子系 | 44 | 56 | 46 | 58 |

图 11-7　Task2.aspx 的运行效果

**解决方案：**

Task2.aspx 页面使用表 11-5 所示的 Web 服务器控件完成指定的开发任务。

表 11-5　Task2.aspx 中使用的 Web 服务器控件

| 类　型 | ID | 说　明 |
|---|---|---|
| Repeater | Repeater1 | Repeater 控件对象 |

**操作步骤：**

(1) 打开 Chapter11 的 ASP .NET 网站，新建名为 Task2.aspx 的 Web 窗体文件。

(2) 设计 Task2.aspx 页面。选择【工具箱】的【数据】组中的 Repeater 控件，在 Task2.aspx 页面中生成一个 Repeater 对象。选择【Repeater 任务】菜单的【选择数据源】命令，新建数据源 SqlDataSource1。绑定数据源到 WebJWDB 数据库的 Exam 表，显示所有列字段信息。

(3) 在 ASP .NET 控件对象 Repeater1 中加入如下粗体阴影语句，以实现使用 Repeater Web 控件对绑定数据进行显示，即显示 WebJWDB 数据库中 Exam 表的所有记录信息。

```
<asp:Repeater ID="Repeater1" runat="server" DataSourceID="SqlDataSource1">
    <HeaderTemplate><!--标题模板-->
        <table style="border:1">
        <tr>
        <th> 学 号 </th><!--对要显示的表头部分进行设置-->
        <th> 姓 名 </th>
        <th> 性 别 </th>
        <th> 专 业 </th>
        <th> 政 治 </th>
        <th> 英 语 </th>
        <th> 数 学 </th>
        <th> 计算机</th>
        </tr>
    </HeaderTemplate>
    <ItemTemplate><!--设置项模板-->
        <tr><!--设置每一行的数据显示样式及内容-->
        <td style="background-color:white">
        <asp:Label runat="server" ID="Label1" Text='<%# Eval("StuID")%>' />
        <!--Eval 方法将 Exam 表中的 StuID 字段的值作为参数并将其作为字符串
        返回给 Label 控件的 Text 属性-->
        </td>
        <td style="background-color:white">
        <asp:Label runat="server" ID="Label2" Text='<%# Eval("StuName") %>' />
        </td>
        <td style="background-color:white">
        <asp:Label runat="server" ID="Label3" Text='<%# Eval("Gender")%>' />
        </td>
        <td style="background-color:white">
        <asp:Label runat="server" ID="Label4" Text='<%# Eval("Department") %>' />
        </td>
        <td style="background-color:white">
        <asp:Label runat="server" ID="Label5" Text='<%# Eval("Politics") %>' />
        </td>
        <td style="background-color:white">
        <asp:Label runat="server" ID="Label6" Text='<%# Eval("English") %>' />
        </td>
        <td style="background-color:white">
        <asp:Label runat="server" ID="Label7" Text='<%# Eval("Maths")%>' />
        </td>
        <td style="background-color:white">
        <asp:Label runat="server" ID="Label8" Text='<%# Eval("Computer") %>' />
        </td>
        </tr>
        <br />
    </ItemTemplate>
    <AlternatingItemTemplate><!--设置交替项模板-->
        <tr>
        <td style="background-color:#FFFF99">
```

```
                <asp:Label runat="server" ID="Label9" Text='<%# Eval("StuID")%>' />
            </td>
            <td style="background-color: #FFFF99">
                <asp:Label runat="server" ID="Label10" Text='<%# Eval("StuName") %>' />
            </td>
            <td style="background-color: #FFFF99">
                <asp:Label      runat="server"      ID="Label11"       Text='<%# Eval("Gender")%>' />
            </td>
            <td style="background-color: #FFFF99">
                <asp:Labelrunat="server"ID="Label12"Text='<%# Eval("Department")%>' />
            </td>
            <td style="background-color: #FFFF99">
                <asp:Label runat="server" ID="Label13" Text='<%# Eval("Politics")%>' />
            </td>
            <td style="background-color: #FFFF99">
                <asp:Label runat="server" ID="Label14" Text='<%# Eval("English")%>' />
            </td>
            <td style="background-color: #FFFF99">
                <asp:Label runat="server" ID="Label15" Text='<%# Eval("Maths")%>' />
            </td>
            <td style="background-color: #FFFF99">
                <asp:Label runat="server" ID="Label16" Text='<%# Eval("Computer")%>' />
            </td>
        </tr>
        <br />
    </AlternatingItemTemplate>
    <FooterTemplate>
        </table>
    </FooterTemplate>
</asp:Repeater>
```

(4) 保存并运行 Task2.aspx 文件，观察运行效果。

**操作小结：**

(1) Repeater Web 控件的使用语法如下。

```
<ASP:Repeater Id="被程序代码所控制的名称" Runat="Server"
DataSourceID='<%# 数据源绑定%>' >
<Template Name="模板名称"> 以 HTML 所定义的模板 </Template >
其他模板定义...
</ASP:Repeater>
```

(2) Repeater 控件支持五种模板：HeaderTemplate、FooterTemplate、AlternatingItem Template、ItemTemplate 和 SeparatorTemplate，不支持 EditItemTemplate、SelectedItem Template 模板。具体见表 11-6 所示。

表 11-6  Repeater 控件的模板

| 模板名称 | 描述 |
| --- | --- |
| ItemTemplate | 项模板，定义如何显示控件中的项 |
| AlternatingItemTemplate | 交替项模板，定义如何显示控件中的交替项 |
| HeaderTemplate | 头模板，定义如何显示控件的标头部分 |
| FooterTemplate | 脚注模板，定义如何显示控件的注脚部分 |
| SeparatorTemplate | 分割模板，定义如何显示各项之间的分隔符 |

HeaderTemplate 和 FooterTemplate 模板分别在 Repeater 控件的开始和结束处呈现文本和控件。ItemTemplate 和 AlternatingItemTemplate(如果存在)模板交替呈现 Repeater 控件的数据源中的数据项。如果不存在 AlternatingItemTemplate 模板，则重复显示 ItemTemplate 模板的内容。SeparatorTemplate 模板是 ItemTemplate 之间、AlternatingItem Template 之间或者两者之间的分割项。

(3) 本任务使用了 Repeater 控件的 ItemTemplate、AlternatingItemTemplate、Header Template、FooterTemplate 模板显示数据。

(4) ItemTemplate 模板设定了背景色，AlternatingItemTemplate 没有设定背景色。可修改不同属性值，定义不同的显示样式。

 练习 2：使用 Repeater 控件绑定 Categories 表并将表中数据按自定义样式显示

**操作任务：**

设计 Web 程序 Exercise2.aspx，要求在 Exercise2.aspx 中使用 Repeater 控件绑定 Categories 表并将表中数据按自定义样式显示。Exercise2.aspx 运行效果如图 11-8 所示。

图 11-8  Exercise2.aspx 的运行结果

**操作提示：**

在项模板【ItemTemplate】中，设置背景色 background-color 为"#99CCFF"。而在交替项模板【AlternatingItemTemplate】中，设置背景色 background-color 为"#FFFF99"。

**操作步骤：**

参照任务 2 自行完成。

# 任务 3：使用 FormView 控件绑定 Exam 表，并显示表中指定字段的全部数据

**操作任务：**

设计 Web 程序 Task3.aspx，要求在 Task3.aspx 中使用 FormView 控件绑定 Exam 表，并显示表中 StuID、StuName 和 Gender3 个字段全部数据。运行效果如图 11-9 所示。

**解决方案：**

Task3.aspx 页面使用表 11-7 所示的 Web 服务器控件完成指定的开发任务。

表 11-7  Task3.aspx 中使用的 Web 服务器控件

| 类　型 | ID | 说　明 |
| --- | --- | --- |
| FormView | FormView1 | FormView 对象控件 |

**操作步骤：**

(1) 打开 Chapter11 的 ASP .NET 网站，新建名为 Task3.aspx 的 Web 窗体文件。

(2) 设计 ASP .NET 页面。选择【工具箱】的【数据】组中 FormView 控件，在 Task3.aspx 页面中生成一个 FormView 控件对象。选择【FormView 任务】菜单的【选择数据源】命令，新建数据源 SqlDataSource1，并绑定到 WebJWDB 数据库的 Exam 表，显示 StuID、StuName 和 Gender3 个列字段信息。勾选【启用分页】复选框，最后的 ASP .NET 页面编辑效果如图 11-10 所示。

图 11-9  Task3.aspx 的运行效果

图 11-10  Task3.aspx 的设计界面

(3) 保存并运行 Task3.aspx，观察运行效果。

**操作小结：**

(1) 要使 FormView 控件显示内容，需要为该控件的不同部分创建模板。FormView 控件可以创建的不同模板有 EditItemTemplate、EmptyDataTemplate、FooterTemplate、HeaderTemplate、ItemTemplate、InsertItemTemplate 和 PagerTemplate。

(2) FormView 控件可以绑定到数据源控件(如 SqlDataSource、AccessDataSource、ObjectDataSource 等)。若要绑定到数据源控件，需要将 FormView 控件的 DataSourceID 属性设置为数据源控件的 ID 值。FormView 控件自动绑定到指定的数据源控件，并且可以利用数据源控件的功能执行插入、更新、删除和分页功能。这是绑定到数据的首选方法。若要绑定到实现 System.Collections.IEnumerable 接口的数据源，则以编程方式将 FormView

控件的 DataSource 属性设置为该数据源，然后调用 DataBind 方法。使用此方法时，FormView 控件不提供内置插入、更新、删除和分页功能。需要使用适当的事件提供此功能。

（3）因为 FormView 控件使用模板，所以该控件不提供自动生成命令按钮以执行更新、删除或插入操作的方法，必须手动将这些命令按钮如【取消】、【删除】、【编辑】、【插入】、【新建】、【更新】等包含在适当的模板中。FormView 控件识别某些 CommandName 属性设置为特定值的按钮。

（4）FormView 控件提供分页功能，该功能使用户可以导航至数据源中的其他记录。启用时，页导航行显示在包含页导航控件的 FormView 控件中。将 AllowPaging 属性设置为"true"，则启用 FormView 控件的分页功能。可以通过设置 PagerStyle 和 PagerSettings 属性中所包含的对象的属性自定义页导航行。可以不使用内置页导航 UI，而使用 PagerTemplate 属性自定义 UI。

（5）可以通过设置 FormView 控件的不同部分的样式属性自定义该控件的外观。表 11-8 列出了不同的样式属性。

表 11-8　FormView 控件样式属性

| 样式属性 | 说　　明 |
| --- | --- |
| EditRowStyle | FormView 控件处于编辑模式时数据行的样式设置 |
| EmptyDataRowStyle | 数据源不包含记录时 FormView 控件中显示空数据行的样式设置 |
| FooterStyle | FormView 控件的脚注行的样式设置 |
| HeaderStyle | FormView 控件的标题行的样式设置 |
| InsertRowStyle | FormView 控件处于插入模式时数据行的样式设置 |
| PagerStyle | 启用分页功能时 FormView 控件中显示的页导航行的样式设置 |
| RowStyle | FormView 控件处于只读模式时数据行的样式设置 |

练习 3：使用 FormView 控件绑定 Exam 表并实现将输入数据插入到 Exam 表中

**操作任务：**

设计 Web 程序 Exercise3.aspx，要求在 Exercise3.aspx 中使用 FormView 控件绑定 Exam 表，并实现将数据插入到 Exam 表中。插入数据是学号为 S2007103、姓名为"王武政"、性别为"男"的记录。单击【插入】按钮后，查看 Exam 表，验证插入操作是否成功。初始运行效果如图 11-11(a)所示，添加数据效果如图 11-11(b)所示。

　　　（a）初始运行效果　　　　　　　　　（b）添加数据

图 11-11　Exercise3.aspx 的运行效果

**操作步骤：**

（1）打开 Chapter11 的 ASP .NET 网站，新建名为 Exercise3.aspx 的 Web 窗体文件。

(2) 设计 ASP .NET 页面。选择【工具箱】的【数据】组中 FormView 控件，在 Exercise3.aspx 页面中生成一个 FormView 控件对象。选择【FormView 任务】菜单的【选择数据源】命令，新建数据源 SqlDataSource1，绑定到 WebJWDB 数据库 Exam 表，然后打开 FormView 控件对象的属性窗口，设定【DefaultMode】属性值为"Insert"，如图 11-12 所示。

图 11-12　Exercise3.aspx 的设计界面

(3) 配置 SQL 语句。打开 SqlDataSource1 控件对象的【属性】窗口，选择【InsertQuery】属性，打开【命令和参数编辑器】窗口。使用【查询生成器】生成如下 SQL 语句：INSERT INTO Exam(StuID, StuName, Gender) VALUES (@StuID, @StuName, @Gender)或者直接在【INSERT 命令】下输入该 SQL 语句。

(4) 保存并运行 Exercise3.aspx，观察运行效果。

**操作小结：**

(1) 表单中只添加一条记录信息的 3 个字段值，并且学号项不能与数据表中已存在的数据重复，违反主键约束。若要添加更多字段值，则在创建数据源时选择更多字段即可。

(2) 记录的其他字段若没有给定值，则全部取空值"Null"，但前提是这些字段在数据库设计时允许其取空值"Null"。

## 任务 4：使用 ListView 控件绑定 Exam 表并实现对 Exam 表的数据显示、更新、插入及删除操作

**操作任务：**

设计 Web 程序 Task4.aspx，要求在 Task4.aspx 中使用 ListView 控件绑定 Exam 表并实现对 Exam 表的数据显示、更新、插入及删除操作。

(1) 初始运行效果如图 11-13(a)所示。

(2) 单击学号为 S2007101 的数据行的【编辑】按钮，将学号为 S2007101 的记录的 Maths 成绩修改为 92，如图 11-13(b)所示。单击【更新】按钮，数据更新如图 11-13(c)所示。查看 Exam 表，验证更新操作是否成功。

(3) 在插入记录区域输入一个学号为 2007001、姓名为"刘冰冰"、性别为"女"、系别为"计算机系"、Politics 成绩为 70、English 成绩为 80、Maths 成绩为 60、Computer 成绩为 90 的记录信息。单击【插入】按钮，插入信息情况如图 11-13(d)所示。查看 Exam 表，验证插入记录是否成功。

(4) 单击学号为 S2007001 的记录信息行的【删除】按钮,如图 11-13(d)所示,删除数据表 Exam 中新添加的记录。查看 Exam 表,验证学号为 S2007001 的记录信息是否被成功删除。

(a) 运行初始效果

(b) 修改学号为 S2007101 的学生信息

(c) 修改数据成功

(d) 删除数据

图 11-13 Task4.aspx 的运行效果

## 第 11 章 ASP.NET 数据绑定控件的使用(2)

**解决方案:**

Task4.aspx 页面使用表 11-9 所示的 Web 控件完成指定的开发任务。

表 11-9 Task4.aspx 中使用的 Web 服务器控件

| 类 型 | ID | 说 明 |
| --- | --- | --- |
| ListView | ListView1 | ListView 控件对象显示数据 |

**操作步骤:**

(1) 打开 Chapter11 的 ASP.NET 网站,新建名为 Task4.aspx 的 Web 窗体文件。

(2) 设计 ASP.NET 页面。选择【工具箱】的【数据】组中 ListView 控件,在 Task4.aspx 页面中生成一个 ListView1 控件对象。

(3) 选择数据源。在【ListView 任务】菜单中选择【选择数据源】下拉列表中的【新建数据源】命令,打开【数据源配置向导】对话框,选择数据源类型为"数据库"。单击【确定】按钮。

(4) 选择数据库。在随后的【配置数据源】对话框中选择 WebJWDB 数据库连接,单击【下一步】按钮。取消勾选【将连接保存到应用配置文件中】复选框,单击【下一步】按钮。

(5) 配置 Select 语句。在【配置 Select 语句】配置数据源向导对话框中的【名称】下拉列表中选择 Exam 数据表,在【列】下拉列表中勾选 "*" 复选框以显示所有字段。

(6) 基于 SELECT 语句生成 INSERT、UPDATE 和 DELETE 语句。单击【高级】命令按钮。在【高级 SQL 生成选项】对话框中,勾选【生成 INSERT、UPDATE 和 DELETE 语句】复选框,如图 11-14 所示,以生成附加的 INSERT、UPDATE 和 DELETE 语句来更新数据源。切换到【源】视图,观察系统自动生成的代码。

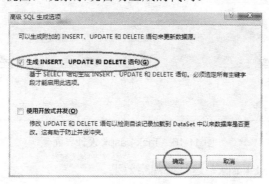

图 11-14 【高级 SQL 生成选项】对话框

(7) 配置 ListView。如图 11-15(a)所示,选择【ListView 任务】菜单中的【配置 ListView】命令,打开配置 ListView 对话框。如图 11-15(b)所示,选择网格布局和彩色型样式。并勾选【启用编辑】、【启用插入】、【启用删除】和【启用分页】复选框,启用 ListView1 控件对象的分页、编辑、插入和删除功能。切换到【源】视图,观察系统自动生成的代码。

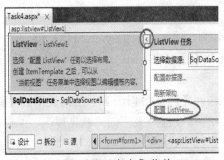
(a) 【ListView 任务】菜单

(b) 【配置 ListView】对话框

图 11-15　配置 ListView

最后的 ASP.NET 页面编辑效果如图 11-16 所示。

图 11-16　Task4.aspx 设计界面

(8) 保存并运行 Task4.aspx，运行并观察效果。

**操作小结：**

(1) ListView 控件无法可视化设计模板，但提供了几套内置的样式可以直接设置使用。但要显示自定义样式，必须在源视图中修改或编写相关代码。

(2) ListView 控件只使用指定的 HTML 描述，不使用额外的标记封装它的输出内容。使用 ListView 控件内置的模板就可以指定精确的标记。

(3) ListView 控件支持 11 种模板。具体如表 11-10 所示。

## 第 11 章 ASP.NET 数据绑定控件的使用(2)

表 11-10　ListView 控件支持的模板

| 模　板 | 名　称 | 功　能 |
| --- | --- | --- |
| AlternatingItemTemplate | 交替项目模板 | 用不同的标记显示交替的项目，便于查看者区别连续不断的项目 |
| EditItemTemplate | 编辑项目模板 | 控制编辑时的项目显示 |
| EmptyDataTemplate | 空数据模板 | 控制 ListView 数据源返回空数据时的显示 |
| EmptyItemTemplate | 空项目模板 | 控制空项目的显示 |
| GroupSeparatorTemplate | 组分隔模板 | 控制项目组内容的显示 |
| GroupTemplate | 组模板 | 为内容指定一个容器对象，如一个表行、div 或 span 组件 |
| InsertItemTemplate | 插入项目模板 | 用户插入项目时为其指定内容 |
| ItemSeparatorTemplate | 项目分隔模板 | 控制项目之间内容的显示 |
| ItemTemplate | 项目模板 | 控制项目内容的显示 |
| LayoutTemplate | 布局模板 | 指定定义容器对象的根组件，如一个 table、div 组件 |
| SelectedItemTemplate | 已选择项目模板 | 指定当前选中的项目内容的显示 |

最关键的两个模板是 LayoutTemplate 和 ItemTemplate，LayoutTemplate 为 ListView 控件指定了总的标记，而 ItemTemplate 指定的标记用于显示每个绑定的记录。

(4) DataPager 控件用于在 LayoutTemplate 模板中加入分页功能，为其指定 PageSize 属性可以指定每页显示的记录数。

(5) 在数据源配置中，勾选【高级 SQL 生成选项】对话框的【生成 INSERT、UPDATE 和 DELETE 语句】复选框，可自动创建出 INSERT、UPDATE 和 DELETE 语句来更新数据源。

练习 4：使用 ListView 控件绑定 Books 表并实现对表中数据的显示、更新、插入及删除操作

**操作任务：**

设计 Web 程序 Exercise4.aspx，要求在 Exercise4.aspx 中使用 ListView 控件绑定 Books 表并实现用自定义 SQL 语句对表中数据进行显示、更新、插入及删除操作。

(1) 初始运行效果如图 11-17(a)所示。

(2) 单击【编辑】按钮，修改书号(BookID)为 17 的记录的书名(Bookname)字段值，将其末尾的冒号删除，如图 11-17(b)所示。

(3) 单击【更新】按钮，更新数据如图 11-17(c)所示。查看 Books 表，验证更新操作是否成功。

(4) 单击【删除】数据按钮，删除数据表 Books 中书号(BookID)为 17 的记录信息，删除数据后数据信息如图 11-17(d)所示。查看 Books 表，验证 BookID 为 17 的记录信息是否被成功删除。

(a) 初始运行效果

(b) 修改数据

(c) 数据修改成功

(d) 删除一条记录

图 11-17　Exercise4.aspx 的运行效果

**解决方案：**

Exercise4.aspx 页面使用表 11-11 所示的 Web 窗体控件完成指定开发任务。

表 11-11　Exercise4.aspx 中使用的 Web 服务器控件

| 类　型 | ID | 说　明 |
| --- | --- | --- |
| ListView | ListView1 | ListView 控件对象显示数据 |

**操作提示：**

(1) 在配置数据源的【配置 Select 语句】页，选中【指定自定义 SQL 语句或者存储过程】单选按钮，如图 11-18(a)所示。单击【下一步】按钮，在【定义自定义 SQL 语句或存储过程】页中输入如下 SQL 语句，如图 11-18(b)所示。

```
SELECT 语句：SELECT BookID as 书号,Bookname as 书名 FROM [Books]
UPDATE 语句：UPDATE Books SET Bookname = @书名 WHERE (BookID = @书号)
DELETE 语句：DELETE FROM Books WHERE (BookID = @书号)
```

(2) 在【配置 ListView】页，选择专业型样式，设置分页导航方式为"数字页导航"。

**操作步骤：**

参照任务 4 自行完成。

# 第 11 章  ASP.NET 数据绑定控件的使用(2)

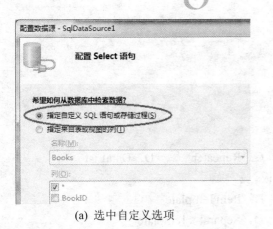

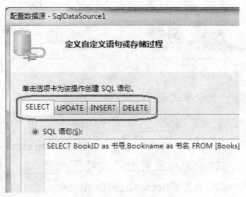

(a) 选中自定义选项　　　　　　　　　　(b) 输入自定义语句

图 11-18　自定义 SQL 语句

学习小结

通过本章您学习了：

(1) 通过上一章和本章学习了 6 个可以进行数据批量显示或者操作的数据控件 GridView、DataList、ListView、Repeater、DetailsView 和 FormView。其中前 4 个用于呈现多列数据，后面两个用于呈现单列数据，即常用的数据明细。

(2) GridView 和 DetailsView 控件的布局固定，自定义数据显示的布局功能有限，一般适合布局简单的数据呈现。

(3) DataList、Repeator、FormView 和 ListView 数据控件都有很强的自定义布局能力，如果数据呈现需要较为复杂的布局方案，则这 4 个控件是首选。

(4) GridView 控件以表的形式显示数据，并提供对列进行排序、分页、翻阅数据以及编辑或删除单个记录的功能。

(5) DetailsView 控件一次呈现一条表格形式的记录，并提供翻阅多条记录以及插入、更新和删除记录的功能。

(6) DataList 控件以表的形式呈现数据，通过该控件，可以使用不同的布局来显示数据记录。

(7) Repeater 控件使用数据源返回的一组记录呈现只读列表。

(8) FormView 控件与 DetailsView 控件类似，FormView 控件一次呈现数据源中的一条记录，并提供翻阅多条记录以及插入、更新和删除记录的功能。FormView 控件与 DetailsView 控件之间的差别在于：DetailsView 控件使用基于表格的布局，在这种布局中，数据记录的每个字段都显示为控件中的一行。而 FormView 控件则不指定用于显示记录的预定义布局。

(9) ListView 控件功能强大，呈现样式灵活。可以一次呈现数据源中的一条记录也可以呈现多条记录。用户既可以使用其内置的呈现样式，也可以通过编写模板代码自定义呈现样式。

(10) 以上的数据控件对其新建 SQL 数据库的数据源后，系统会自动生成一个 SqlDataSource 对象控件。

## 习题

**一、单选题**

1. 下列_____控件用于呈现单列数据。
   A．GridView　　B．FormView　　C．Repeater　　D．DataList
2. Repeater 控件不支持下列_____模板。
   A．SelectedItemTemplate　　　　B．ItemTemplate
   C．AlternatingItemTemplate　　　D．SeparatorTemplate
3. 对数据控件 ListView 新建 SQL 数据库的数据源后，系统会自动生成_____控件对象。
   A．ObjectDataSource　　　　B．AccessDataSource
   C．SqlDataSource　　　　　　D．XmlDataSource
4. 下列_____控件使用数据源返回的一组记录呈现只读列表。
   A．FormView　　B．GridView　　C．DetailsView　　D．Repeater
5. 如果数据呈现需要较为复杂的布局方案，则下列_____控件除外均可选用，主要原因是其没有很强的自定义布局能力。
   A．FormView　　B．Repeater　　C．DetailsView　　D．ListView

**二、填空题**

1. 默认情况下，ListView 控件显示指定表的_____数据。
2. 支持模板的数据控件有 Repeater、DataList、FormView 和_____。
3. 语句 TextBox textBox1 =(TextBox)(e.Item.FindControl("StuID"));中方法 FindControl("StuID")的功能是：_____。
4. DataList 控件提供了 5 个静态只读字段，它们分别表示选择、_____、更新、取消和删除命令的名称。
5. Repeater 控件的模板设计中，如果不存在 AlternatingItemTemplate 模板，则_____显示 ItemTemplate 模板的内容。

**三、思考题**

1. DataList 控件和 Repeater 控件的主要区别是什么？
2. DataList 控件支持哪些模板？作用分别是什么？
3. FormView 控件和 DetailsView 控件的主要区别是什么？

**四、实践题**

1. 设计 Web 程序 Practice1.aspx，要求在程序中使用 DataList 控件实现对 WebBookshopDB 数据库中 Books 表的数据绑定，并实现对 Books 表中数据的显示、修改、删除、取消等操作。其设计布局如图 11-19(a)和图 11-19(b)所示，运行效果如图 11-20(a)和图 11-20(b)所示。

(a) 初始设计布局

(b) 绑定数据源后的设计布局

图 11-19　Practice1.aspx 的设计布局

(a) 初始运行效果

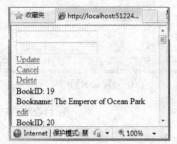
(b) 单击【edit】按钮后进行数据修改效果

图 11-20　Practice1.aspx 的运行效果

2. 设计 Web 程序 Practice2.aspx，要求使用 Repeater 控件并为该控件新建数据源 SqlDataSource1 实现数据绑定，最终在该控件中显示 WebBookshopDB 数据库中 Categories 数据表的所有数据。其设计布局如图 11-21(a)和图 11-21(b)所示，运行效果如图 11-22 所示。

(a) 初始设计布局

(b) 绑定数据源后的设计布局

图 11-21　Practice2.aspx 的设计布局

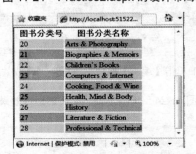

图 11-22　Practice2.aspx 的运行效果

3. 设计 Web 程序 Practice3.aspx，要求使用 ListView 控件并为该控件新建数据源 SqlDataSource1 实现数据绑定，最终在该控件中显示 WebJWDB 数据库中 Users 数据表的所有数据，并实现删除、修改、取消等操作。其界面设计如图 11-23(a)和图 11-23(b)所示，运行效果如图 11-24(a)和图 11-24(b)所示。

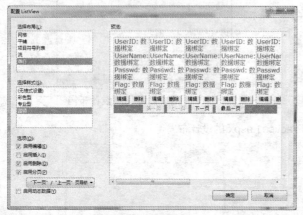

(a) 配置 ListView　　　　　　　　　　(b) 绑定数据源后的设计布局

图 11-23　Practice3.aspx 的界面设计

(a) 初始运行效果

(b) 单击【编辑】按钮后进行数据修改效果

图 11-24　Practice3.aspx 的运行效果

# 第 12 章

# ASP .NET 登录控件的使用

通过本章您将学习：

- 使用 CreateUserWizard 控件创建注册页面
- 使用 Login 控件创建登录页面
- 使用 LoginView 控件检测用户身份
- 使用 LoginName 控件检测用户身份
- 使用 LoginStatus 控件检测用户身份
- 使用 ChangePassword 控件创建密码修改页面
- 使用 PasswordRecovery 控件创建密码恢复页面
- 使用角色管理器控制页面访问授权
- 使用编程方式检查登录用户的权限

## 学习入门

(1) ASP .NET 成员资格(Membership)提供了一种验证和存储用户凭据的内置方法。成员资格使用成员资格提供程序存储用户数据，默认提供程序使用 Microsoft SQL Server 数据库。结合 ASP .NET 成员资格、ASP .NET Forms 身份验证、ASP .NET 登录控件，用户可以高效地创建一个完整的用户身份验证系统。

(2) ASP .NET 提供了一系列的服务器登录控件(CreateUserWizard、Login、LoginView、LoginName、LoginStatus、ChangePassword 和 PasswordRecovery)。登录控件实际上封装了使用成员资格进行验证的所有逻辑。登录控件可以向站点添加身份验证和基于授权的用户界面，如登录窗体、创建用户的窗体、密码检索，以及已登录的用户或角色的自定义用户界面。

(3) CreateUserWizard 控件提供用于创建新网站用户账户的界面，根据用户输入的信息，使用成员资格提供程序，在成员资格数据存储区创建新用户账户。

(4) Login 控件提供用户登录网站的用户界面。Login 控件使用成员资格服务在成员资格系统中对用户进行身份验证。

(5) LoginView 控件自动检测用户的身份验证状态和角色，并将该信息与要向用户显示的信息的适当模板匹配。LoginView 控件由一个模板集合组成，该集合可与一个身份验证状态或者一个或多个角色组相关联。因为 LoginView 派生自控件(不是 Web 控件)，所以不具有样式属性。

(6) LoginName 控件在页上显示当前经过身份验证的用户名，它使用通过调用 page.user.identity 返回的值。如果用户当前尚未登录，则该控件不在页上呈现，并且不在页上占据任何视觉空间。LoginName 控件支持标准的 Web 控件样式属性以控制其显示。

(7) LoginStatus 控件自动检测用户的身份验证状态，并显示适当的登录/注销选项。单击【登录】按钮会将用户重定向到该网站的登录页。LoginStatus 控件将从 web.config 文件窗体身份验证节检索登录页的 URL。单击【注销】按钮将清除用户的身份验证状态，并且默认刷新当前查看的页。LoginStatus 控件可以以链接按钮或图像按钮的形式显示登录/注销选项。

(8) ChangePassword 控件提供在执行密码更改前确认用户的现有密码的功能。如果用户尚未在网站上进行身份验证，则需要输入用户标志。该控件支持向用户发送确认电子邮件的选项。

(9) PasswordRecovery 控件提供根据用户的用户名检索或重置用户密码的功能，然后将用户密码通过电子邮件发送给用户。该控件不支持在用户的 Web 浏览器中向用户显示密码。PasswordRecovery 控件使用成员资格服务检索或重置用户密码。

(10) 角色管理主要用于授权管理。角色相当于操作系统的组，可以创建不同的角色，如 administrators、users、guests 等，然后把用户添加到相应的角色中。基于角色的授权管理，可以大大减少系统管理的工作量。

第 12 章　ASP .NET 登录控件的使用

## 任务 1：使用 CreateUserWizard 控件创建注册页面

**开发任务：**

创建新用户注册页面 Task1.aspx。

(1) 必须输入"用户名"、"密码"、"密码确认"、"电子邮件"、"安全提示问题"和"安全答案"信息，如图 12-1(a)所示。

(2) 密码最短长度为 7，其中至少包含 1 个非字母数字字符(系统默认要求)，如图 12-1(b)所示。

(3) 必须确保密码输入的一致性，如图 12-1(c)所示。

(4) 必须确保电子邮件地址的合法性，如图 12-1(d)所示。

(5) 必须确保用户名的唯一性，如图 12-1(e)所示。

(a) 必须输入信息

(b) 密码长度和字符限制

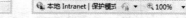
(c) 密码输入必须一致

(d) 电子邮件地址必须合法

(f) 用户名必须唯一

图 12-1　新用户注册页面 Task1.aspx 的运行效果

**解决方案：**

该 ASP .NET Web 页面使用表 12-1 所示的 Web 服务器控件完成指定的开发任务。

表 12-1　新用户注册页面 Task1.aspx 的控件

| 类　　型 | ID | 说　　明 |
| --- | --- | --- |
| CreateUserWizard | CreateUserWizard11 | 系统自动创建新用户注册页面 |

**操作步骤：**

(1) 运行 Microsoft Visual Studio 2010 应用程序。

(2) 创建本地 ASP.NET 空网站：C:\ASPNET\Chapter12。

(3) 新建"单文件页模型"的 Web 窗体：Task1.aspx。

(4) 设计新用户注册页面。从【登录】工具箱中将一个 CreateUserWizard 控件拖到 ASP.NET 设计页面。

① 单击 CreateUserWizard 控件的智能标记，展开【CreateUserWizard 任务】菜单，选择【自定义创建用户步骤】命令，并在已有的表格最后增加一行，从【验证】工具箱中将 1 个 RegularExpressionValidator 控件拖到新增的行中。在【属性】面板中如图 12-2 所示设置该电子邮箱正则表达式验证控件的属性：Display 为 "Dynamic"、ErrorMessage 为 "请注意电子邮件的格式！"、ControlToValidate 为 "Email"、ValidationExpression 选择 "Internet 电子邮件地址"；ValidationGroup 为 "CreateUserWizard1"、ForeColor 为 "Red"。

② 选择【CreateUserWizard 任务】菜单中的【自动套用格式】命令，选择 "简明型" 格式。

新用户注册页面 Task1.aspx 最终的设计效果如图 12-3 所示。

图 12-2　电子邮箱正则表达式验证控件属性设置　　图 12-3　新用户注册页面最终的设计效果

(5) 修改 ASP.NET 应用程序配置文件。在 Web.config 的【system.web】标记中增加如下粗体阴影语句，以使用基于窗体的身份验证。

`<authentication mode="Forms" />`

(6) 保存并运行新用户注册页面 Task1.aspx 应用程序。

**操作小结：**

(1) CreateUserWizard 控件提供用于创建新网站用户账户的界面，根据用户输入的信息，使用成员资格提供程序，在成员资格数据存储区创建新用户账户。

(2) 单击 CreateUserWizard 控件的智能标记，展开【CreateUserWizard 任务】菜单，选择【自动套用格式】命令，可以方便地设置其显示外观；通过其智能标记，还可以定制注册步骤：注册新用户和完成(注册成功时的界面)。

(2) CreateUserWizard 控件在 Web 页面中的呈现一般包括下列内容。

① CreateUserWizardStep：控件提供的预定义向导步骤，包含用户名、密码、确认密码、电子邮件、安全提示问题的用于创建用户显示和逻辑的标签和文本框。

② CompleteWizardStep：控件提供的预定义向导步骤，显示向导成功完成。

③ WizardStep 的集合：用户自定义的步骤，每个 WizardStep 包含要收集的自定义用户信息，一次只会显示一个 WizardStep。

④ 导航按钮：每个 WizardStep 下面的导航区域，包含用于转到 CreateUserWizard 中后面的步骤和前面的步骤的导航按钮。

⑤ 侧栏：一个可选元素，包含所有 WizardStep 的列表，并提供在 WizardStep 之间随机跳转的方法。

⑥ 标题：可选元素，用于在 WizardStep 顶部提供一致的信息。

(4) CreateUserWizard 控件支持许多用于自定义显示行为的选项。其中包括以下 3 项。

① 附加向导步骤：用于收集有关用户的附加信息。

② 链接：显示到其他信息和任务的图标和链接。

③ MailDefinition：用于发送给注册用户的确认电子邮件的内容。

## 任务 2：使用 Login 控件创建登录页面

**开发任务：**

使用 Login 控件创建登录页面 Login.aspx。

(1) 必须输入"用户名"和"密码"信息，如图 12-4(a)所示。

(2) 如果密码错误，系统将给出相应的报错信息，如图 12-4(b)所示。

(a) 必须输入用户名和密码　　　　(b) 用户登录信息错误

图 12-4　已注册用户登录页面 Login.aspx 的运行效果

(3) 已注册用户成功登录后，页面将自动跳转到默认页面 default.aspx。

**解决方案：**

该 Web 页面使用表 12-2 所示的 Web 服务器控件完成指定的开发任务。

表 12-2　已注册用户登录页面 Login.aspx 的控件

| 类　型 | ID | 说　明 |
| --- | --- | --- |
| Login | Login1 | 系统自动创建用户登录页面 |

**操作步骤:**

(1) 新建"单文件页模型"的 Web 窗体(默认主页):Default.aspx。

(2) 新建"单文件页模型"的 Web 窗体(用户登录页面):Login.aspx。

(3) 设计用户登录页面 Login.aspx。从【登录】工具箱中将一个 Login 控件拖到 ASP.NET 设计页面。

① 单击 Login 控件的智能标记,展开【Login 任务】菜单,选择【自动套用格式】命令,选择"传统型"格式。

② 参照图 12-5 所示设置 Login 控件的 CreateUserText 属性、CreateUserUrl 属性以及 DisplayRememberMe 属性,其他属性均采用默认值。

(a) CreateUserText 属性设置为"新用户注册"。

(b) CreateUserUrl 属性设置为"~/Task1.aspx"(单击...按钮,在随后出现的【选择 URL】对话框中选择需要的文件即可)。

(c) DisplayRememberMe 属性设置为"False"。

用户登录页面最终的设计效果如图 12-6 所示。

图 12-5 设置 Login 控件的属性        图 12-6 用户登录页面最终的设计效果

(4) 保存并运行用户登录页面 Login.aspx 应用程序。

**操作小结:**

(1) 本任务之所以使用 Login.aspx 作为 ASP.NET 应用程序文件名,是因为当使用 Forms 身份验证(即基于窗体的身份验证)时,应用程序通过用户提供的登录用户界面(系统默认为 login.aspx)进行验证,并且成功登录后,系统将默认重定向到 default.aspx。

(2) Login 控件提供用户登录网站的用户界面。Login 控件使用成员资格服务在成员资格系统中对用户进行身份验证。默认情况下,使用配置文件中的默认成员资格提供程序,也可以根据需要配置 Login 控件的 MembershipProvider 属性以使用自定义的成员资格提供程序。

(3) 通过设置 Login 控件的属性,可以控制其显示的外观和内容。例如通过设置其 CreateUserText 属性为"新用户注册",并设置其 CreateUserUrl 属性指向注册页面(如 Register.aspx),可以显示"新用户注册"超链接;通过设置其 PasswordRecoveryText 属性为"忘记密码",并设置其 PasswordRecoveryUrl 属性指向密码恢复页面(如 PasswordRecovery.aspx),可显示"忘记密码"超链接。

(4) 通过单击 Login 控件的智能标记,展开其任务菜单,并选择【自动套用格式】命令,可以方便地设置其显示外观。

(5) Login 控件在 Web 页面中的呈现一般包括下列内容。
① 用户名标签和文本框：用于输入用户名。
② 密码标签和文本框：用于输入密码。
③ LoginButton：提交用户的身份验证请求的按钮。
④ RememberMe：显示一个复选框(可选配置)，该复选框为用户提供在用户计算机上存储持久性 Cookie 的选项。
⑤ 标题和说明：指导用户登录的说明性文本。
⑥ 链接：到帮助、密码恢复和用户注册信息的可配置链接。

**练习 1：使用 LoginView 控件检测用户身份**

**开发任务：**

使用 LoginView 控件创建用户身份检测页面 Exercise1.aspx。
(1) 未登录用户的运行效果如图 12-7(a)所示，并提示用户登录。
(2) 登录用户的运行效果如图 12-7(b)所示。单击【注销】超链接，将返回登录页面。

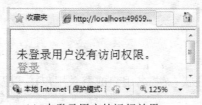 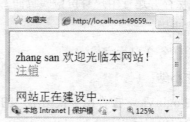

(a) 未登录用户的运行效果　　　　　(b) 登录用户的运行效果

图 12-7　用户身份检测页面 Exercise1.aspx 的运行效果

**解决方案：**

该 Web 页面使用表 12-3 所示的 Web 服务器控件完成指定的开发任务。

表 12-3　用户身份检测页面 Exercise1.aspx 的控件

| 类　　型 | ID | 说　　明 |
| --- | --- | --- |
| LoginView | LoginView1 | 检测用户的身份验证状态和角色 |
| LoginName | LoginName1 | 显示当前经过身份验证的用户名 |
| LoginStatus | LoginStatus1 | 检测未登录用户的身份验证状态 |
| LoginStatus | LoginStatus2 | 检测登录用户的身份验证状态 |

**操作提示：**

(1) 新建"单文件页模型"的 Web 窗体(用户身份检验页面)：Exercise1.aspx。
(2) 设计用户身份检验页面 Exercise1.aspx。从【登录】工具箱中将一个 LoginView 控件拖到 ASP .NET 设计页面。
① 在【LoginView 任务】菜单的【视图】下拉列表中选择【AnonymousTemplate】选项，如图 12-8(a)所示，设计 LoginView 控件的 AnonymousTemplate 视图页面：输入"未登

录用户没有访问权限。"的提示信息,并在其后添加一个 LoginStatus 控件。

② 在【LoginView 任务】菜单的【视图】下拉列表中选择【LoggedInTemplate】选项,如图 12-8(b)所示,设计 LoginView 控件的 LoggedInTemplate 视图页面:添加一个 LoginName 控件,并输入"欢迎光临本网站!"的提示信息,在其后再添加一个 LoginStatus 控件,空一行后再输入"网站正在建设中……"的提示信息。

(a)设计 AnonymousTemplate 视图页面　　　　(b)设计 LoggedInTemplate 视图页面

图 12-8　设计 LoginView 控件的视图页面

(3) 在文档窗口底部单击【源】标签,切换到源代码视图,观察系统为以上操作自动生成的代码。

(4) 保存并运行用户身份检验页面 Exercise1.aspx 应用程序。

**操作步骤:**

参照任务 2 自行完成。

**操作小结:**

(1) LoginView 控件用于根据用户的身份验证状态(匿名用户或登录用户)、以及登录用户所属的角色显示不同的网站内容模板。

① LoginView 控件自动检测用户的身份验证状态和角色,并将该信息与要向用户显示的信息的适当模板匹配。LoginView 控件由一个模板集合组成,各模板可与一个身份验证状态或者一个或多个角色组相关联。

② LoginView 控件包括 1 个 Anonymous 模板、1 个 LoggedIn 模板、0 个或多个 RoleGroup 模板。

(a) Anonymous 模板:AnonymousTemplate 指定向未登录用户显示的模板,对登录用户不可见。

(b) LoggedIn 模板:LoggedInTemplate 指定向登录用户(但不属于任何已定义 RoleGroup 模板)显示的默认模板。

(c) RoleGroup 模板:指定向已登录且属于已定义角色组模板的角色成员显示的模板,可以定义多个 RoleGroup 模板,每个 RoleGroup 模板对应 1 个或多个角色。

(2) LoginName 控件在页面上显示当前经过身份验证的用户名(Page.User.Identity.Name)。

① 如果用户没有登录,则该控件不在页面上呈现,并且不占任何视觉空间。

② 通过设置 FormatString 属性,可以更改由 LoginName 控件显示的文本。例如,可以将 FormatString 属性设置为"欢迎您,{0}!",其中{0}运行时将替换为用户名。

(3) LoginStatus 控件自动检测用户的身份验证状态(Request.IsAuthenticated),并显示适当的登录/注销选项。

① 当单击【登录】按钮时，将用户重定向到该网站的登录页。LoginStatus 控件将从 web.config 文件窗体身份验证节检索登录页的 URL。

② 当单击【注销】按钮时，将清除用户的身份验证状态，并且执行相应的注销行为。注销行为由 LogoutAction 属性控制：可以指定为刷新当前页(默认设置)；将用户重定向到应用程序配置设置中定义的登录页；将用户重定向到 LogoutPageUrl 属性所指定的页。

③ LoginStatus 控件可以以链接按钮或图像按钮的形式显示登录和注销选项。

## 任务 3：使用 ChangePassword 控件创建密码修改页面

**开发任务：**

使用 ChangePassword 控件创建密码修改页面 Task3.aspx。

(1) 必须输入"用户名"、"密码"、"新密码"和"确认新密码"信息，如图 12-9(a)所示。

(2) 密码最短长度为 3，并且无特殊字符要求，如图 12-9(b)所示。

(3) 成功更改密码的运行效果参见图 12-9(c)所示。单击【继续】按钮，返回更改密码的初始画面。

(a) 必须输入用户名和新旧密码　　　(b) 密码长度和字符限制　　　(c) 密码更改成功

图 12-9　密码修改页面 Task3.aspx 的运行效果

**解决方案：**

该 Web 页面使用表 12-4 所示的 Web 服务器控件完成指定的开发任务。

表 12-4　密码修改页面 Task3.aspx 的控件

| 类　型 | ID | 说　明 |
| --- | --- | --- |
| ChangePassword | ChangePassword1 | 提供在执行密码更改前确认用户的现有密码的功能 |

**操作步骤：**

(1) 新建"单文件页模型"的 Web 窗体(密码修改页面)：Task3.aspx。

(2) 设计密码修改页面 Task3.aspx。从【登录】工具箱中将 1 个 ChangePassword 控件拖动到 ASP .NET 设计页面。

① 单击 ChangePassword 控件的智能标记，展开【ChangePassword 任务】菜单，选择【自动套用格式】命令，选择"典雅型"格式。

② 设置ChangePassword控件的DisplayUserName属性以及ContinueDestinationPageUrl属性，其他属性均采用默认值。密码修改页面最终的设计效果如图12-10所示。

图12-10 密码修改页面最终的设计效果

(a) DisplayUserName属性设置为"True"。

(b) ContinueDestinationPageUrl属性设置为"~/Task3.aspx"(单击...按钮，在随后出现的【选择URL】对话框中选择需要的文件即可)。

(3) 在文档窗口底部单击【源】标签，切换到源代码视图，观察系统为以上操作自动生成的代码。

(4) 保存并运行密码修改页面Task3.aspx应用程序。

**操作小结：**

(1) ChangePassword控件提供用户修改密码的用户界面。

(2) 单击ChangePassword控件的智能标记，展开其任务菜单，选择【自动套用格式】命令，可以方便地设置其显示外观；通过其智能标记，还可以分别定制注册步骤：更改密码和完成(更改密码成功时的界面)。

(3) ChangePassword控件在Web页面中的呈现一般包括下列内容。

① 【更改密码】视图：要求先输入当前密码，然后输入新密码/确认新密码。通过设置DisplayUserName属性为"true"，可显示UserName文本框，以未登录用户修改密码或修改其他用户的密码。

② 【成功】视图：显示已成功更改密码的确认信息。

(4) ChangePassword控件支持许多用于自定义显示行为的选项。其中包括以下几项。

① SuccessPageUrl：当成功更改用户密码后用户将被重定向到的网页。

② CancelDestinationPageUrl：当用户单击【取消】按钮时将向用户显示的网页。

③ 链接：显示到其他信息和任务的图标和链接。

④ MailDefinition：用于发送给用户的确认电子邮件的内容。

### 练习2：使用PasswordRecovery控件创建密码恢复页面

**开发任务：**

使用PasswordRecovery控件创建密码恢复页面Exercise2-1.aspx。

(1) 初始页面的运行效果如图12-11(a)所示。其中，"用户名"和"密码"是必输信息。

(2) 密码有误的信息提示运行效果如图12-11(b)所示。

# 第 12 章 ASP.NET 登录控件的使用

(3) 单击【忘记了密码】超链接，进入密码恢复提示页面，如图 12-11(c)~图 12-11(d)所示。

(4) 密码恢复成功的运行效果如图 12-11(e)所示。

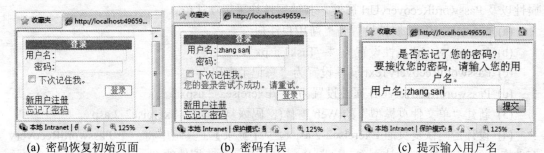

(a) 密码恢复初始页面　　　　(b) 密码有误　　　　(c) 提示输入用户名

(d) 提示输入问题答案　　　　(e) 密码恢复成功

图 12-11　密码恢复页面的运行效果

**解决方案：**

(1) 密码恢复登录页面 Exercise2-1.aspx 使用表 12-5 所示的 Web 服务器控件完成指定的开发任务。

表 12-5　密码恢复登录页面 Exercise2-1.aspx 的控件

| 类　型 | ID | 说　明 |
| --- | --- | --- |
| Login | Login1 | 提供用户登录网站的用户界面 |

(2) 密码恢复页面 Exercise2-2.aspx 使用表 12-6 所示的 Web 服务器控件完成指定的开发任务。

表 12-6　密码恢复页面 Exercise2-2.aspx 的控件

| 类　型 | ID | 说　明 |
| --- | --- | --- |
| PasswordRecovery | PasswordRecovery1 | 根据用户的用户名检索或重置用户密码 |

**操作提示：**

(1) 新建"单文件页模型"的 Web 窗体(密码恢复登录页面)：Exercise2-1.aspx。

(2) 设计密码恢复登录页面 Exercise2-1.aspx。从【登录】工具箱中将一个 Login 控件拖动到 ASP.NET 设计页面。密码恢复登录页面 Exercise2-1.aspx 最终的设计效果如图 12-12 所示。

① 单击 Login 控件的智能标记，展开【Login 任务】菜单，选择【自动套用格式】命令，选择"传统型"格式。

② 设置 Login 控件的 CreateUserText 属性、CreateUserUrl 属性、PasswordRecoveryText 属性以及 PasswordRecoveryUrl 属性，其他属性均采用默认值。

(a) CreateUserText 属性设置为"新用户注册"。

(b) CreateUserUrl 属性设置为"~/Task1.aspx"。

(c) PasswordRecoveryText 属性设置为"忘记了密码"。

(d) PasswordRecoveryUrl 属性设置为"~/Exercise2-2.aspx"。

(3) 新建"单文件页模型"的 Web 窗体(密码恢复页面)：Exercise2-2.aspx。

(4) 设计密码恢复页面 Exercise2-2.aspx。从【登录】工具箱中将一个 PasswordRecovery 控件拖动到 ASP .NET 设计页面。设置 PasswordRecovery 控件的 SuccessText 属性为"您的密码已发送给您的电子邮箱了。"其他属性均采用默认值。密码恢复(成功视图)页面的设计效果如图 12-13 所示。

图 12-12　Exercise2-1.aspx 最终设计效果

图 12-13　Exercise2-2.aspx 的设计效果

(5) 设置发件人信箱。切换到代码视图，在 Exercise2-2.aspx 代码中，增加如下粗体阴影代码，设置发件人信箱信息。

```
<asp:PasswordRecovery ID="PasswordRecovery1" runat="server" SuccessText=
"您的密码已发送给您的电子邮箱了。">
    <MailDefinition From="admin@hotmail.com" Subject="用户密码">
    </MailDefinition>
</asp:PasswordRecovery>
```

(6) 修改 ASP .NET 应用程序配置文件。在配置文件 Web.config 的</system.web>后面增加如下粗体阴影代码，设置客户机电子邮箱信息。其中，host="mail.YourServer.com"指定用于转发邮件的邮件服务器的域名和 IP 地址。注意，要求该邮件服务器支持邮件中继(relay)功能。

```
<system.net>
  <!--
  If you need to connect to a mail server located on another machine,
  you can use the web configuration file, the smtp element includes
  a network element that specifies a mail host, username, and password.
  -->
  <mailSettings>
    <smtp
```

```
    <network
        host="mail.YourServer.com"
        userName="admin"
        password="secret" />
    </smtp>
  </mailSettings>
 </system.net>
```

(7) 保存并运行用户身份检验页面 Exercise2-1.aspx 应用程序。

**操作步骤：**

参照任务 3 自行完成。

**操作小结：**

(1) PasswordRecovery 控件提供用户恢复密码的用户界面。PasswordRecovery 控件提供根据用户名检索或重置用户密码的功能。然后将用户密码通过电子邮件发送给用户。该控件不支持在用户的 Web 浏览器中向用户显示密码。

(2) 在 PasswordRecovery 控件成员资格配置中，下列属性与密码检索和重置有关。

① requiresQuestionAndAnswer：如果设置为"True"，检索或重置用户密码时需要使用 Question 视图，提示用户回答安全密码提问。如果设置为"False"，则不会向用户显示 Question 视图；

② passwordFormat：如果设置为"hashed"，则无法检索密码，只能重置密码；

③ enablePasswordRetrieval：如果设置为"False"，则只能重置密码；

④ enablePasswordReset：如果设置为"True"，密码将被重置，如果设置为"False"且 enablePasswordRetrieval 也设置为"False"，则无法恢复该用户的密码。

(3) PasswordRecovery 控件在 Web 页面中的呈现一般包括向用户顺序显示的三个离散的视图。

① "用户名"视图：向用户显示的第一个视图，用于收集并提交用户名。

② "问题"视图：当成员资格配置中 requiresQuestionAndAnswer 属性设置为"True"时显示，用于安全提示问题。

③ "成功"视图：在为用户成功检索或重置密码后显示。

(4) PasswordRecovery 控件支持许多用于自定义显示行为的选项。其中包括以下 4 项。

① SuccessPageUrl：确定成功恢复用户密码后将用户重新定向到的网页。

② TextLayout：确定文本是在文本框的顶部显示还是靠一边显示。

③ HelpLink：显示帮助链接和关联图标。

④ MailDefinition：用于发送给用户的包含检索或重置的用户密码的电子邮件的内容。

## 任务 4：使用角色管理器控制页面访问授权

**开发任务：**

使用角色管理器控制页面访问授权：如果登录用户属于 Administrators 组成员，则跳转到管理员用户身份访问页面；否则，页面仍停留在角色管理器控制页面的登录状态。

(1) 初始运行效果如图 12-14(a)所示，其中，用户名和密码均为必输信息。还可以单击【新用户注册】超链接，跳转到新用户注册页面。

(2) 当以管理员组成员的身份登录(如本例的"jiang hong"用户)时，页面即跳转到管理员用户身份访问页面，如图 12-14(b)所示。

(3) 当以非管理员组成员的身份登录(如本例的"yu qingsong"用户)时，页面将停留在角色管理器控制页面的登录状态。

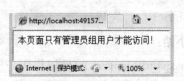

(a) 角色管理器控制页面初始运行效果　　　　(b) 管理员用户身份访问页面

图 12-14　使用角色管理器控制页面访问授权的运行效果

**解决方案：**

(1) 角色管理器控制页面 Task4-1.aspx 使用表 12-7 所示的 Web 服务器控件完成指定的开发任务。

表 12-7　角色管理器控制页面 Task4-1.aspx 的控件

| 类　型 | ID | 说　明 |
| --- | --- | --- |
| Login | Login1 | 系统自动创建用户登录页面 |

(2) 对 ASP .NET 网站进行配置，启用并创建角色管理功能。

(3) 对 web.config 进行配置，对 Administrators 组成员授权。

**操作步骤：**

(1) 在 C:\ASPNET\Chapter12 中创建 Admin 文件夹(可右击网站"C:\ASPNET\Chapter12"，在弹出的快捷菜单中选择【刷新文件夹】命令，以在【解决方案资源管理器】窗口中显示该文件夹中的内容)。

(2) 在 C:\ASPNET\Chapter12\Admin 中创建"单文件页模型"的 Web 窗体(管理员用户身份访问页面)：Task4-2.aspx。

(3) 设计管理员用户身份访问页面。在 Task4-2.aspx 的 ASP .NET 设计页面，输入"本页面只有管理员组用户才能访问！"提示信息，具体设计效果如图 12-15 所示。

(4) 在 C:\ASPNET\Chapter12 中创建"单文件页模型"的 Web 窗体(角色管理器控制页面)：Task4-1.aspx。

(5) 设计角色管理器控制页面 Task4-1.aspx。从【登录】工具箱中将一个 Login 控件拖动到 ASP .NET 设计页面。角色管理器控制页面 Task4-1.aspx 的设计效果如图 12-16 所示。

① 单击 Login 控件的智能标记，展开【Login 任务】菜单，选择【自动套用格式】命令，选择"传统型"格式。

② 设置 Login 控件的 CreateUserText 属性、CreateUserUrl 属性、DestinationPageUrl 属性以及 DisplayRememberMe 属性，其他属性均采用默认值。

(a) CreateUserText 属性设置为"新用户注册"。

(b) CreateUserUrl 属性设置为"~/Task1.aspx"。

(c) DestinationPageUrl 属性设置为"~/Admin/Task4-2.aspx"。

(d) DisplayRememberMe 属性设置为"False"。

图 12-15 管理员用户身份访问设计页面 Task4-2.aspx

图 12-16 角色管理器控制页面的设计效果

(6) 启用角色。选择【网站】→【ASP .NET 配置】命令，打开【ASP .NET Web 应用程序管理】窗口，选择【安全】选项卡，单击【启用角色】超链接，如图 12-17 所示。

(7) 创建或管理角色。在【ASP .NET Web 应用程序管理】窗口中单击【创建或管理角色】超链接，如图 12-18 所示。

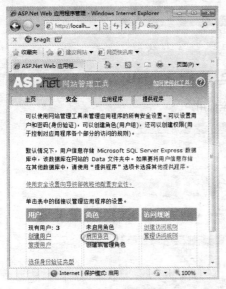

图 12-17 启用角色

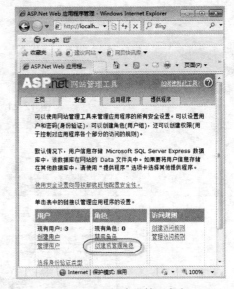

图 12-18 创建或管理角色

(8) 添加角色。在【ASP .NET Web 应用程序管理】窗口中，在如图 12-19 所示的【新角色名称】文本框中输入："Administrators"，单击【添加角色】按钮，添加名为 Administrators 的新角色。

(9) 管理 Administrators 角色。在【ASP .NET Web 应用程序管理】窗口中，单击如图 12-20 所示的【管理】按钮，管理 Administrators 角色。

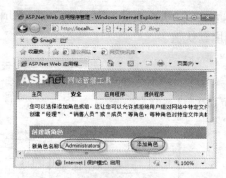

图 12-19　添加 Administrators 角色

图 12-20　管理 Administrators 角色

(10) 显示所有用户。在【ASP.NET Web 应用程序管理】窗口中,单击如图 12-21 所示的【全部】按钮,显示"Administrators"角色名称中的所有用户。

(11) 指定管理角色成员。在【ASP.NET Web 应用程序管理】窗口中,勾选用户"yu qingsong"的【用户属于角色】复选框,如图 12-22 所示,使用户"yu qingsong"成为 Administrators 组成员角色。

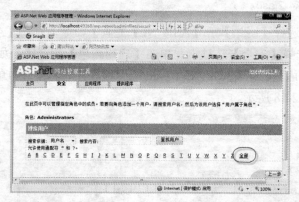

图 12-21　显示全部用户

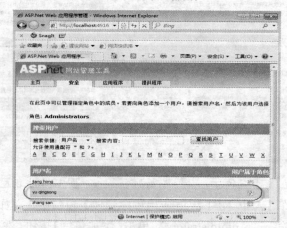

图 12-22　指定管理角色成员

(12) 观察 Web.config。以上操作完成后,Web.config 代码中自动增加了一行关于角色管理的语句"<roleManager enabled="true" />"。

(13) 修改 web.config。在 web.config 的</configuration>标记前添加如下粗体阴影语句，对 Administrators 组成员授权。

```
<location path="Admin">
  <system.web>
    <authorization>
      <allow roles="Administrators" />
      <deny users="*"/>
    </authorization>
  </system.web>
</location>
```

(14) 保存并运行角色管理器控制页面 Task4-1.aspx 应用程序。

**操作小结：**

(1) 角色管理主要用于授权管理。角色相当于操作系统的组，可以创建不同的角色，如 administrators、users、guests 等，然后把用户添加到相应的角色中。

(2) 创建角色后，可以在应用程序中创建基于角色的访问规则。例如，admin 目录中的页面只有 Administrators 角色中的用户才能访问。基于角色的授权管理，可以大大减少系统管理的工作量。

(3) 角色 Roles 类主要用于创建角色，并将用户分配给角色。

(4) 通过配置基于角色的访问规则，可以控制不同页面的访问授权。一般把受限制的页面单独放在一个文件夹内，然后使用网站管理工具定义允许和拒绝不同角色访问受限文件夹的规则。如果未被授权的用户尝试查看受限制的页面，该用户会看到错误消息或被重定向到用户指定的页面。

**练习 3：使用编程方式检查登录用户的权限**

**开发任务：**

使用编程方式检查登录用户的权限：如果是 Administrators 组成员身份登录，则显示管理员用户身份权限提示信息；否则，显示非管理员用户身份需重新登录的超链接提示信息。

(1) 初始运行效果如图 12-23(a)所示，其中，用户名和密码均为必输信息。还可以单击【新用户注册】超链接，跳转到新用户注册页面。

(2) 当以管理员组成员的身份登录(如本例的"yu qingsong"用户)时，页面即显示管理员用户身份权限提示信息，如图 12-23(b)所示。

(3) 当以非管理员组成员的身份登录(如本例的"jiang hong"用户)时，页面显示非管理员用户身份需重新登录的超链接提示信息，如图 12-23(c)所示。单击"您没有访问权限，请重新登录"超链接返回登录画面。

(a)初始运行效果　　(b)管理员用户身份权限提示信息　(c)非管理员用户身份的超链接提示信息

图 12-23　使用编程方式检查登录用户权限的运行效果

**解决方案：**

(1) 权限检查登录页面 Exercise3-1.aspx 使用表 12-8 所示的 Web 服务器控件完成指定的开发任务。

表 12-8　权限检查登录页面 Exercise3-1.aspx 的控件

| 类　型 | ID | 说　明 |
| --- | --- | --- |
| Login | Login1 | 系统自动创建用户登录页面 |

(2) 权限检查页面 Exercise3-2.aspx 使用表 12-9 所示的 Web 服务器控件完成指定的开发任务。

表 12-9　权限检查页面 Exercise3-2.aspx 的控件

| 类　型 | ID | 说　明 |
| --- | --- | --- |
| HyperLink | HyperLink1 | 非管理员用户身份需重新登录的超链接 |
| Label | Label1 | 管理员用户身份权限提示信息 |

**操作提示：**

(1) 新建"单文件页模型"的 Web 窗体(权限检查登录页面)：Exercise3-1.aspx。

(2) 设计权限检查登录页面。从【登录】工具箱中将 1 个 Login 控件拖动到 ASP .NET 设计页面。权限检查登录页面 Exercise3-1.aspx 的设计效果如图 12-24 所示。

① 单击 Login 控件的智能标记，展开【Login 任务】菜单，选择【自动套用格式】命令，选择"传统型"格式。

② 设置 Login 控件的 CreateUserText 属性、CreateUserUrl 属性、DestinationPageUrl 属性以及 DisplayRememberMe 属性，其他属性均采用默认值。

(a) CreateUserText 属性设置为"新用户注册"。

(b) CreateUserUrl 属性设置为"~/Task1.aspx"。

(c) DestinationPageUrl 属性设置为"~/Exercise3-2.aspx"。

(d) DisplayRememberMe 属性设置为"False"。

(3) 新建"单文件页模型"的 Web 窗体(权限检查页面)：Exercise3-2.aspx。其设计效果如图 12-25 所示。

图 12-24　权限检查登录页面的设计效果

图 12-25　检查页面的设计效果

(4) 设计权限检查页面 Exercise3-2.aspx。从【标准】工具箱中分别将 1 个 HyperLink 控件和一个 Label 控件拖动到 ASP .NET 设计页面，并在【属性】面板中设置各控件属性。

① HyperLink 控件的 Text 属性为"您没有访问权限，请重新登录！"、NavigateUrl 的属

性为"~/Exercise3-1.aspx"、Visible 的属性为"False"。

② Label 控件的 Text 属性为"欢迎使用管理员组用户权限页面！"、Visible 的属性为"False"。

(5) 在权限检查页面 Exercise3-2.aspx 文档窗口底部单击【源】标签，切换到源代码视图，观察系统为以上操作自动生成的代码。

(6) 创建权限检查页面 Exercise3-2.aspx 的 Page_Load 事件函数代码，根据不同权限的用户显示不同的提示信息。

```
protected void Page_Load(object sender, EventArgs e)
{
    if (User.IsInRole("Administrators"))
        Label1.Visible = true;
    else
        HyperLink1.Visible = true;
}
```

(7) 保存并运行权限检查登录页面 Exercise3-1.aspx 应用程序。

**操作步骤：**

参照任务 4 自行完成。

**操作小结：**

使用编程方式，在页面或控件事件处理程序中，使用 User.IsInRole 可以判断当前用户是否属于某种角色，从而根据不同的角色执行不同的操作。

## 学习小结

通过本章您学习了：
(1) 使用 CreateUserWizard 控件创建注册页面。
(2) 使用 Login 控件创建登录页面。
(3) 使用 LoginView 控件检测用户身份。
(4) 使用 ChangePassword 控件创建密码修改页面。
(5) 使用 PasswordRecovery 控件创建密码恢复页面。
(6) 使用角色管理器控制页面访问授权。
(7) 使用编程方式检查登录用户的权限。

## 习题

一、单选题

1. 在 ASP.NET 中，要创建一个新用户，可以使用_____服务器控件。

　　　　A. Login　　　　B. LoginName　　　　C. LoginView　　　　D. CreateUserWizard

2. 在 ASP .NET 中，要恢复密码，可以使用_____服务器控件。

　　　　A. Login　　　　　　　　　　　　B. ChangePassword
　　　　C. PasswordRecovery　　　　　　D. CreateUserWizard

3. 在 ASP .NET 中，要创建一个自动验证用户身份的页面，可以使用_____服务器控件。

　　　　A. Login　　　　B. LoginName　　　　C. LoginView　　　　D. CreateUserWizard

4. 在 ASP .NET 中，要创建一个根据用户的身份验证状态以及登录用户所属的角色，以显示不同网站内容的页面，可以使用_____服务器控件。

　　　　A. Login　　　　B. LoginName　　　　C. LoginView　　　　D. CreateUserWizard

5. 在 ASP .NET 中，要创建一个自动检测用户的身份验证状态，并显示适当的登录或注销选项的页面，可以使用_____服务器控件。

　　　　A. Login　　　　B. LoginName　　　　C. LoginView　　　　D. LoginStatus

二、填空题

1. Web 应用程序安全性包含_____和_____两方面的功能。
2. 在 ASP .NET 中，_____服务器控件用于在页上显示当前经过身份验证的用户名。
3. 在 ASP .NET 中，_____服务器控件提供修改密码的用户界面。
4. LoginView 控件包括 1 个 Anonymous 模板、1 个 LoggedIn 模板、_____个 RoleGroup 模板。
5. 使用编程方式，在页面或控件事件处理程序中，使用_____可以判断当前用户是否属于某种角色，从而根据不同的角色执行不同的操作。

三、思考题

1. ASP .NET 成员资格(Membership)的基本概念是什么？
2. ASP .NET 提供了哪些服务器登录控件？
3. 如何使用 CreateUserWizard 控件创建用户注册页面？
4. 如何使用 Login 控件创建用户注册页面？
5. 如何使用 LoginView 控件检测用户的身份验证状态和角色？
6. 如何使用 LoginName 控件显示经过身份验证的用户名？
7. 如何使用 LoginStatus 控件检测用户的身份验证状态？
8. 如何使用 ChangePassword 控件创建密码修改页面？
9. 如何使用 PasswordRecovery 控件创建密码恢复页面？
10. 如何使用网站管理工具创建角色？
11. 如何使用网站管理工具创建基于角色的授权规则？
12. 如何使用编程方式检查登录用户的权限？

四、实践题

1. 请独立完成本章任务 1～任务 4。
2. 请独立完成本章练习 1～练习 3。

# 第 13 章

# 使用 ASP .NET 开发学生成绩管理系统

**通过本章您将学习：**

- ASP .NET 数据库应用程序的开发过程
- 开发学生成绩管理系统，包括登录页面、母版页面、主菜单页面、成绩查询页面、成绩维护页面等

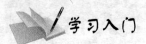

(1) 学生成绩管理系统是一种小型的信息管理系统，易于进行分析、设计和实现。系统的用户是相关的教师和学生，系统可以提供成绩查询和管理的功能。具体功能描述如下。

① 用户需要登录才能使用系统，不同身份用户有不同的访问权限。
② 学生可以使用该系统查询成绩。
③ 教师可以使用该系统查询学生成绩。
④ 教师可以使用该系统修改学生成绩。
⑤ 教师可以使用该系统增加学生成绩。
⑥ 教师可以使用该系统删除学生成绩。

(2) 学生成绩管理系统由多个 ASP .NET Web 页面组成，各页面名称及功能说明如表 13-1 所示。

表 13-1 Web 页面组成表

| 文件名称 | 功能说明 |
| --- | --- |
| login.aspx | 用户登录页面 |
| MasterPage.master | 母版页 |
| mainMenu.aspx | 主菜单页面 |
| stuSelect.aspx | 学生查询页面 |
| selManage.aspx | 教师查询学生成绩页面 |
| updateManage.aspx | 教师修改学生成绩页面 |
| addManage.aspx | 教师增加学生成绩页面 |
| delManage.aspx | 教师删除学生成绩页面 |
| Error.aspx | 无权访问提示页面 |

(3) 该系统所使用的数据信息保存在 SQL Server 数据库 WebJWDB 中，有数据表 Users 和 Exam。Users 数据表存放的是用户账户信息；Exam 数据表存放的是学生的成绩信息。具体参见第 8 章。

 任务 1：创建主页：登录页面

**开发任务：**

学生成绩管理系统的默认主页是登录页面。根据不同的登录用户(有教师和学生两种身份)，系统可以设置不同的操作权限。运行效果如图 13-1(a)~(b)所示。

(1) 当以学生身份(如，用户 ID：S2007101；密码：password)登录时，学生只可以查询自己的成绩信息，不可以对成绩进行维护。

(2) 当以教师身份(如，用户 ID：T2003001；密码：password)登录时，教师不仅可以查询学生成绩，还可以对学生成绩进行维护，包括修改、增加、删除操作。

# 第 13 章 使用 ASP .NET 开发学生成绩管理系统

(a) 学生登录

(b) 教师登录

图 13-1 login.aspx 运行效果

**解决方案：**

login.aspx 页面使用表 13-2 所示的 web 服务器控件完成指定的开发任务。

表 13-2 login.aspx 的页面控件及属性说明

| 类　型 | ID | 属　性 | 说　明 |
| --- | --- | --- | --- |
| TextBox | txtUid | | 用户名文本框 |
| TextBox | txtPsw | TextMode：Password | 密码文本框 |
| DropDownList | DropDownList1 | Items：学生、教师 | 身份选择 |
| Button | btnLoad | Text：登录 | 登录按钮 |
| Button | btnCancel | Text：取消<br>CausesValidation：False | 取消按钮 |
| RequiredFieldValidator | RequiredFieldValidator1 | ControlToValidate：txtUid<br>ErrorMessage：*用户名不能为空 | 验证用户名不能为空 |
| RequiredFieldValidator | RequiredFieldValidator2 | ControlToValidate：txtPsw<br>ErrorMessage：*密码不能为空 | 验证密码不能为空 |
| Label | Label1 | ForeColor：Red<br>去掉文本内容的设置 | 输入信息错误提示 |
| Image | Image1 | ImageUrl：~/Image/Task1.jpg | 显示图片 |
| Table | Table1 | Style：HEIGT:11px;<br>BACKGROUND-COLOR: #99ccff | 控制 Web 控件布局 |

**操作步骤：**

(1) 使用数据库脚本重新创建数据库 WebJWDB 及其中的数据表。(具体步骤参看第 8 章相应内容，另本章其他部分在涉及该数据库时将不再赘述)。

(2) 运行 Microsoft Visual Studio 2010 应用程序。

(3) 创建本地 ASP .NET 空网站：C:\ASPNET\Chapter13。

(4) 新建文件夹 Image。在【解决方案资源管理器】窗口中右击"C:\ASPNET\Chapter13"站点，在弹出的快捷菜单中选择【新建文件夹】命令，在项目目录树中将新建一个名为"新建文件夹 1"的文件夹，将其重命名为"Image"。然后右击"Image"文件夹，在弹出的快捷菜单中选择【添加现有项】命令，添加图片"Task1.jpg"(涉及的素材可到前言所指明的网址去下载)。

(5) 先在【解决方案资源管理器】窗口中删除系统自动创建的 Default.aspx 页面，再新建"单文件页模型"的 Web 窗体：Default.aspx。这是学生成绩管理系统默认主页。

(6) 为默认主页添加代码。将"Default.aspx"页面的编辑窗口切换到【设计】视图，双击空白处，将切换到 Page_Load 事件代码输入区域。添加如下代码，则可实现浏览主页时页面直接跳转到登录页面的功能。

```
protected void Page_Load(object sender, EventArgs e)
{
    Response.Redirect("Login.aspx");
}
```

(7) 新建登录页面 login.aspx。在"C:\ASPNET\Chapter13"网站目录树中新建一个名为"login.aspx"的页面。

(8) 设计登录页面。首先，单击编辑窗口的【设计】标签，将"login.aspx"页面切换到设计视图。然后选择【表】→【插入表】命令，打开【插入表格】对话框，在页面中插入一个 7 行 4 列的表格。如图 13-2 所示，将表格的相应单元格进行合并，适当调整表格大小，并设置单元格背景。然后从【工具箱】的【标准】组中将如表 13-2 所示的 TextBox、DropDownList、Button、Label 和 Image 控件拖动到设计界面相应位置，从【验证】组中将如表 13-2 所示的 RequiredFieldValidator 控件拖动到设计界面相应位置，并依照表 13-2 所示在【属性】面板中设置各控件属性。login.aspx 页面的设计效果如图 13-2 所示。

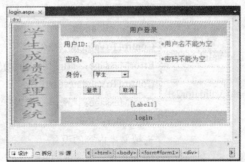

图 13-2　login.aspx 设计界面

(9) 生成登录页面事件函数。双击【登录】按钮，系统会自动生成一个名为 btnLoad_Click 的 ASP.NET 事件函数，同时打开代码编辑窗口。

先在代码编辑窗口的顶端，"<%@ Page Language="C#" %>"标记后面添加如下两行语句。

```
<%@ Import Namespace="System.Data" %>
<%@ Import Namespace="System.Data.SqlClient" %>
```

然后在 btnLoad_Click 函数内添加如下粗体阴影部分的语句。

```
protected void btnLoad_Click(object sender, EventArgs e)
{
    if (Page.IsValid)          //判断页面验证是否通过
    {
        String constr="Server=.\\SQLEXPRESS;Integrated Security =true;
            database = WebJWDB";
```

```
            SqlConnection conn = new SqlConnection(constr);      //创建连接
            conn.Open();      //打开连接
            //创建数据库操作语句
            String cmdstr = "select * from Users where UserID='"+txtUid.Text.
Trim()+"'and Passwd='"+txtPsw.Text.Trim()+"'and Flag='"+
                DropDownList1.SelectedIndex.ToString()+"'";
            SqlCommand cmd = new SqlCommand(cmdstr,conn); //创建命令
            //执行命令,并生成SqlDataReader对象
            SqlDataReader sdr = cmd.ExecuteReader();
            if(sdr.Read())      //登录成功,保存用户身份
            {
                if(DropDownList1.SelectedIndex.ToString()=="0")      //学生身份
                    Session["flag"]="student";
                else if(DropDownList1.SelectedIndex.ToString()=="1") //教师身份
                    Session["flag"]="teacher";
                Session["uid"]=txtUid.Text.Trim();           //保存用户登录 ID
                Session["name"]=sdr.GetString(1);            //保存用户姓名
                Response.Redirect("mainMenu.aspx");          //跳转到主菜单页面
            }
            else
                Label1.Text = "您输入的用户名或密码有误!"; //登录失败时提示错误信息
            conn.Close();         //关闭连接
        }
}
```

(10) 保存 login.aspx 和 Default.aspx, 并运行 Default.aspx 文件, 观察运行效果。

**操作小结：**

(1) 数据库中数据表的创建可以在企业管理器中创建, 也可以在查询分析器中通过 SQL 语句实现。

(2) 图片处理可以通过控件 Image 显示, 也可直接拖入相应位置。

(3) 对数据库操作需要引入命名空间。

```
<%@ Import Namespace="System.Data" %>
<%@ Import Namespace="System.Data.SqlClient" %>
```

(4) Page.IsValid 的使用, 避免了在用户输入错误信息的情况下, 与服务器进行信息通信。

(5) 用户登录成功时, 需保存其身份, 方便以后对其权限的设置。此例中通过 Session 对象实现。

 练习 1：完善登录页面的功能

**开发任务：**

在任务 1 的基础上, 完成【取消】按钮的事件代码。运行效果如图 13-3(a)~(b)所示。

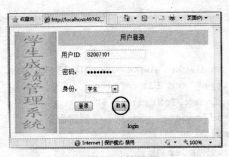 

(a) 输入信息时的效果　　　　　　(b) 单击【取消】按钮后的效果

图 13-3　login.aspx 取消操作的运行效果

**操作步骤：**

(1) 打开 Chapter13 Web 站点。

(2) 生成事件函数。双击【解决方案资源管理器】窗口的"C:\ASPNET\Chapter13"项目，单击【设计】标签将编辑窗口切换到设计视图。双击【取消】按钮，系统会自动生成一个名为 btnCancel_Click 的 ASP .NET 事件函数，同时打开代码编辑窗口。在 btnCancel_Click 函数中添加如下粗体阴影部分语句。

```
protected void btnCancel_Click(object sender, EventArgs e)
{
    txtName.Text = "";              //用户 ID 清空
    txtPsw.Text = "";               //登录密码清空
    DropDownList1.SelectedIndex = 0;//默认设置为学生
    Label1.Text = "";               //删除错误提示信息
}
```

(3) 保存并运行程序 login.aspx，观察运行效果。

**操作小结：**

(1) 取消输入操作，只需要将输入信息清空即可。
(2) 取消 DropDownList 的用户更改项，只需要将其默认选项索引设置为 0 即可。
(3) 同时需清除错误提示信息内容。

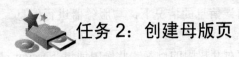

## 任务 2：创建母版页

**开发任务：**

创建母版页 MasterPage.master。

**解决方案：**

母版页使用表 13-3 所示的 ASP .NET 服务器控件完成指定的开发任务。

# 第13章 使用 ASP.NET 开发学生成绩管理系统

表 13-3 母版页控件及属性说明

| 类型 | ID | 属性 | 说明 |
|---|---|---|---|
| Image | Image1 | ImageUrl：~/Image/task2.jpg | 显示图片 |
| Button | Button1 | Text：主菜单<br>BackColor：GhostWhite<br>CausesValidation：False | 主菜单导航按钮 |
| Button | Button2 | Text：查询学生信息<br>BackColor：GhostWhite<br>CausesValidation：False | 学生查询成绩按钮 |
| Button | Button3 | Text：查询学生信息<br>BackColor：GhostWhite<br>CausesValidation：False | 教师查询学生成绩按钮 |
| Button | Button4 | Text：修改学生成绩<br>BackColor：GhostWhite<br>CausesValidation：False | 教师修改学生成绩按钮 |
| Button | Button5 | Text：增加学生成绩<br>BackColor：GhostWhite<br>CausesValidation：False | 教师增加学生成绩按钮 |
| Button | Button6 | Text：删除学生成绩<br>BackColor：GhostWhite<br>CausesValidation：False | 教师删除学生成绩按钮 |
| Button | Button7 | Text：退出系统<br>BackColor：GhostWhite<br>CausesValidation：False | 退出系统导航按钮 |
| Label | Label0 | Text：空 | 用户身份提示 |
| Label | Label1 | ForeColor：#33CCFF<br>Text：学生成绩查询 | 学生操作权限范围 |
| Label | Label2 | ForeColor：#33CCFF<br>Text：教师成绩管理 | 教师操作权限范围 |
| HyperLink | HyperLink1 | NavigateUrl：~/mainMenu.aspx<br>Font-Size：X-Large<br>Text：主菜单 | 主菜单链接导航 |
| LinkButton | LinkButton1 | Font-Size：X-Large<br>Text：退出系统<br>CausesValidation：False | 退出系统链接导航 |
| Table | | 页脚 BACKGROUND-COLOR：lightgreen<br>导航 BACKGROUND-COLOR：ghostwhite；BORDER：lightgreen | 控制布局(在样式中设置相关属性) |

**操作步骤：**

(1) 添加图片。在【解决方案资源管理器】窗口的项目中，右击文件夹"Image"，在弹出的快捷菜单中选择【添加现有项】命令，添加图片"task2.jpg"(涉及到的素材可到前言所指明的网址去下载)。

(2) 添加母版页。右击【解决方案资源管理器】的项目"C:\ASPNET\Chapter13"，在弹出的快捷菜单中选择【添加新项】命令，打开【添加新项】对话框，选择【已安装的模版】页下【Visual C#】语言类型的【母版页】模板，在【名称】文本框中输入文件的名称"MasterPage.master"，取消勾选【将代码放在单独的文件中】复选框，单击【添加】按钮。

(3) 母版页界面布局设计。单击编辑窗口的【设计】标签，切换到设计视图。首先剪切 ContentPlaceHolder 控件。然后选择【表】→【插入表】命令，打开【插入表格】对话框，在页面中插入 3 行 2 列的表格。合并第 1 行的单元格，合并 2、3 行左边单元格。从而将页面空间分为四部分：页眉、页脚、导航和内容模块。将剪切掉的 ContentPlaceHolder 控件粘贴到内容模块中。然后从【工具箱】的【标准】组中将如表 13-3 中所示的控件拖动到设计界面相应位置，如图 13-4 所示，并如表 13-3 所示，在【属性】面板中设置控件的属性。

图 13-4　母版页 MasterPage.master 的设计效果

(4) 生成事件函数并添加代码。双击页面空白处，并且分别双击各个 Button 和 LinkButton 按钮，系统会自动生成 Page_Load 事件函数和相应按钮的 Click 事件函数，同时打开代码编辑窗口。分别添加各事件的处理代码，如下粗体阴影部分语句。

```
//Page_Load 事件
protected void Page_Load(object sender, EventArgs e)
{
    if (Session["flag"].ToString().Trim() == "student")  //学生身份
        Label0.Text = "欢迎" + Session["name"].ToString().Trim() + "同学登录";
    else if (Session["flag"].ToString().Trim() == "teacher")    //教师身份
        Label0.Text = "欢迎" + Session["name"].ToString().Trim() + "老师登录";
```

```csharp
        else
            Label0.Text = "请登录系统！";
}
//主菜单
protected void Button1_Click(object sender, EventArgs e)
{
    Response.Redirect("mainMenu.aspx");
}
//本学期成绩
protected void Button2_Click(object sender, EventArgs e)
{
    if (Session["flag"].ToString().Trim() == "student")   //学生身份
        Response.Redirect("stuSelect.aspx");           //转向学生成绩查询页面
    else if (Session["flag"].ToString().Trim() == "teacher")    //教师身份
        Response.Redirect("Error.aspx");         //转向无权访问信息提示页面
    else
        Response.Redirect("login.aspx");        //需登录后访问
}
//查询学生成绩
protected void Button3_Click(object sender, EventArgs e)
{
    if (Session["flag"].ToString().Trim() == "student")    //学生身份
        Response.Redirect("Error.aspx");         //转向无权访问信息提示页面
    else if (Session["flag"].ToString().Trim() == "teacher")   //教师身份
        Response.Redirect("selManage.aspx");     //转向教师查询学生成绩页面
    else
        Response.Redirect("login.aspx");         //需登录后访问
}
//修改学生成绩
protected void Button4_Click(object sender, EventArgs e)
{
    if (Session["flag"].ToString().Trim() == "student")     //学生身份
        Response.Redirect("Error.aspx");         //转向无权访问信息提示页面
    else if (Session["flag"].ToString().Trim() == "teacher")//教师身份
        Response.Redirect("updateManage.aspx");  //转向教师修改学生成绩页面
    else
        Response.Redirect("login.aspx");         //需登录后访问
}
//增加学生成绩
protected void Button5_Click(object sender, EventArgs e)
{
    if (Session["flag"].ToString().Trim() == "student")       //学生身份
        Response.Redirect("Error.aspx");         //转向无权访问信息提示页面
    else if (Session["flag"].ToString().Trim() == "teacher")//教师身份
        Response.Redirect("addManage.aspx");     //转向教师修改增加学生成绩页面
    else
        Response.Redirect("login.aspx");         //需登录后访问
```

```
}
//删除学生成绩
protected void Button6_Click(object sender, EventArgs e)
{
    if (Session["flag"].ToString().Trim() == "student")     //学生身份
        Response.Redirect("Error.aspx");              //转向无权访问信息提示页面
    else if (Session["flag"].ToString().Trim() == "teacher")//教师身份
        Response.Redirect("delManage.aspx");        //转向教师删除学生成绩页面
    else
        Response.Redirect("login.aspx");             //需登录后访问
}
//退出系统
protected void Button7_Click(object sender, EventArgs e)
{
    //清除 Session,转向登录页面
    Session.Abandon();
    Response.Redirect("login.aspx");
}
//退出系统
protected void LinkButton1_Click(object sender, EventArgs e)
{
    //清除 Session,转向登录页面
    Session.Abandon();
    Response.Redirect("login.aspx");
}
```

(5) 保存文件 MasterPage.master。

**操作小结：**

(1) 母版页的设计可以根据需要设计多个模块。

(2) 导航部分的按钮事件中，通过 Session 变量的值进行用户身份的验证，以控制不同用户的访问权限。有三种情况：Session["flag"]的值为"teacher"，表示教师身份；Session["flag"]的值为"student"，表示学生身份；Session["flag"]的值为空，表示没有登录，返回到登录页面。

(3) 根据 Page_Load 事件，母版在每次载入时会根据存储在 Session["name"]中的信息显示欢迎信息。

(4) 退出系统时需清空 Session 变量值，使用方法 Abandon()：Session.Abandon()。

(5) 母版页设计的是一组页面的公共部分功能。应用母版页之后，可以通过修改母版页，实现对一组页面统一布局和修改。

(6) 母版页创建之后，开发人员可以将主要精力放在内容页具体功能的实现上。

 练习 2：使用母版页创建主菜单页面

**开发任务：**

利用任务 2 中创建的母版页，设计主菜单页面 mainMenu.aspx。运行效果如图 13-5 所示。

图 13-5 mainMenu.aspx 程序运行效果

**解决方案：**

mainMenu.aspx Web 页面使用母版页完成指定的开发任务。

**操作步骤：**

(1) 添加 ASP .NET 页面。右击【解决方案资源管理器】窗口的项目 "C:\ASPNET\Chapter13"，在弹出的快捷菜单中选择【添加新项】命令，新建名为 mainMenu.aspx 的 Web 页面，选择任务 2 中创建的母版页 "MasterPage.master"。

(2) 观察 ASP .NET 页面效果。单击【设计】标签，切换到设计视图，观察页面效果。

(3) 保存并运行 mainMenu.aspx，观察运行效果。

**操作小结：**

在创建 Web 页面时勾选【选择母版页】复选框，即可将母版页应用到此页面。

## 任务 3：使用母版页创建教师查询学生信息页面

**开发任务：**

使用母版页设计程序 selManage.aspx，实现教师按条件查询学生信息的功能。运行效果如图 13-6 所示。

(1) 进入查询页面后，提示输入综合查询条件，包括系别、起始学号、终止学号和姓名，如图 13-6(a)所示。

(2) 在各查询条件中选择或输入查询条件，其中【姓名】文本框中可以输入部分姓名(如只输入姓："张")，单击【查询】按钮后页面即根据查询条件显示相应的学生成绩信息，如图 13-6(b)所示。

(3) 如果未设定任何查询条件，单击【查询】按钮后，则页面显示 "请设定查询条件！" 的错误提示信息，如图 13-6(c)所示。

(4) 如果设定了查询条件，单击【查询】按钮后查询不到指定条件下的记录信息，则页面显示 "没有符合条件的数据，请重新设定查询条件！" 的提示信息，如图 13-6(d)所示。

(a) 选择成绩查询后的页面

(b) 输入查询条件查询学生信息

(c) 没有输入查询条件

(d) 根据查询条件没有查到信息

图 13-6  selManage.aspx 程序运行效果

**解决方案：**

selManage.aspx 页面使用表 13-4 所示的 ASP .NET 服务器控件完成指定的开发任务。

表 13-4  selManage.aspx 的页面控件及属性说明

| 类型 | ID | 属性 | 说明 |
| --- | --- | --- | --- |
| TextBox | txtBUid |  | 【开始学号】输入文本框 |
| TextBox | txtEUid |  | 【结束学号】输入文本框 |
| TextBox | txtName |  | 【姓名条件】输入文本框 |
| DropDownList | drpDept |  | 【系别条件】下拉列表框 |
| Button | Button8 | Text：查询 | 【查询】按钮 |
| GridView | GridView1 | 点击控件智能标记，自动套用格式：专业版 | 显示查询信息 |
| Label | Label3 | ForeColor：red<br>Text：设为空 | 用于显示提示信息 |
| Table | Table1 |  | 控制布局 |

**操作步骤：**

（1）添加 ASP .NET 页面。新建名为 selManage.aspx 的 Web 页面选择任务 2 中创建的母版页"MasterPage.master"。

（2）设计页面。单击【设计】标签，在 Content 控件中，首先选择【表】→【插入表】命令插入表格，然后从【工具箱】的【标准】、【数据】组中依次将如表 13-4 所示的控件拖到如图 13-7 所示设计界面的相应位置，并依照表 13-4 所示在【属性】面板中设置控件的属性。

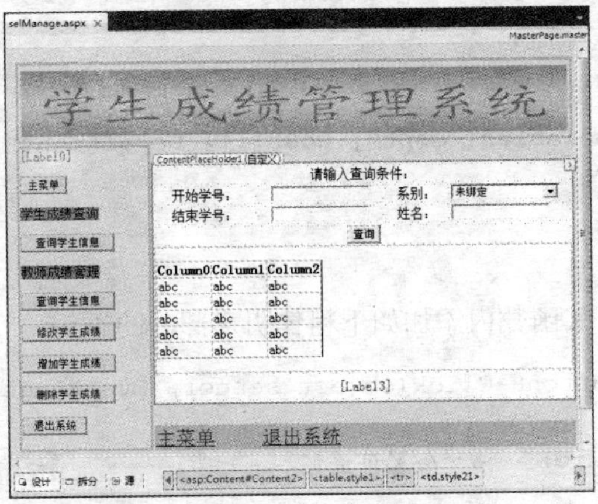

图 13-7  selManage.aspx 页面设计效果

(3) 添加事件函数。双击页面空白处和【查询】按钮，系统会自动生成名为 Page_Load 和 Button8_Click 的 ASP .NET 事件函数，同时打开代码编辑窗口。

先在代码编辑窗口的顶端，"<%@ Page Language="C#" %>"标记后面添加如下两行语句。

```
<%@ Import Namespace="System.Data" %>
<%@ Import Namespace="System.Data.SqlClient" %>
```

然后在 Page_Load 函数内添加如下粗体阴影部分的语句。

```
protected void Page_Load(object sender, EventArgs e)
{
    if (drpDept.Items.Count > 0) return;

    //创建并打开连接
    String constr = "Server=.\\SQLEXPRESS;Integrated Security=true;
        database=WebJWDB";
    SqlConnection conn;
    conn = new SqlConnection(constr);
    conn.Open();
    //创建操作数据库的命令
    String cmdstr = "select distinct Department from Exam";
    SqlCommand cmd;
    cmd = new SqlCommand(cmdstr, conn);
    //创建适配器
    SqlDataAdapter sda = new SqlDataAdapter();
    sda.SelectCommand = cmd;
    //创建数据集,并填充数据表数据
    DataSet ds = new DataSet();
    sda.Fill(ds, "dept");
    //将查询结果绑定到数据显示控件
```

```
            drpDept.Items.Clear();
            drpDept.Items.Add("");
            int i = 0;
            while (i < ds.Tables["dept"].Rows.Count)
            {
drpDept.Items.Add(ds.Tables["dept"].Rows[i]["Department"].ToString());
                i++;
            }
        }
```

最后在 Button8_Click 函数内添加如下粗体阴影部分的语句。

```
protected void Button8_Click(object sender, EventArgs e)
{
        if (Page.IsValid)          //验证通过
        {
            Label3.Text = "";
            String sdept = drpDept.SelectedItem.Text.Trim();
            String sbuid = txtBUid.Text.Trim();
            String seuid = txtEUid.Text.Trim();
            String sname = txtName.Text.Trim();
            if ((sdept == "") && (sbuid == "") && (seuid == "") && (sname == ""))
            {
                Label3.Text = "请设定查询条件！";
                return;
            }
            //创建并打开连接
            String constr = "Server=.\\SQLEXPRESS;Integrated Security=true;
                database= WebJWDB";
            SqlConnection conn;
            conn = new SqlConnection(constr);
            conn.Open();
            //创建操作数据库的命令
            String cmdstr = "select * from Exam where 1=1 ";
            if (sdept != "") cmdstr += "and Department='" + sdept + "' ";
            if (sname != "") cmdstr += "and StuName like '%" + sname + "%' ";
            if (sbuid != "")
            {
                if (seuid == "")
                    cmdstr += "and StuID='" + sbuid + "' ";
                else
                    cmdstr += "and StuID>='" + sbuid + "' and StuID<='" + seuid + "' ";
            }
            else
            {
                if (seuid != "") cmdstr += "and StuID='" + seuid + "' ";
            }
```

```csharp
        SqlCommand cmd;
        cmd = new SqlCommand(cmdstr, conn);
        //创建适配器
        SqlDataAdapter sda = new SqlDataAdapter();
        sda.SelectCommand = cmd;
        //创建数据集,并填充数据表数据
        DataSet ds = new DataSet();
        sda.Fill(ds, "stu");
        //将查询结果绑定到数据显示控件
        if (ds.Tables["stu"].Rows.Count >= 1)
        {
            DetailsView1.DataSource = ds.Tables["stu"];
            DetailsView1.DataBind();
        }
        else            //不存在所要查询的信息
        {
            GridView1.DataSource = null;
            GridView1.DataBind();
            Label3.Text = "没有符合条件的数据,请重新设定查询条件! ";
        }
        //关闭连接
        conn.Close();
    }
}
```

(4) 保存并运行 selManage.aspx。测试运行程序并观察运行效果。

**操作小结:**

(1) 应用了母版页的 ASP .NET 页面 selManage.aspx,称为内容页。内容页的设计只允许在 Content 控件中进行。

(2) 教师查询学生信息页面 selManage.aspx 只有教师才有访问权,学生无权访问。

(3) 在程序中生成 SQL 查询语句时,当查询条件可变时,可在 Where 子句头部插入一个永真的(如 1=1 等)辅助条件,以便用 and 符号连接其他条件。

(4) GridView 控件以表格形式显示一批记录。GridView 和数据集控件的动态绑定可以通过形如:"DetailsView1.DataSource = ds.Tables["stu"];DetailsView1.DataBind();"的语句实现。

**练习 3:使用母版页创建学生查询自己信息页面**

**开发任务:**

利用任务 2 中创建的母版页,设计主菜单页面 stuSelect.aspx,实现登录学生用户查询自己的成绩信息,运行效果如图 13-8 所示。

**解决方案:**

stuSelect.aspx Web 页面使用母版页和一个 DetailsView 控件完成指定的开发任务。

**操作步骤:**

(1) 添加 ASP .NET 页面。按照前述步骤使用母版 MasterPage.master 创建名为

stuSelect.aspx 的 Web 页面。

(2) 设计页面效果。从【工具箱】的【数据】组中选择 DetailsView 控件插入到页面，并向页面中插入 1 个 Label 控件用于显示提示信息。页面设计效果如图 13-9 所示。

图 13-8　stuSelect.aspx 程序运行效果

图 13-9　stuSelect.aspx 设计界面

(3) 添加事件代码。双击页面空白处，系统自动生成一个 Page_Load 事件，并自动打开代码编辑窗口。在事件函数中输入如下阴影粗体部分语句。

```csharp
protected void Page_Load(object sender, EventArgs e)
{
    //创建并打开连接
    String constr = "Server=.\\SQLEXPRESS;Integrated Security=true;
            database=WebJWDB";
    SqlConnection conn;
    conn = new SqlConnection(constr);
    conn.Open();
    //创建操作数据库的命令
    String cmdstr = "select * from Exam where StuID='" +
            Session["uid"].ToString().Trim() + "'";
    SqlCommand cmd;
    cmd = new SqlCommand(cmdstr, conn);
    //创建适配器
    SqlDataAdapter sda = new SqlDataAdapter();
    sda.SelectCommand = cmd;
    //创建数据集，并填充数据表数据
    DataSet ds = new DataSet();
    sda.Fill(ds, "stu");
    //将查询结果绑定到数据显示控件
    if (ds.Tables["stu"].Rows.Count >= 1)
    {
        DetailsView1.DataSource = ds.Tables["stu"];
        DetailsView1.DataBind();
    }
    else            //不存在所要查询的信息
        Label3.Text = "没有您所要查的信息";
    //关闭连接
    conn.Close();
}
```

第 13 章 使用 ASP .NET 开发学生成绩管理系统

(4) 保存并运行 stuSelect.aspx，观察运行效果。

**操作小结：**

(1) 学生查询自己信息页面 stuSelect.aspx 只有学生有访问权，且学生信息在登录时已经提供并保存在 Session 中，故可在页面加载时自动查询信息。

(2) DetailsView 控件以列表形式显示一条记录。数据源的绑定方式和 GridView 控件相同。

### 任务 4：使用母版页创建教师修改学生成绩页面

**开发任务：**

使用母版页设计程序 updateManage.aspx，实现教师修改学生成绩的功能。教师登录后，单击导航模块中的【修改学生成绩】按钮，转到 updateManage.aspx 页面，此页面运行效果如图 13-10 所示。

(a) 进入修改成绩界面

(b) 单击【查询】按钮后的效果

(c) 单击【编辑】按钮后的效果

(d) 单击【更新】按钮后的效果

图 13-10　updateManage.aspx 页面运行效果

**解决方案：**

updateManage.aspx 页面使用表 13-5 所示的 ASP .NET 服务器控件完成指定的开发任务。

285

表 13-5 updateManage.aspx 的页面控件及属性说明

| 类型 | ID | 属性 | 说明 |
| --- | --- | --- | --- |
| TextBox | TextBox3 | | 【学号】文本框 |
| Button | Button8 | Text：查询 | 【查询】按钮 |
| RequiredFieldValidator | RequiredFieldValidator1 | ErrorMessage：*请输入学生的学号<br>ControlToValidate：TextBox3 | 验证控件(文本框不允许为空) |
| DetailsView | DetailsView1 | | 显示信息，编辑信息 |
| Label | Label3 | ForeColor：Blue<br>去掉文本内容(Text)的设置 | 信息提示 |
| Table | Table1、Table2、Table3 | | 控制布局 |

**操作步骤：**

(1) 添加 ASP .NET 页面。使用 MasterPage.master 母版页创建名为 updateManage.aspx 的 Web 页面。

(2) 设计页面。单击【设计】标签，切换到设计视图。选择【表】→【插入表】命令插入一个 4 行 3 列的表格，然后从【工具箱】的【标准】、【数据】组中将如表 13-5 所示的控件拖到如图 13-11 所示设计界面的相应位置，并依照表 13-5 所示在【属性】面板中设置控件的属性。

图 13-11 updateManage.aspx 页面设计效果

(3) 设置 DetailsView 的数据绑定字段。

① 单击 DetailsView 控件的智能标记，展开其任务菜单，选择【添加新字段】命令，如图 13-12(a)所示。在打开的【添加字段】对话框中设置【选择字段类型】，输入【页眉文本】和【数据字段】，如图 13-12(b)所示。

② 为 DetailsView 控件分别添加 BoundField 字段类型的学号、姓名、性别、系别、政治、英语、数学和计算机字段。数据字段分别对应数据表 Exam 中的字段名：StuID、StuName、Gender、Department、Politics、English、Maths 和 Computer。在添加学号、姓名、性别、系别这四个字段的同时，勾选【只读】复选框，其他四个字段不勾选【只读】复选框。

③ 为 DetailsView 控件添加 CommandField 字段类型的"编辑"字段。在【选择字段类型】下拉列表中选择"CommandField"、在【页眉文本】输入框中输入"编辑"、在【按

钮类型】下拉列表中选择"Link",并勾选【编辑/更新】和【显示取消按钮】复选框,单击【确定】按钮,如图 13-12(c)所示。

④ 单击 DetailsView 控件的智能标记,展开其任务菜单,选择【编辑字段】命令,在打开的【字段】对话框中取消勾选【自动生成字段】复选框,单击【确定】按钮,如图 13-12(d)所示。

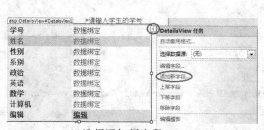
(a)选择添加新字段

(b)添加字段

(c)添加命令字段

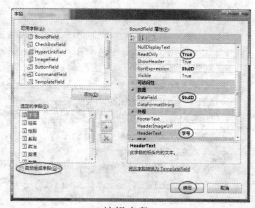
(d)编辑字段

图 13-12　设置 DetailsView 的数据绑定信息

⑤ 设置主键。在 DetailsView1 控件的【属性】面板中设置属性 DataKayNames 的值为"StuID"。

(3) 生成事件函数。在页面设计窗口,双击【查询】标签,系统会自动生成一个名为 Button8_Click 的 ASP .NET 事件函数,同时打开事件编辑窗口。在 DetailsView 控件的【属性】面板中单击事件图标，分别双击 ModeChanging 操作和 ItemUpdating 操作,如图 13-13 所示,系统会自动生成相应的名为 DetailsView1_ModeChanging 和 DetailsView1_ItemUpdating 的 ASP .NET 事件函数,同时打开事件编辑窗口。

图 13-13　DetailsView 的事件函数

(4) 分别加入事件的处理代码。

先在 ASP.NET 页面 Page 声明后面加入如下粗体阴影部分语句。

```
<%@ Title="" Page Language="C#" MasterPageFile="~/MasterPage.master" %>
<%@ Import Namespace="System.Data" %>
<%@ Import Namespace="System.Data.SqlClient" %>
```

然后加入添加如下粗体阴影部分的语句。

```
//绑定函数:
protected void bind(String stuNum)
{
    //创建并打开连接
    String constr = "Server=.\\SQLEXPRESS;Integrated Security = True;
            Database=WebJWDB";
    SqlConnection conn = new SqlConnection(constr);
    conn.Open();
    //创建操作数据库的命令
    String cmdstr = "select * from Exam where StuID='"+stuNum+"'";
    SqlCommand cmd = new SqlCommand(cmdstr, conn);
    //创建适配器
    SqlDataAdapter sda = new SqlDataAdapter();
    sda.SelectCommand = cmd;
    //创建数据集,并填充数据表数据
    DataSet ds = new DataSet();
    sda.Fill(ds, "stu");
    //将查询结果绑定到数据显示控件DetailView
    if (ds.Tables["stu"].Rows.Count > 0)
    {
        DetailsView1.DataSource = ds.Tables["stu"];
        DetailsView1.DataBind();
    }
    else
        Label3.Text = "没有您要修改的信息";
    conn.Close();
}
//查询学生成绩:
protected void Button8_Click(object sender, EventArgs e)
{
    if(Page.IsValid)
        bind(TextBox1.Text.Trim());
}
//编辑:
protected void DetailsView1_ModeChanging(object sender, DetailsViewMode EventArgs e)
{
    DetailsView1.ChangeMode(e.NewMode);
    bind(TextBox1.Text.Trim());
}
```

```
//更新：
protected void DetailsView1_ItemUpdating(object sender, DetailsViewUpdate
EventArgs e)
{
    //获取可更新的数据
    TextBox txtbox = (TextBox)(DetailsView1.Rows[4].Cells[1].Controls[0]);
    String politics = txtbox.Text.Trim();
    txtbox = (TextBox)(DetailsView1.Rows[5].Cells[1].Controls[0]);
    String english = txtbox.Text.Trim();
    txtbox = (TextBox)(DetailsView1.Rows[6].Cells[1].Controls[0]);
    String maths = txtbox.Text.Trim();
    txtbox = (TextBox)(DetailsView1.Rows[7].Cells[1].Controls[0]);
    String computer = txtbox.Text.Trim();
    //创建并打开连接
    String constr = "Server=.\\SQLEXPRESS;
    Integrated Security = True;Database=WebJWDB";
    SqlConnection conn = new SqlConnection(constr);
    conn.Open();
    //创建操作数据库的命令
    String cmdstr = "update Exam set Politics=" + politics + ",English=" +
        english + ",Maths=" + maths + ",Computer=" + computer + " where StuID='"
        + DetailsView1.DataKey.Value.ToString().Trim() + "'";
    SqlCommand cmd = new SqlCommand(cmdstr, conn);
    //执行命令
    if (cmd.ExecuteNonQuery()>0)
        Label3.Text = "修改成功！";
    else
        Label3.Text = "修改操作失败！";
    //关闭连接
    conn.Close();
    //结束更新模式，使处于只读模式
    DetailsView1.ChangeMode(DetailsViewMode.ReadOnly);
    bind(TextBox1.Text.Trim());
}
```

(5) 保存并运行 updateManage.aspx，观察运行效果。

**操作小结：**

(1) 为 DetailsView 控件添加字段，并指定数据字段，使得与数据表中指定字段相关联。

(2) 通过为 DetailsView 控件添加命令字段，实现 DetailsView 控件中信息的编辑，此编辑功能需要通过编码实现。

(3) 事件 DetailsView1_ModeChanging 是在 DetailsView 控件模式更改前被激发的，事件 DetailsView1_ItemUpdating 是在对数据源操作之前被激发的。这两个事件相结合，完成所要求的开发任务。

(4) 函数 bind()是自定义的绑定函数。

(5) 单击【编辑】按钮时，需要在 DetailsView1_ModeChanging 事件中编码实现模式的更改，并重新绑定。由如下语句实现。

```
DetailsView1.ChangeMode(e.NewMode)
```

```
bind(TextBox1.Text.Trim())
```

(6) 在对数据表更新后，需编码实现 DetailsView 控件退出编辑模式，恢复为只读模式，并重新绑定。由如下语句实现。

```
DetailsView1.ChangeMode(DetailsViewMode.ReadOnly)
bind(TextBox1.Text.Trim())
```

**练习 4：使用母版页创建教师增加学生成绩页面**

**开发任务：**

使用母版页设计程序 addManage.aspx，实现教师增加学生成绩的功能。教师登录后，单击导航模块中的【增加学生成绩】按钮，转到 addManage.aspx 页面，此页面运行效果如图 13-14 所示。

(a) 输入添加学生成绩信息　　　　　　　　(b) 单击【添加】按钮后的运行效果

图 13-14　addManage.aspx 程序运行效果

**解决方案：**

addManage.aspx 页面使用表 13-6 所示的 ASP .NET 服务器控件完成指定的开发任务。

表 13-6　addManage.aspx 的页面控件及属性说明

| 类型 | ID | 属性 | 说明 |
| --- | --- | --- | --- |
| TextBox | TextBox1 | | 【学号】文本框 |
| TextBox | TextBox2 | | 【姓名】文本框 |
| RadioButtonList | RadioButtonList1 | Items：男(默认)、女<br>RepeatDirection：Horizontal | 【性别】单选按钮 |
| TextBox | TextBox3 | | 【系别】文本框 |
| TextBox | TextBox4 | | 【政治】文本框 |
| TextBox | TextBox5 | | 【英语】文本框 |
| TextBox | TextBox6 | | 【数学】文本框 |

续表

| 类型 | ID | 属 性 | 说 明 |
|---|---|---|---|
| TextBox | TextBox7 | | 【计算机】文本框 |
| RequiredFieldValidator | RequiredFieldValidator1 | ControlToValidate：TextBox1<br>ErrorMessage：*不允许为空 | 必填项验证控件 |
| RequiredFieldValidator | RequiredFieldValidator2 | ControlToValidate：TextBox2<br>ErrorMessage：*不允许为空 | 必填项验证控件 |
| RequiredFieldValidator | RequiredFieldValidator3 | ControlToValidate：TextBox4<br>ErrorMessage：*不允许为空 | 必填项验证控件 |
| RequiredFieldValidator | RequiredFieldValidator4 | ControlToValidate：TextBox5<br>ErrorMessage：*不允许为空 | 必填项验证控件 |
| RequiredFieldValidator | RequiredFieldValidator5 | ControlToValidate：TextBox6<br>ErrorMessage：*不允许为空 | 必填项验证控件 |
| RequiredFieldValidator | RequiredFieldValidator6 | ControlToValidate：TextBox7<br>ErrorMessage：*不允许为空 | 必填项验证控件 |
| RangeValidator | RangeValidator1 | ErrorMessage：*0 到 100 之间<br>ControlToValidate：TextBox4<br>MaximumValue：100<br>MinimumValue：0<br>Type：Integer | 值范围验证控件 |
| RangeValidator | RangeValidator2 | ErrorMessage：*0 到 100 之间<br>ControlToValidate：TextBox5<br>MaximumValue：100<br>MinimumValue：0<br>Type：Integer | 值范围验证控件 |
| RangeValidator | RangeValidator3 | ErrorMessage：*0 到 100 之间<br>ControlToValidate：TextBox6<br>MaximumValue：100<br>MinimumValue：0<br>Type：Integer | 值范围验证控件 |
| RangeValidator | RangeValidator4 | ErrorMessage：*0 到 100 之间<br>ControlToValidate：TextBox7<br>MaximumValue：100<br>MinimumValue：0<br>Type：Integer | 值范围验证控件 |
| Button | Button8 | Text：添加 | 【添加】按钮 |
| Button | Button9 | Text：取消<br>CausesValidation：False | 【取消】按钮 |
| Label | Label3 | ForeColor：Blue<br>清除 Text 属性设置 | 显示信息 |
| Table | | | 控制布局 |

**操作步骤：**

(1) 新建 ASP .NET 页面。使用 MasterPage.master 母版页创建名为 addManage.aspx 的 Web 页面。

(2) 设计 addManage.aspx 页面。单击【设计】标签，切换到设计视图。选择【表】→【插入表】命令，插入一个 11 行 3 列的表格，如图 13-15 所示设计单元格背景。然后从【工具箱】的【标准】和【验证】组中将如表 13-6 所示的控件拖动到设计界面相应位置如图 13-15 所示，并依照表 13-6 所示在【属性】面板中设置控件的属性。

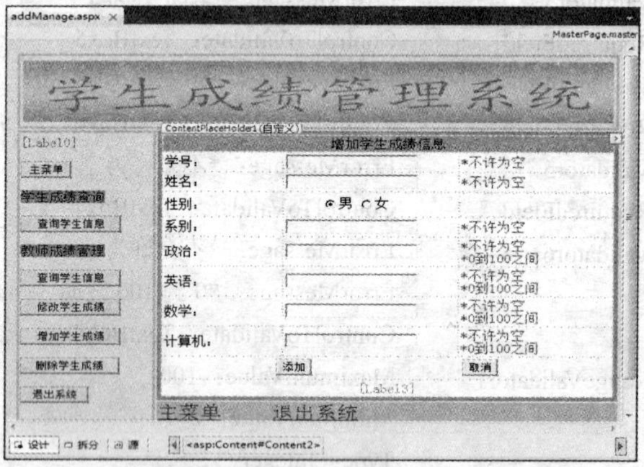

图 13-15 addManage.aspx 页面设计效果

(3) 生成按钮事件。在设计窗口双击【添加】按钮，系统将自动生成一个名为 Button8_Click 的 ASP .NET 事件函数；在设计窗口双击【取消】按钮，系统将自动生成一个名为 Button9_Click 的 ASP .NET 事件函数，同时打开代码编辑窗口。

(4) 分别加入事件的处理代码。

先在 ASP .NET 页面 Page 声明后面加入如下粗体阴影部分语句。

```
<%@ Title="" Page Language="C#" MasterPageFile="~/MasterPage.master" %>
<%@ Import Namespace="System.Data" %>
<%@ Import Namespace="System.Data.SqlClient" %>
```

然后加入添加如下粗体阴影部分的语句。

```
//添加操作:
protected void Button8_Click(object sender, EventArgs e)
{
    if (Page.IsValid)
    {
        //创建并打开连接
        String constr = "Server=.\\SQLEXPRESS;Integrated Security =True;
            Database=WebJWDB";
        SqlConnection conn = new SqlConnection(constr);
        conn.Open();
        //创建操作数据库的命令
        string cmdstr = "select * from Exam where StuID='" + TextBox1.
```

```csharp
Text.Trim() + "'";
        SqlCommand cmd = new SqlCommand();
        cmd.CommandText = cmdstr;
        cmd.Connection = conn;
        //执行命令
        SqlDataReader sdr = cmd.ExecuteReader();
        //判断添加信息是否已经存在
        if (sdr.Read())        //读取成功,信息已存在
        {
            sdr.Close();
            Label3.Text = "已存在该学生的成绩信息";
            conn.Close();
        }
        else        //读取不成功,可以添加信息
        {
            sdr.Close();
            cmdstr = "insert into Exam values('" + TextBox1.Text.Trim() + "','"
+TextBox2.Text.Trim() + "','" + RadioButtonList1.Text.Trim() + "','" + TextBox3.
Text.Trim() + "'," + TextBox4.Text.Trim() + "," + TextBox5.Text.Trim() + "," +
TextBox6.Text.Trim() + "," + TextBox7.Text.Trim() + ")";
            cmd.CommandText = cmdstr;
            if (cmd.ExecuteNonQuery() > 0)
            Label3.Text = "添加成功!";
            else
                Label3.Text = "添加失败!";
            conn.Close();        //关闭连接
            RadioButtonList1.SelectedIndex = 0;
            TextBox3.Text = "";
            TextBox4.Text = "";
            TextBox5.Text = "";
            TextBox6.Text = "";
            TextBox7.Text = "";
        }
    }
}
//取消操作:
protected void Button9_Click(object sender, EventArgs e)
{
    TextBox1.Text = "";
    TextBox2.Text = "";
    RadioButtonList1.SelectedIndex = 0;
    TextBox3.Text = "";
    TextBox4.Text = "";
    TextBox5.Text = "";
    TextBox6.Text = "";
    TextBox7.Text = "";
}
```

(5) 保存并运行 addManage.aspx 文件,观察运行效果。

**操作小结：**

(1) 对数据库执行添加信息之前，需判断该信息是否已经存在，并给出相应提示信息。
(2) 添加操作执行之后，应清除文本框中信息。

## 任务5：使用母版页创建教师删除学生成绩页面

**开发任务：**

使用母版页设计程序 delManage.aspx，实现教师对学生成绩的删除操作。教师登录后，单击导航模块中的【删除学生成绩】按钮，转到 delManage.aspx 页面，此页面运行效果如图 13-16 所示。

(a) 查询显示将要删除的学生成绩信息　　　　(b) 单击【删除】按钮时的运行效果

图 13-16　delManage.aspx 运行效果

**解决方案：**

delManage.aspx 页面使用表 13-7 所示的 ASP .NET 服务器控件完成指定的开发任务。

表 13-7　delManage.aspx 页面的控件及属性说明

| 类型 | ID | 属性 | 说明 |
| --- | --- | --- | --- |
| TextBox | TextBox1 |  | 【学号】文本框 |
| Button | Button1 | Text：查询 | 【查询】按钮 |
| RequiredFieldValidator | RequiredFieldValidator1 | ErrorMessage：*请输入学生的学号<br>ControlToValidate：TextBox1 | 验证控件(文本框不允许为空) |
| DetailsView | DetailsView1 |  | 显示信息，编辑信息 |
| Table | Table1 |  | 控制布局 |

**操作步骤：**

(1) 新建 ASP .NET 页面。使用母版页 MasterPage.master 新建名为 delManage.aspx 的 Web 页面。

(2) 设计 ASP .NET 页面。单击【设计】标签，切换到设计视图。选择【表】→【插入表】命令,插入一个 4 行 3 列的表格。然后从【工具箱】的【标准】和【验证】组中将如表 13-7 所示的控件拖到设计界面相应位置,如图 13-18 所示,并依照表 13-7 所示在【属性】面板中设置控件的属性。单击 DetailsView 控件的智能标记,展开其任务菜单,选择【添加新字段】命令,在打开的【添加字段】对话框中,添加 CommandField 类型的"删除"命令字段,如图 13-17 所示。delManage.aspx 页面最终的设计效果如图 13-18 所示。

图 13-17 添加"删除"命令字段

图 13-18 delManage.aspx 的设计界面

(3) 生成事件函数。在页面设计窗口,双击【查询】按钮,系统会自动生成一个名为 Button8_Click 的 ASP .NET 事件函数,同时打开事件编辑窗口。在 DetailsView 控件的【属性】面板中,单击事件图标 ,双击 ItemDeleting 操作,系统会自动生成一个名为 DetailsView1_ItemDeleting 的 ASP .NET 事件函数,同时打开事件编辑窗口。

(4) 分别加入事件的处理代码。

先在 ASP .NET 页面 Page 声明后面加入如下粗体阴影部分语句。

```
<%@ Title="" Page Language="C#" MasterPageFile="~/MasterPage.master" %>
<%@ Import Namespace="System.Data" %>
<%@ Import Namespace="System.Data.SqlClient" %>
```

然后加入添加如下粗体阴影部分的语句。

```
//自定义绑定函数:
protected DataTable bind(String stuNum)
{
    //创建并打开连接
    string constr = "Server=.\\SQLEXPRESS;Integrated Security=true;Database=WebJWDB";
    SqlConnection conn = new SqlConnection(constr);
    conn.Open();
    //创建操作数据库的命令
    String cmdstr = "select * from Exam where StuID='" + TextBox1.Text.Trim() + "'";
    SqlCommand cmd = new SqlCommand(cmdstr,conn);
    //创建适配器
```

```csharp
        SqlDataAdapter sda = new SqlDataAdapter();
        sda.SelectCommand = cmd;
        //创建数据集,并填充数据表数据
        DataSet ds = new DataSet();
        sda.Fill(ds, "stu");
        //关闭连接
        conn.Close();
        //返回数据表
        return ds.Tables["stu"];
    }
    //查询学生成绩:
    protected void Button8_Click(object sender, EventArgs e)
    {
        if (Page.IsValid)
        {
            DataTable table = bind(TextBox1.Text.Trim());
            //将查询结果绑定到数据显示控件DatailsView
            if (table.Rows.Count > 0)
            {
                DetailsView1.DataSource = table;
                DetailsView1.DataBind();
            }
            else
                Label3.Text = "不存在你要删除的学生成绩信息";
        }
    }
    //删除学生成绩:
    protected void DetailsView1_ItemDeleting(object sender, DetailsViewDeleteEventArgs e)
    {
        //创建并打开连接
        String constr = "Server=.\\SQLEXPRESS;Integrated Security=true;Database=WebJWDB";
        SqlConnection conn = new SqlConnection(constr);
        conn.Open();
        //创建操作数据库的命令
        String cmdstr = "delete from Exam where StuID='" + TextBox1.Text.Trim() + "'";
        SqlCommand cmd = new SqlCommand(cmdstr, conn);
        //执行命令
        if (cmd.ExecuteNonQuery() > 0)    //删除成功
        {
            //清除DetailView控件内容
            DetailsView1.DataSource = "";
            DetailsView1.DataBind();
            //显示操作成功提示信息
            Label3.Text = "删除" + TextBox1.Text.Trim() + "信息成功! ";
        }
```

```
        else                    //删除不成功
        {
            //显示操作失败提示信息
            Label3.Text = "删除" + TextBox1.Text.Trim() + "信息失败！";
        }
        //关闭连接
        conn.Close();
}
```

(5) 保存并运行 delManage.aspx 文件，观察运行效果。

**操作小结：**

(1) 自定义绑定函数 bind()的返回值类型为 DataTable。

(2) 在查询要删除的信息时，调用绑定函数 bind()，并在"查询"事件函数中将查询结果绑定显示到 DetailsView 控件。若查询失败，需给出提示信息如图 13-19 所示。

图 13-19 要删除的信息不存在

(3) 事件 DetailsView1_ItemDeleting 是在对数据库执行删除命令前被激发的。对删除操作的结果，需给出必要的提示信息。删除操作成功，需清除 DetailsView 控件内容。

练习 5：使用母版页创建无权访问信息提示页面

**开发任务：**

使用母版页设计程序 Error.aspx，当用户操作超出其权限设置时跳转到该页面。例如，以教师身份登录系统，单击导航模块中的【查询学生信息】按钮，将跳转到 Error.aspx 页面。该页面运行效果如图 13-20 所示。

**解决方案：**

Error.aspx 页面使用 Table 控件和 Label 控件完成指定的开发任务。

**操作步骤：**

(1) 新建 ASP .NET 页面。使用母版页"MasterPage.master"创建名为 Error.aspx 的 Web 页面。

图 13-20 Error.aspx 页面的运行效果

(2) 设计 ASP.NET 页面。单击【设计】标签，切换到设计视图，从【工具箱】的【标准】组中将 1 个 Label 控件拖到设计页面，并设置控件的属性：Label 的 ID 为 Label3、Text 属性为"您无权访问该页面"、ForeColor 的属性值为"Red"、Font-Size 的属性值为"XX-Large"。

(3) 保存并运行 Error.aspx 文件，观察运行效果。

(4) 测试运行该系统。进一步完善该系统功能。

**操作小结：**

错误处理页面在系统开发过程中是必不可少的。

学习小结

通过本章您学习了：

① 学生成绩管理系统的开发过程。

② 创建用户登录页面。

③ 创建母版页及其应用。

④ 创建主菜单页面。

⑤ 创建学生查询页面。

⑥ 创建教师查询学生成绩页面。

⑦ 创建教师修改学生成绩页面。

⑧ 创建教师增加学生成绩页面。

⑨ 创建教师删除学生成绩页面。

⑩ 创建权限设置提示页面。

## 习题

一、单选题

1. 下列命令中，_____对数据库操作引入命名空间。
   A. <%@ Import Namespace="System.DataBase" %>
   B. <%@ Import Namespace="System.Data.Sql" %>
   C. <%@ Import Namespace="System.Data.SqlClient" %>
   D. <%@ Import Namespace="System.Data.ODBC" %>
2. 当用户登录成功时需用_____保存其身份，方便以后对其权限的设置。
   A. Session   B. Application   C. Request   D. Form
3. 下列方法中，_____可以取消下拉列表框的用户更改项。
   A. 将其默认选项索引设置为-1
   B. 将其默认选项索引设置为0
   C. 将其 Text 属性设置为空
   D. 将 Visible 属性设置为 False
4. 下列_____控件可以列表形式显示一条记录。
   A. MultiView   B. GridView   C. DetailsView   D. ListView
5. DetailsView 控件的 CommandField 类型字段不支持下列_____操作。
   A. 新建   B. 更新   C. 删除   D. 恢复

二、填空题

1. 使用_____可以避免在用户输入错误信息时与服务器进行信息通信。
2. 退出系统时一般需清空 Session 变量值，常使用_____方法。
3. _____设计的是一组页面的公共部分功能。用户可以通过其修改实现对一组页面统一布局和修改。
4. 欲将母版页引入到内容页需在代码中添加_____标记。
5. 网站设计中错误显示页面的作用是_____。

三、思考题

1. 本章开发的学生成绩管理系统使用的是哪种模式结构？
2. 事件 DetailsView1_ModeChanging 是在什么情况下被激发的？该事件中如何设置用户的更改模式？

四、实践题

1. 参考本章内容，使用 WebBookshopDB 数据库的 Books 数据表，设计实现一个书店库存管理系统，可以实现登录用户对书籍信息的查询、添加、修改和删除。
2. 参考本章内容，设计实现一个班级的课程管理系统，可以实现不同用户根据权限对课程信息进行查询、添加、修改和删除操作。

第 14 章

# ASP.NET 应用程序的配置和部署

通过本章您将学习：

- ASP.NET 应用程序的概念
- 创建 ASP.NET 应用程序
- 使用 Global.asax
- 配置 ASP.NET 应用程序
- 部署 ASP.NET 应用程序
- 发布和测试 ASP.NET 应用程序

# 第14章 ASP.NET 应用程序的配置和部署

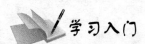学习入门

(1) ASP.NET 应用程序由 IIS 虚拟目录中的所有文件构成。ASP.NET 应用程序可以对应 IIS 站点的主目录，也可以对应在 IIS 站点下创建的虚拟目录。

(2) ASP.NET 应用程序的目录结构一般如下。

MyApp\App_Data：用于存储应用程序数据文件
\App_Themes：用于定义主题和外观
\bin：用于存储预编译代码
\images：用于存储图像文件
\SubFolder：应用程序 Web 页面功能子目录
Default.aspx：默认主页文件
Global.asax：ASP.NET 应用程序文件
web.config：ASP.NET 应用程序配置文件

(3) ASP.NET 应用程序可以包括一个特殊的文件 Global.asax，该文件必须位于 ASP.NET 应用程序的根目录下。在 Global.asax 文件中，可以定义应用程序作用范围的事件处理过程(如 Application_Start、Application_End、Session_Start、Session_End 等)，或定义应用程序作用范围的对象。第一次激活或请求应用程序命名空间内的任何资源或 URL 时，ASP.NET 自动分析该文件并将其编译成动态 .NET Framework 类(此类扩展了 HttpApplication 基类)。

(4) ASP.NET 应用程序的根目录下还包含一个 Web.config 文件，该文件包括使用于整个应用程序的配置信息。常用的配置选项包括身份验证模式、页面缓存、编译器选项、自定义错误、调试和跟踪选项。

① 配置文件(Web.config)可以存在于 ASP.NET 应用程序中的多个位置中，以分别配置整个服务器上的所有 ASP.NET 应用程序、单个 ASP.NET 应用程序、或 ASP.NET 应用程序子目录。配置文件具有层次结构和继承关系。

② 可以直接编辑 Web.config 文件，也可以使用 ASP.NET 配置系统所提供的工具配置应用程序。配置工具包括错误检测功能，因而比文本编辑器简单可靠。

(5) Web 应用程序的安全性包含两个方面的功能：能够识别用户和控制对资源的访问。

① 确定请求实体身份的行为称为身份验证。通常，用户必须出示凭据(如名称/密码等)以便进行身份验证。一旦经过验证的标志可用，就必须确定此标志是否可以访问给定的资源。此过程称为授权。ASP.NET 和 IIS 一起使用，为应用程序提供身份验证和授权服务。

② 若要激活 ASP.NET 身份验证服务，必须在应用程序的配置文件中配置 <authentication mode>元素。该元素可具有表 14-1 所示的值。

表 14-1 \<authentication mode>元素的值及说明

| 值 | 说明 |
| --- | --- |
| None | 没有 ASP.NET 身份验证服务是活动的。注意，IIS 身份验证服务仍可以存在 |
| Windows | ASP.NET 身份验证服务将 WindowsPrincipal(System.Security.Principal.WindowsPrincipal)附加到当前请求以启用对 NT 用户或组的授权 |
| Forms | ASP.NET 身份验证服务管理 Cookie 并将未经身份验证的用户重定向到登录页。它通常与 IIS 选项一起使用以允许匿名访问应用程序 |
| Passport | ASP.NET 身份验证服务为护照 SDK(必须安装在计算机上)提供的服务提供了一个方便的包装 |

(6) 用 ASP .NET 应用程序的部署一般包括五个步骤。
① 准备 ASP .NET 运行环境。
② 复制应用程序目录到目标服务器。
③ 创建应用程序虚拟目录。
④ 配置应用程序。
⑤ 测试应用程序。

## 任务 1：创建 ASP .NET 应用程序默认主页

**开发任务：**

首先创建 ASP .NET 应用程序的目录结构，然后使用 Microsoft Visual Studio 2010 创建默认主页 Default.aspx。运行时，一旦输入图书类别编号，并单击【书目查询】按钮，如图 14-1(a)所示，即跳转到另一个运行页面，显示所输入的图书类别编号(范围：20~28)所对应的图书信息，包括书名、作者、出版社，如图 14-1(b)所示。

(a) 输入图书类别编号

(b) 相应图书类别的图书信息

图 14-1 默认主页 Default.aspx 的运行效果

**解决方案：**

(1) Default.aspx ASP .NET Web 页面使用表 14-2 所示的 Web 服务器控件完成指定的开发任务。

表 14-2 Default.aspx 的页面控件

| 类 型 | ID | 说 明 |
| --- | --- | --- |
| Image | Image1 | 显示由其 ImageUrl 属性定义的图像 |
| TextBox | CategoryID | 图书类别编号文本框 |
| RequiredFieldValidator | RequiredFieldValidator1 | 验证控件(验证图书类别编号) |
| Button | Button1 | 查询按钮 |

(2) Task1.aspx ASP .NET Web 页面使用表 14-3 所示的 Web 服务器控件完成指定的开发任务。

表 14-3 Task1.aspx 的页面控件

| 类 型 | ID | 说 明 |
| --- | --- | --- |
| GridView | GridView1 | 根据图书类别编号查询 Books 数据表中相应图书的具体信息 |
| SqlDataSource | SqlDataSource1 | GridView 数据源 |

**操作步骤：**

（1）创建 ASP .NET 应用程序的目录结构。可以利用 Windows 资源管理器或者命令行实用程序，为第 14 章创建 ASP .NET 应用程序的目录结构。其中，bin 文件夹用于存储预编译代码，Images 文件夹存放本课所需要的图像文件，Search 文件夹存放本课中所生成的除 default.apsx 以外的其他 ASP .NET 页面文件。并将本教材配套素材包(涉及到的素材可到前言所指明的网址去下载)中相应的"C:\ASPNET\Chapter14\images\t14_1.jpg"素材文件复制到本实验环境中。

（2）利用本教程素材包中 ASPNET\SQLDataBase 中的数据库脚本 WebBookshopDB.sql 重新创建完整的网上书店数据库和数据表信息，并自动插入成批的数据表记录信息。具体步骤参见第 8 章任务 3。

（3）运行 Microsoft Visual Studio 2010 应用程序。

（4）创建本地 ASP .NET 空网站：C:\ASPNET\Chapter14。

（5）新建"单文件页模型"的 Web 窗体：Default.aspx，创建新的默认主页。

（6）设计默认主页面。在设计窗口，参照图 14-2 所示，设计默认主页面。分别在【属性】面板中设置各控件属性如下：

① 图像 Image 的 ImageUrl 选择 Chapter14\images\t14_1.jpg 文件。

② 图书类别编号 TextBox 的 ID 为：CategoryID。

③ 图书类别编号 RequiredFieldValidator 验证控件的 Display 为"Dynamic"、ErrorMessage 为"请提供图书类别编号！"、文本内容为"*"、ControlToValidate 为"CategoryID"、ForeColor 为"Red"。

④ 书目查询 Button 的文本内容为"书目查询"。

（7）创建查询按钮事件处理代码。把画面输入的图书类别编号保存到 Session 中，并跳转到查询结果页面 C:\ASPNET\Chapter14\Search\Task1.aspx。代码如下：

```
protected void Button1_Click(object sender, EventArgs e)
{
    Session["CategoryID"] = CategoryID.Text;
    Response.Redirect("~/search/Task1.aspx");
}
```

（8）在 C:\ASPNET\Chapter14\Search 中创建查询结果页面 Task1.aspx。利用 GridView 控件实现根据所输入的图书类别编号查询所对应的图书信息的功能，页面设计如下图 14-3 所示。

（9）新建数据源。在【GridView 任务】菜单中选择【选择数据源】下拉列表中的【新建数据源】命令，如图 14-3 所示，建立与 WebBookshopDB(SQL)数据源的连接，并将连接字符串以默认的名称"WebBookshopDBConnectionString"保存到应用程序配置文件中。

（10）配置 Select 语句。在【配置 Select 语句】配置数据源向导中，选中【指定自定义 SQL 语句或存储过程】单选按钮，单击【下一步】按钮，在随后出现的【定义自定义语句或存储过程】配置数据源向导中，可以利用如图 14-4(a)所示的查询生成器，自定义如图 14-4(b)所示的 Select SQL 查询语句："SELECT Bookname AS 书名, Author AS 作者, Publisher AS 出版社 FROM Books WHERE (CategoryID = @CategoryID)"，将默认主页中输入的图书类别编号作为参数传递给 Task1.aspx 页面中的 GridView 控件。

图 14-2 设计默认主页面

图 14-3 Task1.aspx 的页面设计

(a)查询生成器

(b)自定义 Select 语句

图 14-4 配置 Select 语句

(11) 定义 Select 语句的参数。在随后出现的【定义参数】配置数据源向导的【参数源】下拉列表中选择"Session";在【SessionField】文本框中输入"CategoryID",如图 14-5 所示,将 default.aspx 默认主页中输入的图书类别编号作为参数传递给 Task1.aspx 中的 select 查询语句,以根据图书类别编号查询并显示 WebBookshopDB 数据库中的 Books 数据表中相应图书的具体信息。

(12) Task1.aspx 最后的设计界面如图 14-6 所示。

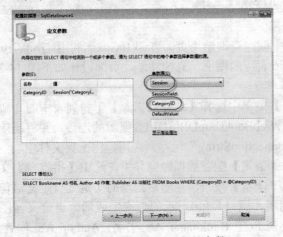

图 14-5 设置 select 语句的参数　　　图 14-6 Task1.aspx 最终的设计界面

(13) 保存并运行 Default.aspx。

## 任务 2：创建 ASP .NET 应用程序访问计数器

**开发任务：**

创建 ASP .NET 应用程序访问计数器。

**解决方案：**

使用 Global.asax。在 Application_Start 事件中创建计数器变量 Application["nCount"]。

**操作步骤：**

(1) 创建 Global.asax。在【解决方案资源管理器】窗口中，右击网站 "C:\ASPNET\Chapter14"，在弹出的快捷菜单中选择【添加新项】命令，打开【添加新项】对话框，选择"全局应用程序类"模板，在 C:\ASPNET\Chapter14 网站中创建 Global.asax，并分别在其 Application_Start 和 Application_End 事件中添加如下加粗阴影代码。

```
void Application_Start(object sender, EventArgs e)
{
    //在应用程序启动时运行的代码
    Application["nCount"] = 0;
    Application["sTime"] = DateTime.Now.ToString();
}
void Application_End(object sender, EventArgs e)
{
    //在应用程序关闭时运行的代码
    Application["nCount"] = 0;
}
```

(2) 保存 Global.asax。

**操作小结：**

(1) ASP .NET Framework 应用程序可以在 Global.asax 文件中定义应用程序或会话范围内的事件处理程序和对象。

(2) 常用的应用程序事件和会话事件包括以下几项。

① Application_Start：请求 ASP .NET 应用程序中第一个资源(如页)时调用。在应用程序的生命周期期间仅调用一次 Application_Start 方法。可以使用此方法执行启动任务，如将数据加载到缓存中以及初始化静态值。

② Application_End：在卸载应用程序之前对每个应用程序生命周期调用一次。使用 Application_End 事件清除与应用程序相关的资源占用信息。

③ Application_Error：用于创建错误处理程序，以在处理请求期间捕捉所有未处理的 ASP .NET 错误，即 try/catch 块或在页级别的错误处理程序中没有捕捉的所有错误。

④ Session_Start：如果请求开始一个新会话，则 Session_Start 事件处理程序在请求开始时运行。如果请求不包含 SessionID 值或请求所包含的 SessionID 属性引用一个已过期的会话，则会开始一个新会话。一般可以使用 Session_Start 事件初始化会话变量并跟踪与会话相关的信息。

⑤ Session_End：如果调用 Session.Abandon 方法中止会话，或会话已过期，则运行 Session_End 事件处理程序。使用 Session_End 事件清除与会话相关的信息，如由 SessionID 值跟踪的数据源中的用户信息。如果超过了某一会话 Timeout 属性指定的分钟数并且在此期间内没有请求该会话，则该会话过期。

(3) Application 对象提供对所有会话的应用程序范围的方法和事件的访问。还提供对可用于存储信息的应用程序范围的缓存的访问。

### 练习1：显示 ASP .NET 应用程序计数

**开发任务：**

修改任务1的默认主页 Default.aspx，增加利用 Application 实现页面计时和计数的功能，即运行界面底部会显示用户登录的日期、时间，并指明登录用户是第几位访问者。运行效果如图 14-7 所示。

**解决方案：**

修改的 Default.aspx ASP .NET Web 页面使用表 14-4 所示的 Web 服务器控件完成指定的开发任务。

表 14-4 修改的 Default.aspx 的页面控件

| 类 型 | ID | 说 明 |
| --- | --- | --- |
| Image | Image1 | 显示由其 ImageUrl 属性定义的图像 |
| TextBox | CategoryID | 【图书类别编号】文本框 |
| RequiredFieldValidator | RequiredFieldValidator1 | 验证控件(验证图书类别编号) |
| Button | Button1 | 【查询】按钮 |
| Label | lblTime | 显示访问时间 |
| Label | lblCount | 显示访问计数 |

**操作提示：**

(1) 修改默认主页面。在设计窗口中，参照图 14-8 所示，设计默认主页面。分别在【属性】面板中设置各控件属性如下。

图 14-7 显示 ASP .NET 应用程序计数的运行效果

图 14-8 修改默认主页面

① 访问时间 Label 的 ID 为 lblTime、文本内容(Text)为空；

② 访问计数 Label 的 ID 为 lblCount、文本内容(Text)为空。

(2) 修改 C:\ASPNET\Chapter14\Default.aspx，在 Page_Load 中添加下列加粗阴影代码，以显示保存在应用程序中的计数器信息。

第 14 章 ASP .NET 应用程序的配置和部署

```
protected void Page_Load(object sender, EventArgs e)
    {
        Application["nCount"] = Convert.ToInt32(Application["nCount"].ToString()) + 1;
        lblTime.Text = Application["sTime"].ToString();
        lblCount.Text = Application["nCount"].ToString();
}
```

(3) 保存并运行 Default.aspx。

**操作步骤：**

参照任务 2 自行完成。

 **任务 3：使用 ASP .NET 配置文件设定应用程序自定义字符串**

**开发任务：**

使用 Web.config 文件配置 ASP .NET 应用程序，以使用应用程序自定义字符串。运行效果如图 14-9 所示。

图 14-9　任务 3 的运行效果

**解决方案：**

(1) 使用 Web.config 的<appSettings>配置和使用应用程序自定义字符串。

(2) Task3.aspx ASP .NET Web 页面使用表 14-5 所示的 Web 服务器控件完成指定的开发任务。

表 14-5　Task3.aspx 的页面控件

| 类　型 | ID | 说　　明 |
| --- | --- | --- |
| Label | lblWelcome | 欢迎信息标签 |
| GridView | GridView1 | 根据图书类别编号查询 Books 数据表中相应图书的具体信息 |
| SqlDataSource | SqlDataSource1 | GridView 数据源 |
| Horizontal Rule | | 水平分隔线 |
| Literal | ltlCopyright | 版本信息标签 |

307

**操作步骤：**

(1) 修改 Web.config 配置文件，在其<configuration>配置节中添加下列加粗阴影的配置代码。

```
<configuration>
    <appSettings>
      <add key="welcome" value=" Welcome to 图书查询系统" />
      <add key="copyright" value="Copyright (c) 2011 by ECNU" />
    </appSettings>
</configuration>
```

(2) 将任务 1 的图书查询结果一览页面 Task1.aspx 复制为 Task3.aspx，保存在 C:\ASPNET\Chapter14\Search\中，略微修改设计界面，完成任务 1 类似的功能(即根据默认页面所输入的图书类别编号查询并显示图书相关信息的功能)。

(3) 修改 Task3.aspx 设计页面。在设计视图下，参照表 14-4 和图 14-10 所示，修改 Task3.aspx 设计页面，分别在【属性】面板中设置新增控件的属性如下。

图 14-10　Task3.aspx 最终的设计界面

① 欢迎信息 Label 的 ID 为 lblWelcome、Text 为空并居中；
② 版本信息 Literal 的 ID 为 ltlCopyright、Text 为 "<%$ AppSettings:copyright %>"、居中。

(4) 修改 Task3.aspx 代码。切换到源代码视图，在代码的头部添加下列加粗阴影的引用指定名称空间的语句，以使用 WebConfigurationManager 类。

```
<%@ Page Language="C#" %>
<%@ Import Namespace="System.Web.Configuration" %>
```

(5) 创建 Page_Load 处理代码。利用 WebConfigurationManager.AppSettings 属性，从 Web.config 配置文件中获取欢迎信息，代码如下。

```
protected void Page_Load(object sender, EventArgs e)
{
    lblWelcome.Text = WebConfigurationManager.AppSettings["welcome"];
}
```

(6) 修改默认主页 Default.aspx 的查询按钮事件处理代码，使其跳转到本任务所设计的查询结果页面 C:\ASPNET\Chapter14\Search\Task3.aspx。代码如下。

```
    protected void Button1_Click(object sender, EventArgs e)
{
        Session["CategoryID"] = CategoryID.Text;
        Response.Redirect("~/search/Task3.aspx");
}
```

(7) 保存并运行 Default.aspx。

**操作小结：**

(1) ASP .NET 配置文件是基于 XML 的文本文件(每个文件均命名为 Web.config)，它们可出现在 ASP .NET Web 应用程序服务器上的任何目录中。每个 Web.config 文件将配置设置应用到它所在的目录和它下面的所有虚拟子目录。

(2) Web.config 配置文件的根元素固定为<configuration>标记，所有的 ASP .NET 配置都封装在该标记中。配置信息分为两个主区域：配置节处理程序声明区域和配置节设置区域。

(3) 使用上述的配置和使用应用程序自定义字符串的方法，可以大大提高应用程序开发和部署的灵活性。同时，也可以简化代码。

(4) 使用 AppSettingsExpressionBuilder 类，按照声明性表达式指定的设置，可以从 Web.config 文件的<appSettings>节中检索值。本任务通过以下表达式从配置文件的<appSettings>节中检索版本信息。

```
<%$ AppSettings: copyright %>
```

## 任务 4：配置 ASP .NET 的安全

**开发任务：**

配置第 13 章创建的 ASP .NET Web 数据库应用程序的安全，当未登录用户访问登录页面以外的页面时，自动跳转到登录页面。

**解决方案：**

使用 Web.config 的安全配置功能。

**操作提示：**

(1) 打开本地 ASP .NET Web 站点：C:\ASPNET\Chapter13。

(2) 修改第 13 章 Web.config 的内容，将<system.web>…</system.web>节中的配置信息修改为下列加粗阴影的代码，为基于窗体的身份验证配置站点、指定传输来自客户端的登录信息的 Cookie 的名称为 ".ASPXAUTH"，并指定当初始身份验证失败时使用的登录页的名称为 "login.aspx"。同时拒绝匿名用户访问站点。

```
<system.web>
<compilation debug="true" targetFramework="4.0"/>
<forms name=".ASPXAUTH" loginUrl="login.aspx" protection="All" timeout="30" path="/">
```

```
</forms>
</authentication>
<authorization>
<deny users="?" />
</authorization>
</system.web>
```

(3) 修改 Login.aspx 代码内容,在其 btnLoad_Click 代码中增加如下加粗阴影所示的代码,为提供的用户名创建一个身份验证票证,并将其添加到响应的 Cookie 集合。

```
protected void btnLoad_Click(object sender, EventArgs e)
{
    if (Page.IsValid)          //判断页面验证是否通过
    {
        String constr = "Server=.\\SQLEXPRESS;Integrated Security=true;database = WebJWDB";
        SqlConnection conn = new SqlConnection(constr);    //创建连接
        conn.Open();                                        //打开连接
        //创建数据库操作语句
        String cmdstr = "select * from Users where UserID='" + txtUid.Text.Trim() +
            "'and Passwd='" + txtPsw.Text.Trim() + "'and Flag='" +
            DropDownList1.SelectedIndex.ToString() + "'";
        SqlCommand cmd = new SqlCommand(cmdstr, conn);    //创建命令
        //执行命令,并生成 SqlDataReader 对象
        SqlDataReader sdr = cmd.ExecuteReader();
        if (sdr.Read())          //登录成功,保存用户身份
        {
            if (DropDownList1.SelectedIndex.ToString() == "0") //学生身份
            {
                Session["flag"] = "student";
            }
            else if (DropDownList1.SelectedIndex.ToString() == "1")//教师身份
            {
                Session["flag"] = "teacher";
            }
            Session["uid"] = txtUid.Text.Trim();             //保存用户登录ID
            Session["name"] = sdr.GetString(1);              //保存用户姓名
            //为提供的用户名创建一个身份验证票证,并将其添加到响应的 Cookie 集合
            FormsAuthentication.SetAuthCookie(Session["uid"].ToString(), false);
            Response.Redirect("mainMenu.aspx");              //跳转到主菜单页面
        }
        else
            Label1.Text = "您输入的用户名或密码有误!";       //登录失败时提示错
```

误信息

```
        conn.Close();                                    //关闭连接
    }
}
```

(4) 测试结果。运行 Chapter13 目录下除 Default.aspx 以外其他任何一个 ASP .NET 页面文件，如 stuSelect.aspx。如果没有登录，则会自动跳转到登录页面。

**操作步骤：**

参照任务 4 自行完成。

**操作小结：**

(1) 许多 Web 应用程序具有的一个重要部分：能够识别用户和控制对资源的访问。

(2) ASP .NET 提供了若干标准配置节处理程序，用于处理 Web.config 文件中的配置设置。

① <authentication>：用于配置应用程序的身份验证设置。应用程序可配置为使用 Windows 或 Forms 身份验证。

② <authorization>：用于配置根据经过身份验证的用户的权限控制对各个 URL 的访问。通常，此设置在单个文件级别使用<location>标记设置。

(3) 在应用程序的配置文件中配置<authentication mode>元素，可以激活 ASP .NET 身份验证服务。例如本练习中采用如下语句激活 ASP .NET 的身份验证服务以管理 Cookie，并将未经身份验证的用户重定向到登录页。

`<authentication mode="Forms">`

(4) 在配置文件的<forms name=".ASPXAUTH"…>中，name 选项指定用于存储身份验证票证的 HTTP Cookie 的名称，默认值为".ASPXAUTH"。如果正在一台服务器上运行多个应用程序并且每个应用程序都需要唯一的 Cookie，则必须在每个应用程序的 Web.config 文件中配置 Cookie 名称。

## 任务 5：发布和测试学生成绩管理系统 ASP .NET 应用程序

**开发任务：**

发布和测试学生成绩管理系统 ASP .NET 应用程序。

**解决方案：**

首先运行脚本文件 ADD_USER_ASPNET.sql(本任务涉及的脚本文件在本教程素材包中的 C:\ASPNET\SQLDataBase 目录下)，创建登录账户 ASPNET。

**操作步骤：**

(1) 创建登录账户 ASPNET。在命令行窗口输入并运行脚本文件，以在 SQLEXPESS 中创建登录账户 ASPNET。

```
sqlcmd -E -S .\SQLEXPRESS -i C:\ASPNET\SQLDataBase\ADD_USER_ASPNET.sql
```

GO

(2) 发布第 13 章创建的学生成绩管理系统应用程序到 Web 服务器，如 C:\Students 上。在命令行界面输入如下命令(注意：在命令执行过程中，需键入字母"d"(不论大小写)，确保 C:\Students 是目录)，执行效果如图 14-11 所示。

```
xcopy  C:\ASPNET\Chapter13  C:\Students/s
```

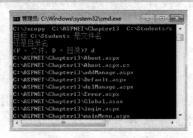

图 14-11　发布学生成绩管理系统应用程序到 Web 服务器

(3) 创建 Web 虚拟目录。使用【Internet 信息服务(IIS)管理器】管理控制台，创建虚拟目录 Students，指向 C:\Students。

(4) 测试学生成绩管理系统 ASP .NET 应用程序。在 IE 地址栏中输入 http://localhost/Students，运行学生成绩管理系统，并以不同(教师或学生)身份登录，全面测试学生成绩管理系统的功能。

**操作小结：**

(1) 对于综合性的 Web 应用程序，建议使用 Web 虚拟目录的方式测试其运行效果。

(2) ASP .NET 应用程序的部署一般包括 5 个步骤。

① 准备 ASP .NET 运行环境。一般情况下，安装 .NET Framework 时，会自动在 IIS 上安装 ASP .NET 功能，也可以使用 aspnet_regiis 安装和卸载 ASP .NET 功能。如果应用程序使用了基于 SQL Server 数据库的应用程序服务(如成员资格管理、角色管理等)，则可能需要使用 aspnet_regsql 工具在特定的 SQL Server 数据库服务器上进行必要的配置。

② 复制应用程序目录到目标服务器。ASP .NET 应用程序的部署十分简单，只需要简单地复制应用程序目录下的所有内容到目标服务器，可以使用 xcopy 命令，也可以使用 ftp/http 等方式进行复制。

③ 创建应用程序虚拟目录。复制应用程序内容到服务器后，然后创建应用程序虚拟目录即可。

④ 配置应用程序。如果开发的应用程序使用的一些配置资源与部署运行数据源不同，如，数据库的连接参数(用户名/密码等)，则需要编辑配置文件，设置正确的运行环境参数。

⑤ 测试应用程序。使用浏览器，输入对应部署的 Web 应用程序的虚拟目录的 URL，测试应用程序是否正常工作。

(3) Internet 信息服务(IIS)运行环境使用的是 ASPNET 账户集成验证方式连接，而 sqlexpress 中不存在该账户。如果要利用 IIS 发布和测试 ASP .NET 应用程序，必须首先在 sqlexpress 数据库中创建登录账户 ASPNET。

(4) 在 sqlexpress 数据库中创建登录账户 ASPNET 的脚本文件内容如下。

```
CREATE LOGIN [A1815B4F623C4E7\ASPNET] FROM WINDOWS WITH DEFAULT_DATABASE=
```

```
[WebJWDB]
    GO
    EXEC master..sp_addsrvrolemember @loginame = N'A1815B4F623C4E7\ASPNET',
@rolename = N'sysadmin'
    GO
    USE [WebJWDB]
    GO
    CREATE USER [A1815B4F623C4E7\ASPNET] FOR LOGIN [A1815B4F623C4E7\ASPNET]
    GO
```

其中，A1815B4F623C4E7 为安装 sqlexpress 的计算机名称，需要根据具体环境进行修改。可以在计算机属性对话框中查看计算机名称，也可以在命令行窗口输入"ipconfig /all"命令查看计算机名称。

**练习 2**：利用复制网站在 wwwroot 中发布和测试学生成绩管理系统 ASP .NET 应用程序

**开发任务**：

利用复制网站在 wwwroot 中发布和测试学生成绩管理系统 ASP .NET 应用程序。

**操作步骤**：

(1) 在 localhost 服务器上创建一个名为 WebStudents 的 ASP .NET 网站。选择【文件】→【新建网站】命令，打开【新建网站】对话框，选择"ASP .NET 网站"模板；在【位置】下拉列表中选择"HTTP"；在【名称】文本框中输入"http://localhost/WebStudents"；单击【确定】按钮，系统将在 localhost 服务器上创建一个名为 WebStudents 的 ASP .NET 网站。

(2) 打开 Chapter13 本地 ASP .NET 网站。

(3) 复制网站。选择【网站】→【复制网站】命令，打开如图 14-12 所示的复制网站窗口。

图 14-12 连接到远程站点

(4) 选择 WebStudents 远程网站。单击【连接】(连接到远程网站)按钮，打开【打开网站】对话框，选择本地 IIS 中的"WebStudents"选项，如图 14-13 所示。

(5) 选择并复制源网站内容到远程网站。选中【源网站】窗口中的所有内容，单击 按钮，将选定文件从源网站复制到远程网站，如图 14-14 所示。

(6) 覆盖远程网站中原有的所有内容。在随后打开的【确认文件改写】对话框中，勾选【应用于所有项】复选框，并单击【是】按钮，覆盖远程网站中原有的所有内容。

图 14-13 选择 WebStudents 远程网站

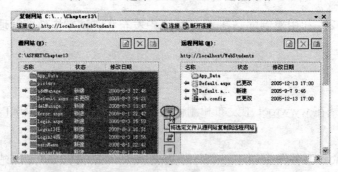

图 14-14 选择并复制源站点内容到远程站点

(7) 测试学生成绩管理系统 ASP .NET 应用程序。在 IE 地址栏中输入 http://localhost/WebStudents，运行学生成绩管理系统，并以不同(学生或教师)身份登录，全面测试学生成绩管理系统的功能。

**操作步骤：**

参照任务 5 自行完成。

学习小结

通过本章您学习了：
(1) ASP .NET 应用程序的基本构成。
(2) 使用 Global.asax 的 Application_Start 事件创建应用程序访问计数器。
(3) ASP .NET 配置文件的基本概念。
(4) 使用 ASP .NET 配置文件设定应用程序自定义字符串。
(5) 配置 ASP .NET 的安全。
(6) 部署 ASP .NET 应用程序的一般步骤。
(7) 发布和测试 ASP .NET 应用程序。

# 习题

**一、单选题**

1. ASP .NET 配置文件的存储格式是_____。
   A. 文本文件　　　　　B. 二进制文件　　C. XML 格式文件　　D. 都可以
2. 由 Web.config 文件中格式错误引起的错误归类为_____错误。
   A. 配置　　　　　　　B. 解析器　　　　C. 编译　　　　　　D. 运行时
3. 由 ASP .NET 页面中语法错误引起的错误归类为_____错误。
   A. 配置　　　　　　　B. 解析器　　　　C. 编译　　　　　　D. 运行时
4. 如果 C#语句结束漏写了分号，则会引发_____错误。
   A. 配置　　　　　　　B. 解析器　　　　C. 编译　　　　　　D. 运行时
5. ASP .NET 页面执行时产生的错误归类为_____错误。
   A. 配置　　　　　　　B. 解析器　　　　C. 编译　　　　　　D. 运行时

**二、填空题**

1. ASP .NET 配置数据存储在 XML 文本文件中，文件名为_____。
2. 在 ASP .NET 中，要启用应用程序跟踪，必须在应用程序配置文件 Web.config 中的 <system.web>节中添加_____配置代码。
3. 在 ASP .NET 中，可以通过_____指令启用页级别调试功能。
4. 在 ASP .NET 中，要启用应用程序中所有页面的调试功能，可以在应用程序配置文件 Web.config 中，添加_____配置代码。
5. 一般情况下，安装.NET Framework 时，会自动在 IIS 上安装 ASP .NET 功能，也可以使用_____命令行程序安装和卸载 ASP .NET 功能。

**三、思考题**

1. ASP .NET 应用程序的一般目录结构是什么？
2. ASP .NET 应用程序中的 Global.asax 文件的功能是什么？
3. 什么是 ASP .NET 的配置文件 web.config？它的主要用途是什么？
4. Web 应用程序的安全性包含哪两个方面的功能？
5. 如何配置 ASP .NET 身份验证模式为 Forms？
6. ASP .NET 应用程序的部署一般包括哪些步骤？
7. 什么是 ASP .NET 的默认主页？
8. 如何使用 ASP .NET 配置文件设定应用程序自定义字符串？
9. 如何使用 XCOPY 命令发布和测试 ASP .NET 应用程序？
10. 如何使用复制网站的方法发布和测试 ASP .NET 应用程序？

**四、实践题**

1. 请独立完成本章任务 1～任务 5。
2. 请独立完成本章练习 1～练习 2。

# 第 15 章

# ASP .NET 应用程序的优化和调试

**通过本章您将学习:**

- ASP .NET 应用程序性能优化的概念和方法
- 使用缓存的概念优化 ASP .NET 应用程序的性能
- ASP .NET 应用程序的四种错误类型
- 如何处理 ASP .NET 应用程序的错误
- 如何调试 ASP .NET 应用程序

# 第15章 ASP.NET 应用程序的优化和调试

学习入门

(1) 对于访问量大的 ASP.NET 应用程序，性能调整十分重要，可以升级硬件或使用群集系统提高性能，也可以使用代码调整的方法提高应用程序的性能。

(2) 使用缓存的概念可以提高应用程序的性能。ASP.NET 提供一个功能完整的缓存引擎，提供了一个强大的、便于使用的缓存机制，用于将需要大量服务器资源创建的对象存储在内存中。缓存这些类型的资源会大大改进应用程序的性能。缓存包括三种类型：页面输出缓存、页面片断缓存、页面数据缓存。

(3) 在不需要保存服务器控件视图状态的情况下，可以通过设置其属性 EnableViewState="false"，以提高应用程序运行性能。

(4) 如果不需要会话状态，可以通过将@Page 指令中的 EnableSessionState 属性设置为 false 禁用 Session State，从而提高应用程序的性能。

① 如果要禁止某个页面的 Session State，可以使用下面指令。

```
<%@ Page Language="C#" EnableSessionState="false"%>
```

② 如果某个页面以只读方式使用 Session State，可以使用下面指令。

```
<%@ Page Language="C#" EnableSessionState="ReadOnly"%>
```

③ 如果要禁用整个应用程序的 Session State，可以修改 web.config 文件。

```
<sessionState mode="off" />
```

(5) ASP.NET 应用程序的错误一般包括下列四种类型：配置错误、语法错误、编译错误、运行错误。

(6) 配置错误、解析器错误和编译错误在编译期间会被捕捉到。保存和编译代码文件时，Microsoft Visual Studio 会捕捉这些类型的错误，并在【错误列表】窗口中显示。用户通过单击错误列表中的错误，定位到错误代码，可以立即修改这些类型的错误。

(7) 可以使用 try...catch...finally 进行错误处理。
① try 块包含可能发生错误的代码。
② catch 块包含处理任何所发生错误的代码。
③ finally 块在执行离开 try 语句的任何部分时执行。

(8) 配置 Web.config 可以完成错误页面重定向功能，以在发生错误时将客户端重定向到自定义错误页。

(9) Microsoft Visual Studio 集成了 Web 应用程序的调试功能，可以在集成环境中设置断点，然后选择【调试】→【启动调试】命令，应用程序将运行，如果遇到断点，则暂停运行，等待用户查看运行状态。

(10) ASP.NET 跟踪在页面的执行过程中捕获页面请求的诊断信息，包括请求、页控件树、页面生命周期各个阶段的执行情况、控件的执行情况以及可由页面开发人员写入跟踪的自定义消息。

## 任务1：使用页面输出缓存调整 ASP .NET 应用程序性能

**开发任务：**

创建 ASP .NET Web 页面 Task1.aspx，使用页面输出缓存调整 ASP .NET 应用程序性能。如图 15-1 所示。单击【刷新】按钮，观察页面下方的查询数据产生时间，比较页面的缓存功能。本开发任务使用 DropDownList Web 控件和 GridView Web 控件显示网上书店数据库 WebBookshopDB 的 Books 表中指定图书类别的记录信息。

(1) DropDownList 控件与 Categories 表进行数据绑定。

(2) GridView 控件与 Books 表以及 Categories 表进行数据绑定。

(3) 当在下拉列表框选择图书类别名称时，页面将借助 GridView 显示 Books 表中指定图书类别的具体图书信息：书号(BookID)、书名(Bookname)、作者(Author)和单价(UnitCost)。

(4) 页面还将显示查询数据产生的时间。

**解决方案：**

(1) 该 ASP .NET Web 页面使用表 15-1 所示的 Web 服务器控件完成指定的开发任务。

表 15-1 Task1.aspx 的页面控件

| 类型 | ID | 说明 |
| --- | --- | --- |
| DropDownList | DropDownList1 | 查询条件：下拉列表 |
| SqlDataSource | SqlDataSource1 | DropDownList 数据源 |
| Button | Button1 | 查询按钮(Text：查询) |
| GridView | GridView 1 | 查询结果：结果一览列表 |
| SqlDataSource | SqlDataSource2 | GridView 数据源 |
| Label | TimeMsg | 信息显示：查询时间(Text：空) |

(2) 使用 varybyparam 参数指定缓存的项目。

**操作步骤：**

(1) 运行 Microsoft Visual Studio 2010 应用程序。

(2) 创建本地 ASP .NET 空网站：C:\ASPNET\Chapter15。

(3) 新建"单文件页模型"的 Web 窗体：Task1.aspx。

(4) 设计 ASP .NET 页面。在设计视图下，参照图 15-2 所示，设计 Task1.aspx ASP .NET 页面。参照表 15-1，在【属性】面板中设置各控件属性。

(5) 为 DropDownList 控件选择数据源。在【GridView 任务】菜单中选择【选择数据源】下拉列表中的【新建数据源】命令。随后选择"数据库"数据源类型。在【应用程序连接数据库使用哪个数据连接】下拉列表中直接选用前面所生成的"WebBookshopDBConnectionString"数据库连接。

(6) 为 DropDownList 控件配置 Select 语句。单击【下一步】按钮，打开【配置 Select 语句】配置数据源向导对话框，在【名称】下拉列表中选择"Categories 数据表"，在【列】下拉列表中勾选"*"复选框，即显示 Categories 数据表中所有字段的信息。

图 15-1　Task1.aspx 的运行效果

图 15-2　Task1.aspx 最终的设计界面

（7）选择 DropDownList 的数据源。单击【下一步】按钮,在【选择要在 DropDownList 中显示的数据字段】下拉列表中选择"CategoryName",【为 DropDownList 的值选择数据字段】下拉列表中选择"CategoryID"选项,如图 15-3 所示。

（8）为 GridView 控件新建数据源。在【GridView 任务】菜单中选择【选择数据源】下拉列表中的【新建数据源】命令。随后选择"数据库"数据源类型。在【应用程序连接数据库使用哪个数据连接】下拉列表中直接选用前面所生成的 WebBookshopDBConnectionString 数据库连接。

（9）为 GridView 控件自定义 Select 语句。单击【下一步】按钮,打开【配置 Select 语句】配置数据源向导,选中【指定自定义 SQL 语句或存储过程】单选按钮,单击【下一步】按钮,在随后打开的【定义自定义语句或存储过程】配置数据源向导中,参照图 15-4 所示,自定义 Select SQL 语句:"SELECT BookID, Bookname, Author, UnitCost FROM Books WHERE (CategoryID = @CategoryID)",根据 DropDownList 下拉列表中所选的书目信息,查询并显示该类书目所对应的所有书籍的书号(BookID)、书名(Bookname)、作者(Author)和单价(UnitCost)信息。

图 15-3　选择 DropDownList 的数据源

图 15-4　GridView 的数据绑定(自定义 Select 语句)

（10）GridView 与 DropDownList 控件之间的参数传递。在随后打开的【定义参数】配置数据源向导对话框中,为 Select 语句中的参数选择参数值的源,在【参数源】下拉列表中选择"Control",【ControlID】下拉列表中选择"DropDownList1"。

（11）设置页面数据缓存时间为 30s。在 Task1.aspx 代码首部加入如下加粗阴影代码。

```
<%@ Page Language="C#" %>
```

```
<%@ outputcache duration="30" varybyparam="DropDownList1" %>
```

(12) 创建 Page_Load 事件函数代码，获取系统时间，并借助 TimeMsg 标签(Label)显示。代码如下。

```
protected void Page_Load(object sender, EventArgs e)
{
    TimeMsg.Text = DateTime.Now.ToString("G");
}
```

(13) 在文档窗口底部单击【源】标签，切换到源代码视图，观察系统为以上操作自动生成的代码。

(14) 保存并运行 Task1.aspx，使用【刷新】功能，观察并验证该页面数据缓存时间为 30 秒。

**操作小结：**

(1) 使用 VaryByParam 属性，指定缓存变化的项目，页面则按项目的不同值分别进行缓存。本任务中使用以下语句设置缓存时间，按 DropDownList 控件的信息分别进行缓存，即分别保存不同类别的图书信息。

```
<%@ outputcache duration="30" varybyparam="DropDownList1" %>
```

(2) 使用缓存的概念可以提高应用程序的性能，缓存包括三种类型。

① 页面输出缓存：在一个页面通过输出缓存进行缓存期间，后续对该页的请求可以从缓存的输出页直接提供，而不必执行创建该页的代码。在访问量很大的站点上，缓存经常访问的页面也可以大大提高吞吐量。

(a) 通过在页中包含@OutputCache 指令，并定义 Duration(缓存时间)和 VaryByParam(缓存参数，分号分隔的字符串列表，用于使输出缓存发生变化)属性，可以启用该页面的缓存功能。

(b) 也可以在应用程序的 Web.config 文件中定义缓存配置文件，在配置文件中包括 duration 和 varyByParam 设置。然后，在使用配置文件的每个 ASP .NET 页中包含 @OutputCache 指令，并将其 CacheProfile 属性设置为 Web.config 文件中定义的缓存配置文件的名称。

② 页面片断缓存：有时候由于必须为每个请求创建或自定义页面的一部分，整个页面不适合缓存。此时，通过识别页面中构造成本较高且适合缓存的对象或数据，即创建页面片断缓存，也可以大大提高应用程序的性能。一般使用用户自定义控件描绘页的区域，并使用在@OutputCache 指令来标记这些区域以进行缓存。

③ 页面数据缓存：在 Web 数据库应用程序中，数据库表数据的抽取往往需要耗费大量的资源和时间。使用页面数据缓存，也可以大大提高应用程序的性能。

## 任务 2：跟踪和监视 ASP .NET 应用程序

**开发任务：**

跟踪和监视 ASP .NET 应用程序。运行效果如下图 15-5 所示。

图 15-5  Task2.aspx 的运行效果

**操作步骤：**

(1) 将任务 1 创建的 C:\ASPNET\Chapter15\Task1.aspx 另存为 Task2.aspx，并在代码最前面<% %>中添加如下粗体阴影指令：

```
<%@ Page Language="C#"
  Trace="true" TraceMode="SortByCategory"%>
```

(2) 保存并运行 Task2.aspx。

**操作小结：**

(1) ASP .NET 跟踪在页面的执行过程中捕获页面请求的诊断信息，包括请求、页控件树、页面生命周期各个阶段的执行情况、控件的执行情况以及可由页面开发人员写入跟踪的自定义消息。使用跟踪还可以直接在代码中编写调试语句，这些代码只在跟踪状态起作用，所以在将应用程序部署到成品服务器时，不必从应用程序中移除这些语句。

(2) 页级跟踪通过顶级 Page 指令上的 Trace="true"属性启用。

(3) 页级跟踪将调试语句写为页的客户端输出的一部分。跟踪语句通过 Trace.Write 和 Trace.Warn 方法输出，并为每个语句传递类别和消息。

 练习 1：配置错误定位与修改

**开发任务：**

配置错误的定位与修改。本练习故意在 Web.config 中删除最后一行 "</configuration>" 语句，则运行时报配置错误信息。

**操作提示：**

(1) 选择【调试】→【开始执行(不调试)】命令，或按 Ctrl+F5 组合键，可以更好地观测配置错误的定位信息。

(2) 发生生成错误提示对话框如图 15-6 所示。

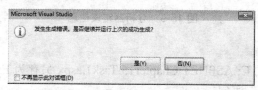

图 15-6  发生生成错误提示对话框

(3) 单击发生生成错误提示对话框中的【否】按钮，将显示如图 15-7 所示的错误列表。

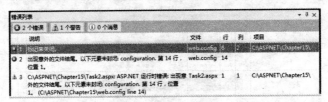

图 15-7　错误列表

(4) 单击发生生成错误提示对话框中的【是】按钮，将显示如图 15-8 所示的错误提示窗口。

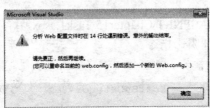

图 15-8　配置错误窗口信息

**操作步骤：**

参照任务 2 自行完成。

 练习 2：分析器错误定位与修改

**开发任务：**

分析器错误的定位与修改。本练习故意在 ASP.NET 档的代码中删除一行"</head>"语句，则运行时报如图 15-9 所示的分析器错误信息。

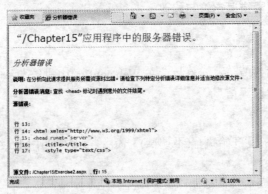

图 15-9　分析器错误信息

**操作提示：**

(1) 将任务 1 创建的 C:\ASPNET\Chapter15\Task1.aspx 另存为 Exercise2.aspx，并在其代码中删除一行"</head>"语句。

(2) 保存并运行 Exercise2.aspx，查看分析器错误信息。
(3) 修改错误，添加如下加粗阴影语句。

```
<head runat="server">
    <title>Untitled Page</title>
</head>
```

(4) 重新运行，观察正确的结果。

**操作步骤：**

参照任务 2 自行完成。

**练习 3：编译错误定位与修改**

**开发任务：**

编译错误的定位与修改。本练习在 Task1.aspx ASP .NET 文件的代码中故意制造如下两个错误。

(1) 将"TimeMsg.Text= DateTime.Now.ToString("G");"改为

"**TimeMsg.Value = DateTime.Now.ToString("G");**"，即对 Label 控件中值的访问方式错误，则运行时报如图 15-10(a)所示的编译错误信息。

(2) 对于

```
protected void Page_Load(object sender, EventArgs e)
{
    TimeMsg.Text = DateTime.Now.ToString("G");
}
```

故意删除最后的"**}**"，则运行时报如图 15-10(b)所示的编译错误信息。

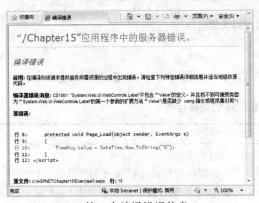
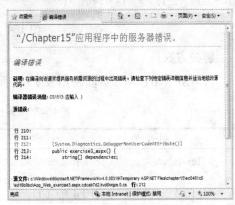

(a) 第一个编译错误信息　　　　　　(b) 第二个编译错误信息

图 15-10　编译错误信息

**操作提示：**

(1) 将任务 1 创建的 Task1.aspx 另存为 Exercise3.aspx。
(2) 按开发任务的要求，故意制造两个错误。

(3) 保存并运行 Exercise3.aspx，查看编译错误信息。

(4) 根据错误信息提示，修改源文件第 10 行中的错误，即将

"TimeMsg.Value= DateTime.Now.ToString("G");" 改为正确的语句：
"TimeMsg.Text = DateTime.Now.ToString("G");"。

(5) 重新运行 Exercise3.aspx，程序仍然报错。

(6) 根据错误信息提示，修改源文件中第二个编译错误，即正确添加花括号(})结束。

(7) 再次运行 Exercise3.aspx，观察正确的结果。

**操作步骤：**

参照任务 2 自行完成。

**练习 4：运行错误定位与修改**

**开发任务：**

运行错误的定位与修改。本练习通过编制一个计算圆的周长和面积的小程序测试应用程序运行时出错的定位与修改。在运行过程中，故意输入字符"a"作为圆的半径，如图 15-11(a)所示，则结果运行时报如图 15-11(b)所示的错误。

 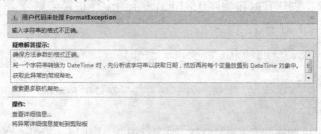

(a) 故意输入字符"a"作为圆的半径　　　　　　(b) 格式转换无效的报错信息

图 15-11　运行错误信息

**解决方案：**

该 ASP .NET Web 页面使用表 15-2 所示的 Web 服务器控件完成指定的开发任务。

表 15-2　Exercise4.aspx 的页面控件

| 类型 | ID | 说明 |
| --- | --- | --- |
| TextBox | Radius | 圆的半径 |
| Button | Button1 | 计算圆的周长和面积(Text 为"计算") |
| Label | Perimeter | 显示圆的周长(Text 为空) |
| Label | Area | 显示圆的面积(Text 为空) |

**操作提示：**

(1) 创建"单文件页模型"的 Web 窗体：Exercise4.aspx，页面设计如图 15-12 所示。

(2) 在 Button1_Click 事件代码中输入如下语句，计算圆的周长。

```
protected void Button1_Click(object sender, EventArgs e)
```

```
{
    double r = Convert.ToDouble(Radius.Text);
    if (r >= 0)
    {
        Perimeter.Text = (2 * 3.14159 * r).ToString ();
        Area.Text = (3.14159 * r * r).ToString ();
    }
}
```

(3) 保存并运行 Exercise4.aspx，故意输入字符 a 为半径，或者，不提供任何输入信息，单击【计算】按钮，查看运行错误信息。

(4) 重新运行 Exercise4.aspx，输入任意实数的半径(≥0)，观察正确的运行结果，如图 15-13 所示。

图 15-12　Exercise4.aspx 的页面设计

图 15-13　计算圆的周长和面积的运行结果

**操作步骤：**

参照任务 2 自行完成。

**操作小结：**

ASP .NET 应用程序的错误一般包括下列四种类型。

(1) 配置错误：由 Web.config 文件中的格式错误引起的错误归类为配置错误。

(2) 解析器错误：由 ASP .NET 页面中的错误语法引起的错误归类为解析器错误。

(3) 编译错误：由 Visual C#编译器引起的错误归类为编译错误。

(4) 运行时错误：当 ASP .NET 页面执行时产生的错误归类为运行错误。运行错误一般由于应用程序逻辑问题引起，如除数为 0，或引用了没有初始化的对象等。

## 任务 3：使用 try...catch...finally 进行错误处理

**开发任务：**

使用 try...catch...finally 将练习 4 运行时的报错信息设置为如图 15-14 所示。

**解决方案：**

在表 15-2 的基础上，该 ASP .NET Web 页面使用表 15-3 所示新增的 Web 服务器控件完成指定的开发任务。

表 15-3　Task3.aspx 的页面控件

| 类　型 | ID | 说　　明 |
|---|---|---|
| Label | ErrorMessage | 显示报错信息(Text 为空) |

**操作步骤：**

(1) 将 C:\ASPNET\Chapter15\Exercise4.aspx 另存为 Task3.aspx，并在设计页面最后增加一个 Label 标签控件，用以显示出错信息。页面设计效果如图 15-15 所示。

图 15-14　自定义报错信息

图 15-15　Task3.aspx 的页面设计

(2) 在 Button1_Click 事件代码中添加 try...catch 错误处理语句，如下加粗阴影文字所示。

```
protected void Button1_Click(object sender, EventArgs e)
{
    try
    {
        int r = Convert.ToInt32(Radius.Text);
        if (r >= 0)
        {
            Perimeter.Text = (2 * 3.14159 * r).ToString();
            Area.Text = (3.14159 * r * r).ToString();
        }
    }
    catch (Exception ex)
    {
        ErrorMessage.Text = "<br/>运行错误：" + ex.Message;
    }
}
```

(3) 保存并运行 Task3.aspx，不提供任何输入信息，直接单击【计算】按钮，观察运行报错信息。

(4) 请比较图 15-11 和图 15-14 对于运行错误的不同报错信息，从而体会"try...catch"的作用。

 **练习 5：错误页面重定向**

**开发任务：**

使用 Web.config 完成错误页面重定向。

(1) 如果请求的页面不存在(错误代码 404)时，返回自定义错误页面 Exercise5-1.htm。
(2) 如果发生其他类型的错误，则返回自定义错误页面 Exercise5-2.htm。

**操作提示：**

(1) 修改 C:\ASPNET\Chapter15 网站中的应用程序配置文件 Web.config，在<system.web>和</system.web>配置节之间添加下列配置代码。

```
<system.web>
    <customErrors
        mode="On" defaultRedirect="Exercise5-2.htm">
        <error statusCode="404" redirect="Exercise5-1.htm"/>
    </customErrors>
</system.web>
```

(2) 在【解决方案资源管理器】窗口中右击网站"C:\ASPNET\Chapter15"，在弹出的快捷菜单中选择【添加新项】命令，选择模板"HTML 页"，在 C:\ASPNET\Chapter15 网站中新建一个名为 Exercise5-1.htm 的 HTML 页面，页面显示内容为："您要访问的资源不存在，请与网络管理员联系！"。

(3) 在 C:\ASPNET\Chapter15 网站中再创建一个名为 Exercise5-2.htm 的 HTML 页面，页面显示内容为："系统出错，请与管理员联系！"。

(4) 再次修改 C:\ASPNET\Chapter15\Exercise2.aspx(即删除</head>语句)，并运行，则系统报如下错误，如图 15-16 所示，错误页面重定向到 Exercise5-2.htm 文件，同时显示如图 15-17 所示的错误列表。

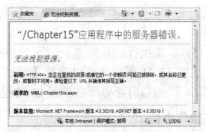

图 15-16　错误页面重定向到 Exercise5-2.htm 文件　　　图 15-17　错误列表

(5) 运行 C:\ASPNET\Chapter15 网站下任意一个不存在的文档，如 a.aspx，则系统报如下错误，如图 15-18 所示，错误页面重定向到 Exercise5-1.htm 文件。

(6) 而未使用错误页面重定向时，系统报错信息如下图 15-19 所示。

图 15-18　错误页面重定向到 Exercise5-1.htm 文件　　图 15-19　未使用错误页面重定向时的报错信息

**操作步骤：**

参照任务 3 自行完成。

## 任务 4：使用断点单步调试 ASP .NET 应用程序

**开发任务：**

调试 ASP .NET 应用程序。设置断点，并且单步运行程序以调试 ASP .NET 应用程序，并查看变量的中间结果。

**操作步骤：**

(1) 为 ASP .NET 应用程序启用调试模式。首先确保 C:\ASPNET\Chapter15 网站中的 ASP .NET 应用程序配置文件 Web.config 含有 "debug="true"" 属性设置，具体参见如下配置代码。

```
<system.web>
<compilation debug="true"/>
</system.web>
```

(2) 将 C:\ASPNET\Chapter15 网站中的 Exercise4.aspx 另存为 Task4.aspx，并作如下代码的修改。

```
protected void Button1_Click(object sender, EventArgs e)
{
    double r = Convert.ToDouble(Radius.Text);
    if (r >= 0)
    {
        double p = 2 * 3.14159 * r;
        double a = 3.14159 * r * r;
        Perimeter.Text = p.ToString ();
        Area.Text = a.ToString ();
    }
}
```

(3) 设置断点。单击包含可执行语句或函数/过程所在行的左边距，在设置断点的位置会出现一个红点。如图 15-20 所示，在 "double p = 2 * 3.14159 * r;" 处设置断点。

(4) 启动调试。单击标准工具栏中的启动调试按钮 ▶，在运行页面中的【请输入圆的半径】文本框中输入 "2.5"，单击【计算】按钮。调试器将在断点处停止并获得当前窗口焦点。

(5) 单步执行。从断点处，可以逐语句执行( )、设置变量监视、查看局部变量，等等，如图 15-21 所示。可以选择【调试】→【窗口】命令，打开局部变量、监视等窗口。

(6) 跳出当前断点所在的函数/过程。单击标准工具栏中的跳出按钮 ，页面继续运行。

**操作小结：**

(1) ASP .NET 应用程序的错误调试方法有以下几个。

① 使用错误列表定位错误：配置错误、解析器错误和编译错误在编译期间会被捕捉到。保存和编译代码文件时，Microsoft Visual Studio 会捕捉这些类型的错误，并在【错误列表】窗口中显示。用户通过单击错误列表中的错误，定位到错误代码，可以立即修改这些类型的错误。

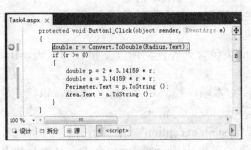
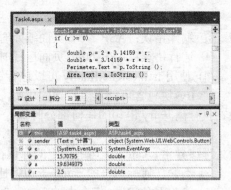

图 15-20　设置断点　　　　　　　图 15-21　单步调试

② 使用调试工具定位错误：.NET Framework SDK 包含名为 Visual Debugger 的工具 DbgCLR.exe，用于在运行应用程序时调试应用程序，包括设置断点、单步执行、数据查看等功能。但该工具的使用相对比较复杂。

Microsoft Visual Studio 集成了 Web 应用程序的调试功能。可以在集成环境，设置断点，然后选择【调试】→【启动调试】命令，应用程序将运行，如果遇到断点，则暂停运行，等待用户查看运行状态。

如果要调试 ASP .NET 应用程序，必须启用调试功能。启用调试会影响运行性能，所以一般只是在开发测试环境中启用。

(2) 启用调试功能。

① 可以通过下面的指令启用页级别调试功能。

```
<%@ Page Debug="true" %>
```

② 也可以在应用程序配置文件中，添加下列配置代码，启用应用程序中所有页面的调试功能。

```
<compilation debug="true">
```

学习小结

通过本章您学习了：

(1) 输出缓存技术缓存由 ASP .NET 页生成的内容。使用页面输出缓存可以调整 ASP .NET 应用程序性能。

① 当整页的内容都可以缓存时，对访问频率高的页面，输出缓存可以提高系统的吞吐量。

② 使用 VaryByParam 属性，缓存随查询字符串中的名称/值对值变化的请求。

(2) 一般有两种方法配置 ASP .NET 应用程序错误显示方式。

① 使用 Custom errors mode 的 On、Off、RemoteOnly 设置形式。

② 设置 Debug mode 显示额外的调试信息。

(3) ASP .NET 应用程序错误一般分为以下四种：配置错误、分析器错误、编译错误、运行错误。

① 配置错误：Web.Config 或 Machine.Config 配置文件的错误归为配置错误。

② 分析器错误：ASP .NET 页面语法错误归为分析器错误。
③ 编译错误：ASP .NET 页面编译时产生的错误归为编译错误。
④ 运行错误：ASP .NET 页面运行时产生的错误归为运行时译错误。

(4) 使用 try...catch...finally 可以进行错误处理。

① try 块包含可能发生错误的代码，catch 块包含处理任何所发生错误的代码，finally 块在执行离开 try 语句的任何部分时执行。

② 如果在处理 try 块期间发生异常，则按文本顺序检查每个 catch 语句，以确定它是否处理该异常。catch 子句中指定的标识符表示已引发的异常。

③ 不含任何标识符的 catch 子句将捕获从 system.exception 派生的所有异常。

(5) 通过顶级 Page 指令上的 Trace="true"属性可以启用页级跟踪，而 TraceMode 则指定跟踪消息发出到页的 HTML 输出中所采用的顺序。TraceMode 有以下三种形式。

① Default：支持.NET Framework 结构。
② SortByCategory：按类别的字母顺序发出跟踪消息。
③ SortByTime：按其处理时间顺序发出跟踪消息。

(6) 可以通过配置 Web.config 指定自定义错误页，以在发生错误时将客户端重定向到该页。

① 例如，在 Web.config 添加下列配置代码。

```
<configuration>
  <system.web>
    <customErrors mode="On" defaultRedirect="Exercise5-2.htm">
      <error statusCode="404" redirect="NotFound.aspx" />
    </customErrors>
  </system.web>
</configuration>
```

如果请求的页面不存在(错误代码 404)时，返回自定义错误页面 Exercise5-1.htm；如果发生其他类型的错误，则返回自定义错误页面 Exercise5-2.htm。

② <customErrors>标记的配置属性和值如表 15-4 所示。

表 15-4 <customErrors>标记的配置属性和值

| 属 性 | 说 明 |
| --- | --- |
| Mode | 指示是启用、禁用自定义错误还是只将其显示给远程计算机 |
| defaultRedirect | 指示发生错误时浏览器应重定向到的默认 URL。此属性可选 |

③ mode 属性确定是向本地客户端、远程客户端还是这两者显示错误。mode 每项设置的作用如表 15-5 所示。

表 15-5 mode 属性设置

| mode | 本地宿主请求 | 远程宿主请求 |
| --- | --- | --- |
| on | 自定义错误页 | 自定义错误页 |
| off | ASP .NET 错误页 | ASP .NET 错误页 |
| remoteOnly | ASP .NET 错误页 | 自定义错误页 |

(7) 设置断点并单步调试 ASP .NET 应用程序。

## 习题

### 一、选择题

1. ASP .NET 配置文件的存储格式是_____。
   A. 文本文件　　　　　B. 二进制文件　　C. XML 格式文件　　D. 都可以
2. 由 Web.config 文件中的格式错误引起的错误归类为_____错误。
   A. 配置　　　　　　　B. 解析器　　　　C. 编译　　　　　　D. 运行时
3. 由 ASP .NET 页面中的错误语法引起的错误归类为_____错误。
   A. 配置　　　　　　　B. 解析器　　　　C. 编译　　　　　　D. 运行时
4. 如果 C#语句结束漏写了分号,则引发_____错误。
   A. 配置　　　　　　　B. 解析器　　　　C. 编译　　　　　　D. 运行时
5. ASP .NET 页面执行时产生的错误归类为_____错误。
   A. 配置　　　　　　　B. 解析器　　　　C. 编译　　　　　　D. 运行时

### 二、填空题

1. ASP .NET 配置数据存储在 XML 文本文件中,文件名为_____。
2. 在 ASP .NET 中,要启用应用程序跟踪,必须在应用程序配置文件 Web.config 中的<system.web>节中添加配置代码_____。
3. 在 ASP .NET 中,可以通过_____指令启用页级别调试功能。
4. 在 ASP .NET 中,要启用应用程序中所有页面的调试功能,可以在应用程序配置文件 Web.config 中,添加_____配置代码。
5. 在 ASP .NET 中,通过设置@Page 指令中的_____属性为 false 禁用 Session State,从而提高应用程序的性能。

### 三、思考题

1. 如何提高 ASP .NET 应用程序的性能?
2. ASP .NET 应用程序缓存的基本概念是什么?有哪几种缓存类型?
3. 如何禁用 Session State 提高应用程序的性能?
4. ASP .NET 应用程序的错误类型一般包括哪几种?
5. 如何使用 Microsoft Visual Studio 定位错误信息?
6. 如何使用 try...catch...finally 处理错误信息?
7. 什么是 ASP .NET 错误页面重定向功能?如何配置?
8. 如何使用 Microsoft Visual Studio 集成环境进行断点跟踪调试?
9. 如何使用 Microsoft Visual Studio 跟踪页面捕获页面请求的诊断信息?

### 四、实践题

1. 请独立完成本章任务 1~任务 3。
2. 请独立完成本章练习 1~练习 5。

第 16 章

# 综合应用：网上书店

通过本章您将学习：

- 设计网上书店系统
- 开发网上书店系统
- 发布和测试网上书店系统

# 第 16 章 综合应用：网上书店

(1) 网上书店系统提供网上在线电子商务功能。
(2) 用户访问网站，可以在线浏览查找书籍。
(3) 用户可以添加书籍到购物车。
(4) 用户可以修改购物车。
(5) 网上书店系统提供用户注册功能。
(6) 网上书店系统提供用户登录功能。
(7) 网上书店系统由表 16-1 所示的 ASP .NET Web 页面组成。

表 16-1 网上书店系统的页面组成

| 文件名称 | 说　　明 |
| --- | --- |
| Bookshop.master | 网上书店母版 |
| Default.aspx | 默认主页 |
| Bookslist.aspx | 分类书籍一览页面 |
| BookDetails.aspx | 书籍详细信息页面 |
| SearchResults.aspx | 查询结果书籍一览页面 |
| AddToCart.aspx | 添加到购物车页面 |
| ShoppingCart.aspx | 购物车维护页面 |
| Login.aspx | 用户登录页面 |
| Register.aspx | 新用户注册页面 |
| Global.asax | ASP .NET 应用程序文件 |
| Web.config | ASP .NET 应用程序的配置文件 |
| \Bookimages | 书籍图片子目录 |

网上书店系统的执行流程如图 16-1 所示。

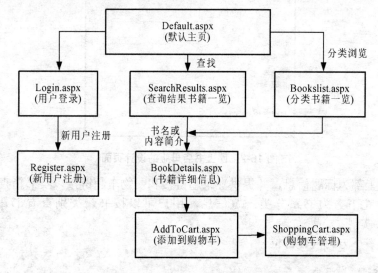

图 16-1　网上书店系统的执行流程

 **任务1：自动创建完整的网上书店数据库**

**操作任务：**

使用数据库脚本自动创建完整的网上书店数据库和数据表信息，并自动插入成批的数据表基本数据。

**操作方案：**

运行 SQL 脚本文件 BooksDB.sql(涉及的素材可到前言所指明的网址去下载。本任务涉及的脚本文件保存在 C:\ASPNET\SQLDataBase 目录下)。

**操作步骤：**

(1) 运行脚本文件，自动创建网上商店数据库及其各数据表。在命令行窗口输入下列命令。

```
sqlcmd -E -S .\SQLEXPRESS -i C:\ASPNET\SQLDataBase\BooksDB.sql
```

(2) 创建成功后的 BooksDB 数据库及其 Books、Categories、Customers、OrderDetails、Orders、Reviews 和 ShoppingCart 共 7 个数据表。其中，数据表 Books 和 Categories 自动插入了成批的数据表基本数据。

 **任务2：创建网上书店母版页**

**开发任务：**

创建网上书店母版页。网上书店的页面布局共分为 3 大部分，如图 16-2 所示。

图 16-2  网上书店母版的设计页面

(1) 页面上部为标题信息，并提供登录超链接和购物车超链接以及书籍查找功能。

(2) 页面左下方为书籍分类一览信息，用户可以按书籍类别查看书籍目录。借助 DataLlist 控件实现。

(3) 页面右下方为内容占位符。

**解决方案：**

(1) 页面上部标题信息使用表 16-2 所示的 Web 服务器控件完成指定的开发任务。

# 第16章 综合应用：网上书店

**表 16-2　页面上部标题信息的控件**

| 类　型 | ID | 说　　明 |
|---|---|---|
| LoginStatus | LoginStatus1 | 系统提供的用户登录状态控件 |
| HypeLink(超链接) | HLShoppingCart | 跳转到购物车页面 ShoppingCart.aspx(Text：购物车；NavigateUrl= "ShoppingCart.aspx") |
| TextBox | txtSearch | 查询条件 |
| Button | BSearch | 【查找】按钮(Text：查找) |

(2) 页面左下部书籍分类一览信息使用表 16-3 所示的 Web 服务器控件完成指定的开发任务。

**表 16-3　页面左下方书籍分类一览信息的控件**

| 类　型 | ID | 说　　明 |
|---|---|---|
| DataList | MyList | 书籍分类名称一览列表 |
| HypeLink | HyperLink1 | 书籍分类 ID 和分类名称的数据绑定 |
| SqlDataSource | SqlDataSource1 | DataList 数据源 |

(3) 页面右下方母版内容页信息使用表 16-4 所示的 Web 服务器控件完成指定的开发任务。

**表 16-4　网上书店母版页的控件**

| 类　型 | ClassName/ID | 说　　明 |
|---|---|---|
| ContentPlaceHolder | ContentPlaceHolder1 | 内容占位符 |

**操作步骤：**

(1) 运行 Microsoft Visual Studio 2010 应用程序。

(2) 创建本地 ASP .NET 空网站：C:\ASPNET\Chapter16。

(3) 新建"单文件页模型"的 ASP .NET 母版页面：Bookshop.master。删除页面中系统自动生成的 ContentPlaceHolder 控件。

(4) 设计网上书店母版页面。单击【设计】标签，为了整齐布局 Web 页面，首先选择【表】→【插入表】命令插入一个 4 行 2 列的表格(最后一行的两个单元格的 valign 均为 top)。

① 在表格的第 1 行第 1 列输入 "ASP .NET 网上书店"，并设置为红色、36pt、加粗、右对齐。再从【登录】工具箱和【标准】工具箱中分别将 1 个 LoginStatus 控件、1 个 HypeLink 控件拖动到表格的第 1 行第 2 列、右对齐；将 1 个 TextBox 控件、1 个 Button 控件拖到拖表格的第 2 行第 2 列、右对齐，并如表 16-2 所示，设置页面各控件的属性，具体设计效果如图 16-2 所示。

② 从【数据】工具箱中将 1 个 DataList 控件拖到表格的第 4 行第 1 列中，以借助 DataList 的 "项模板" 显示图书书目(CategoryName)清单。再从【标准】工具箱将 1 个 ContentPlaceHolder 控件拖到表格的第 4 行第 2 列中，并如表 16-3 和表 16-4 所示，设置页面各控件的属性。页面布局如图 16-2 所示。

③ 选择数据源。在设计窗口，右击 DataList 控件，弹出的快捷菜单中选择【显示智能标记】命令，展开【DataList 任务】菜单，选择【选择数据源】命令。

④ 新建数据源。在随后打开的【数据源配置向导】中选择【新建数据源】命令，在打

开的【选择数据源类型】数据源配置向导中选择"数据库",单击【确定】按钮。

⑤ 添加数据库连接。在随后打开的【选择您的数据连接】配置数据源向导中,单击【新建连接】按钮,打开【添加连接】对话框,在【服务器名】下拉列表中选择".\SQLEXPRESS",在【选择或输入一个数据库名】下拉列表中选择"BooksDB",单击【OK】按钮。在随后打开的【选择您的数据连接】对话框中,单击【下一步】按钮,使得应用程序连接数据库时使用默认的".\sqlexpress.BooksDB.dbo"数据连接。

⑥ 保存数据库连接。在【将连接字符串保存到应用程序配置文件中】配置数据源向导中,按默认设置将数据库连接以"BooksDBConnectionString"为名保存到应用程序配置文件(即 Web.config)中,以后可直接使用,这样可以简化数据源的维护和部署。单击【下一步】按钮。

⑦ 配置 Select 语句。在随后打开的【配置 Select 语句】配置数据源向导对话框中,在【名称】下拉列表中选择"Categories 数据表",在【列】下拉列表中勾选【*】复选框,即显示网上书店书籍分类数据表中所有字段的信息。【Select 语句】文本框中将自动生成相对应的 Select 语句:"SELECT * FROM [Categories]"。单击【下一步】按钮。之后单击【完成】按钮完成 DataList 控件的数据源配置。

⑧ 自动格式套用。在【DataList 任务】菜单中选择【自动套用格式】命令,打开【自动套用格式】对话框,在【选择架构】下拉列表中选择【沙滩和天空】格式,如图 16-3 所示。

⑨ 编辑 DataList 控件的项模板。在【DataList 任务】菜单中选择【编辑模板】命令,进入 DataList 控件项模板编辑状态。删除系统自动生成的内容,添加一个 HyperLink 控件(ID:HyperLink1),在【HyperLink 任务】菜单中选择【编辑 DataBindings】命令,编辑 HyperLink 控件的数据绑定,如图 16-4 所示。

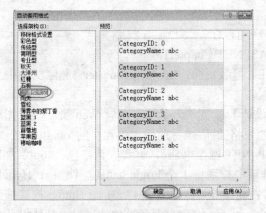

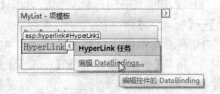

图 16-3  自动套用"沙滩和天空"格式　　　图 16-4  编辑 DataList 控件的项模板

⑩ 设置 HyperLink 控件的 Text 绑定属性。在【HyperLink1 DataBindings】对话框中【可绑定属性】下拉列表中选择"Text"选项,并选中【字段绑定】单选按钮,将 HyperLink 控件的 Text 绑定到 CategoryName 字段,如图 16-5 所示,获取图书书目名称清单。

⑪ 设置 HyperLink 控件的 NavigateUrl 绑定属性。在【HyperLink1 DataBindings】对话框中的【可绑定属性】下拉列表中选择"NavigateUrl"选项,并选中【字段绑定】单选按钮,将 NavigateUrl 绑定到 CategoryID 字段,获取图书书目 ID 信息;然后选中【自定义绑定】单选按钮,在【代码表达式】文本框中增加 CategoryID 参数传递源文件信息:"Bookslist.aspx?CategoryID=" + Eval("CategoryID"),如图 16-6 所示。

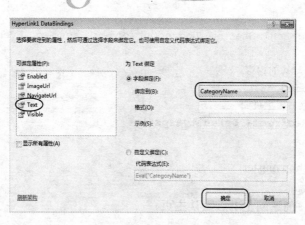

图 16-5　设置 HyperLink 控件的 Text 绑定属性

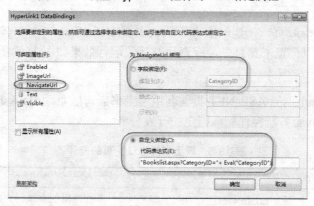

图 16-6　设置 HyperLink 控件的 NavigateUrl 绑定属性

(5) 在文档窗口底部单击【源】标签，切换到源代码视图，观察系统为以上操作自动生成的代码。

(6) 生成查找按钮事件。在设计窗口双击【查找】按钮，系统将自动生成一个名为 BSearch_Click 的 ASP .NET 事件函数，同时打开源代码编辑窗口。在 BSearch_Click 事件函数的 body 中加入如下粗体阴影所示的按钮事件代码，跳转到书籍信息查询页面 SearchResults.aspx 页面，并将 txtSearch 查找文本框中输入的查找字符串作为参数传递给书籍信息查询页面。

```
protected void BSearch_Click(object sender, EventArgs e)
{
    //跳转到书籍信息查询页面SearchResults.aspx页面，并将"txtSearch"
    //查找文本框中输入的查找字符串作为参数传递给书籍信息查询页面
    if (txtSearch.Text != "")
    {
        String url = "SearchResults.aspx?txtSearch=%" + txtSearch.Text + "%";
        Response.Redirect(url);
    }
}
```

(7) 用户注销后的处理事件。利用用户登录状态控件的 LoginStatus1_LoggedOut 事件函数，清除 Session 中的所有内容，并自动跳转到网上书店默认主页。

```
protected void LoginStatus1_LoggedOut(object sender, EventArgs e)
{
    //清除 Session 的内容
    Session.Abandon();
    //跳转到网上书店主页面
    Response.Redirect("Default.aspx");
}
```

(8) 保存 Bookshop.master。

  练习1：创建网上书店默认主页

**开发任务：**

根据网上书店母版页，创建网上书店默认主页(Default.aspx)——书籍浏览页面，用户不需要登录，就可以浏览书籍目录，或查找书籍。运行效果如图 16-7 所示。

**解决方案：**

默认主页 Default.aspx ASP.NET 页面利用网上书店母版页面 Bookshop.master，并使用表 16-5 所示的 Web 服务器控件完成指定的开发任务。

表 16-5　网上书店默认主页的控件

| 类　型 | ID | 说　明 |
| --- | --- | --- |
| LoginName | LoginName1 | 系统提供的登录用户姓名控件 |

**操作步骤：**

(1) 基于母版页(Bookshop.master)新建"单文件页模型"的 Web 窗体：Default.aspx。

(2) 设计网上书店默认主页页面。在"Content-Content1(自定义)"中添加一个 LoginName 控件，用于自动获取登录用户的姓名，并输入操作提示信息："欢迎光临网上书店！"，24pt。最后的 ASP.NET 页面编辑结果如图 16-8 所示。

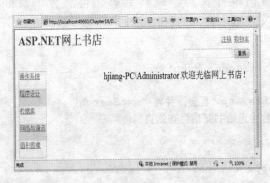

图 16-7　网上书店默认主页的运行效果

图 16-8　网上书店默认主页的设计页面

(3) 保存并运行默认主页 Default.aspx。

# 第 16 章 综合应用：网上书店

## 任务 3：创建网上书店用户注册页面

**开发任务：**

创建网上书店新用户注册页面 Register.aspx。

(1) 用户可以通过注册创建一个账户。单击网上书店主页右上角的【登录】链接，在随后出现的登录画面中，单击其中的【新用户注册】链接，进入新用户注册页面。

(2) 必须输入"用户名"、"密码"、"确认密码"、"电子邮件"、"安全提示问题"和"安全答案"信息，如图 16-9(a)所示。

(3) 必须确保密码输入的一致性，如图 16-9(b)所示。

(4) 密码最短长度为 7，并且有字符要求，如图 16-9(c)所示。

(5) 必须确保电子邮件地址的合法性，如图 16-9(d)所示。

(6) 必须确保用户名的唯一性，如图 16-9(e)所示。

(7) 新用户注册成功，如图 16-9(f)所示。

(a) 必须输入信息

(b) 密码输入必须一致

(c) 密码长度和字符限制

(d) 电子邮件地址必须合法

(e) 用户名必须唯一

(f) 新用户注册成功

图 16-9  输入新用户注册信息

**解决方案：**

该 ASP.NET Web 页面使用表 16-6 所示的 Web 服务器控件完成指定的开发任务。

表 16-6　新用户注册页面的控件

| 类　　型 | ID | 说　　明 |
|---|---|---|
| CreateUserWizard | CreateUserWizard1 | 系统自动创建新用户注册页面 |

**操作步骤：**

(1) 新建"单文件页模型"的 Web 窗体(新用户注册页面)：Register.aspx。

(2) 设计新用户注册页面。从【登录】工具箱中将 CreateUserWizard 控件拖到 ASP.NET 设计页面，并参照图 16-10 所示设置其 ContinueDestinationPageUrl 属性和 EmailRegularExpression 属性，其他属性均采用默认值。Register.aspx 具体设计效果如图 16-11 所示。

① ContinueDestinationPageUrl 属性设置为"~/Default.aspx"，这是新用户完成注册后要继续访问的页的 URL。

② EmailRegularExpression 属性设置为"\w+([-+.']\w+)*@\w+([-.]\w+)*\.\w+([-.]\w+)*"，该正则表达式用于验证电子邮件地址。

(3) 修改应用程序配置文件。在 Web.config 的<system.web>标记中增加"**<authentication mode="Forms"/>**"语句。

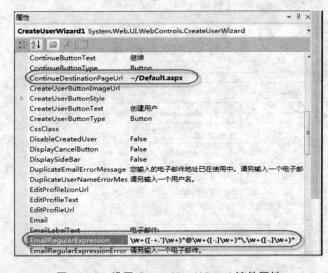

图 16-10　设置 CreateUserWizard 控件属性

图 16-11　新用户注册页面的设计效果

(4) 保存并运行 Register.aspx。

**操作小结：**

(1) 基于窗体的身份验证是一项 ASP.NET 身份验证服务，它使应用程序能够提供自己的登录用户界面并进行自己的凭据验证。ASP.NET 对用户进行身份验证，将未经身份验证的用户重定向到登录页，并执行所有必要的 Cookie 管理。这种身份验证是许多网站使用的流行方法。

(2) 使用基于窗体的身份验证，必须在应用程序配置文件中添加适当的语句，方法是将<authentication>设置为"Forms"。

**练习 2：创建网上书店用户登录页面**

**开发任务：**

创建网上书店已注册用户的登录页面 Login.aspx。

(1) 单击网上书店主页右上角的【登录】链接，页面即显示登录画面，提示已注册用户输入用户名和密码，本练习将用户名作为用户的唯一标志，如下图 16-12 所示。

(2) 已注册用户登录成功，页面将给出"欢迎光临网上书店"的欢迎信息，如图 16-13 所示。

图 16-12　已注册用户登录

图 16-13　已注册用户登录成功

(3) 登录时，如果用户未注册或者登录信息有误，则系统自动给出"您的登录尝试不成功。请重试。"的提示信息。

**解决方案：**

该 Web 页面使用表 16-7 所示的 Web 服务器控件完成指定的开发任务。

表 16-7　已注册用户登录页面的控件

| 类　　型 | ID | 说　　明 |
| --- | --- | --- |
| Login | Login1 | 系统自动创建用户登录页面 |

**操作提示：**

(1) 新建"单文件页模型"的 Web 窗体(用户登录页面)：Login.aspx。

(2) 设计用户登录页面。从【登录】工具箱中将 Login 控件拖动到 ASP .NET 设计页面，并参照图 16-14 所示设置其 CreateUserText 属性、CreateUserUrl 属性、DestinationPageUrl 属性以及 DisplayRememberMe 属性，其他属性均采用默认值。Login.aspx 具体设计效果如图 16-15 所示。

① CreateUserText 属性设置为"新用户注册"。

② CreateUserUrl 属性设置为"Register.aspx"(单击...按钮，在随后出现的【选择 URL】对话框中选择需要的文件即可)。

③ DestinationPageUrl 属性设置为"Default.aspx"。

④ DisplayRememberMe 属性设置为"False"。

图 16-14　设置 Login 控件的属性　　　　图 16-15　已注册用户登录页面的设计效果

(3) 设置购物车信息。利用 Login 控件的 Login_LoggedIn 事件函数，将登录用户的用户名作为购物车的 ID，存于 Session 中。

```
protected void Login1_LoggedIn(object sender, EventArgs e)
{
    Session["CartID"] = Login1.UserName;
    Session["Username"] = Login1.UserName;
}
```

(4) 在文档窗口底部单击【源】标签，切换到源代码视图，观察系统为以上操作自动生成的代码。

(5) 保存并运行 Login.aspx。

**操作步骤：**

参照任务 3 自行完成。

 练习 3：使用 ASP .NET 配置文件设定授权页面

**开发任务：**

使用 Web.config 应用程序配置文件设定授权页面，确保"AddToCart.aspx"和"ShoppingCart.aspx"两个页面只有登录用户才可以使用；否则，系统自动跳转到登录页面，用户完成登录后，系统再自动跳转到"AddToCart.aspx"或"ShoppingCart.aspx"这两个页面，并完成添加到购物车功能或显示登录用户的购物车清单功能。

**操作提示：**

(1) 在 Web.config 应用程序配置文件的</system.web>标记后增加如下粗体阴影代码。

```
<location path="AddToCart.aspx">
    <system.web>
      <authorization>
        <deny users="?"/>
      </authorization>
    </system.web>
</location>
```

```
<location path="ShoppingCart.aspx">
  <system.web>
    <authorization>
      <deny users="?"/>
    </authorization>
  </system.web>
</location>
```

(2) 保存 Web.config，运行默认主页 Default.aspx，在没有任何用户登录的情况下，测试【购物车】(跳转到 ShoppingCart.aspx)超链接的功能。当完成任务 4 和练习 4 后，可以测试在没有任何用户登录的情况下，【购买】(跳转到 AddToCart.aspx)超链接的功能。

**操作步骤：**

参照任务 3 自行完成。

## 任务 4：创建网上书店书籍一览页面

**开发任务：**

创建网上书店书籍一览页面 Bookslist.aspx。运行效果如图 16-16 所示。

图 16-16  书籍一览页面的运行效果

(1) 当在网上书店主页左下方书籍分类一览中单击具体的图书类别，如本练习的"程序设计"，则右侧窗口显示该图书类别相应的书籍清单信息。

(2) 单击【购买】链接，则进入"购物车"界面，并将该书籍直接添加到购物车。

**解决方案：**

该 ASP.NET Web 页面利用网上书店母版页面 Bookshop.master，并使用表 16-8 所示的 Web 服务器控件完成指定的开发任务。

表 16-8　书籍一览页面的控件

| 类　　型 | ID | 说　　明 |
| --- | --- | --- |
| DataList | DataList1 | 分类书籍一览列表 |
| SqlDataSource | SqlDataSource1 | DataList 数据源 |
| Image | Image1 | 显示书籍图像文件 |
| HyperLink | HyperLink2 | 超链接到书籍详细信息页面 BookDetails.aspx |
| HyperLink | HyperLink3 | 超链接到添加到购物车页面 AddToCart.aspx |

**操作提示：**

(1) 基于母版页(Bookshop.master)新建"单文件页模型"的 Web 窗体(书籍一览页面)：Bookslist.aspx。

(2) 设计书籍一览页面。在"Content-Content1(Custom)"中添加一个 DataList 控件，以用于显示所选图书书类的所有书籍的书名和单价信息一览，并提供【购买】超级链接。

(3) 自定义 DataList 控件的 Select SQL 语句。在【DataList 任务】菜单中选择【配置数据源】命令。在【配置 Select 语句】配置数据源向导中，选中【指定自定义 SQL 语句或存储过程】单选按钮，单击【下一步】按钮，打开【定义自定义语句或存储过程】配置数据源向导，自定义 Select SQL 语句："SELECT BookID, Bookname, UnitCost, BookImage FROM Books WHERE (CategoryID = @CategoryID)"，根据网上书店主页左下方书籍分类一览中所选的具体图书类别(CategoryID)，在右侧窗口显示该图书类别相应的所有书籍清单信息。

(4) 建立 DataList 控件与网上书店主页左下方书籍分类一览中所选的具体图书类别的参数传递关系。在随后打开的【定义参数】配置数据源向导中的【参数源】下拉列表中选择"QueryString"选项，在【QueryStringField】文本框中输入"CategoryID"，建立 DataList 与网上书店主页左下方书籍分类一览中所选的具体图书类别 CategoryID 的参数传递关系。

(5) 编辑 DataList 控件的项模板(ItemTemplate)。除了保留系统自动生成的"UnitCost:[UnitCostLabel]"(单价)一行信息外，删除其他内容，并添加一个 1 行 2 列的表格。在第一列添加一个 Image 控件，在【Image 任务】菜单中选择【编辑 DataBindings】命令，编辑 Image 控件的数据绑定，如图 16-17 所示。

(6) 设置 Image 控件的 ImageUrl 绑定属性。在【Image1 DataBindings】对话框中的【可绑定属性】下拉列表中选择"Image Url"选项，并选中【字段绑定】单选按钮，将 ImageUrl 绑定到 BookImage 字段，以获取图像的名称；再选中【自定义绑定】单选按钮，在【代码表达式】文本框中增加 Image 的目录信息："BookImages/" + Eval("BookImage")，如图 16-18 所示。

(7) 设置图像的高度和宽度。选中第一列的 Image 控件，在其【属性】面板中设置图像的高度和宽度，其中，Height 为 75px，Width 为 100px。

(8) 编辑项模板(ItemTemplate)中表格的第二列。

① 添加一个 HyperLink，用以显示书籍名称，并超链接到书籍详细信息页面 BookDetails.aspx，同时将当前书籍的 BookID 传递给书籍详细信息页面。在【HyperLink 任务】菜单中选择【编辑 DataBindings】命令，编辑 HyperLink 控件的数据绑定。

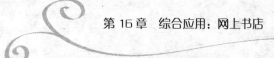

 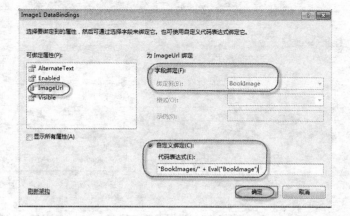

图 16-17　编辑 Image 控件的　　　　图 16-18　设置 Image 控件的 NavigateUrl 绑定属性
　　　　　数据绑定

② 设置书籍名称 HyperLink 的 Text 绑定属性。在【HyperLink2 DataBindings】对话框中的【可绑定属性】下拉列表中选择"Text"选项，并选中【字段绑定】单选按钮，在【绑定到】下拉列表中选择"Bwkname"选项，使 HyperLink 数据绑定到书籍名称：BookName，如图 16-19 所示。

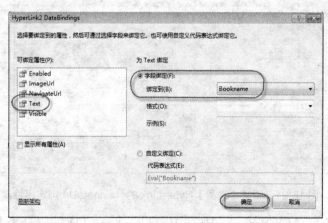

图 16-19　设置书籍名称 HyperLink 的 Text 绑定属性

③ 设置书籍名称 HyperLink 的 NavigateUrl 绑定属性。在【HyperLink DataBindings】对话框中的【可绑定属性】下拉列表中选择"NavigateUrl"选项，并选中【字段绑定】单选按钮，使书籍名称 HyperLink 超链接到书籍详细信息页面 BookDetails.aspx，然后选中【自定义绑定】单选按钮，将当前书籍的 BookID 传递给书籍详细信息页面："BookDetails.aspx?BookID=" + Eval("BookID")，如图 16-20 所示。

④ 将"UnitCost:"改为"单价:"。

⑤ 再添加一个 Text 为"购买"的 HyperLink，用以超链接到添加到购物车页面 AddToCart.aspx，同时将当前书籍的 BookID 传递给添加到购物车页面。在【HyperLink 任务】菜单中选择【编辑 DataBindings】命令，编辑【购买】HyperLink 控件的数据绑定。

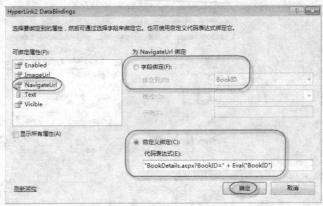

图 16-20 设置书籍名称 HyperLink 的 NavigateUrl 绑定属性

⑥ 设置【购买】HyperLink 的 NavigateUrl 绑定属性。在【HyperLink DataBindings】对话框中，参照步骤(8)③，利用【字段绑定】和【自定义绑定】单选按钮，使【购买】HyperLink 超链接到添加到购物车页面 AddToCart.aspx，同时将当前书籍的 BookID 传递给添加到购物车页面："AddToCart.aspx?BookID=" + Eval("BookID")，如图 16-21 所示。

图 16-21 设置【购买】HyperLink 的 NavigateUrl 绑定属性

⑦ ItemTemplate 最后的编辑界面如图 16-22 所示，在【Datalist 任务】菜单中选择【结束模板编辑】命令，结束 ItemTemplate 的编辑。

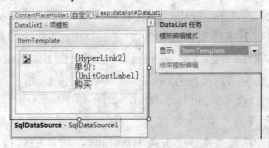

图 16-22 ItemTemplate 最后的编辑界面

(9) 设置 DataList 控件的 RepeatColumns 属性为 "2"。
(10) Bookslist.aspx 最后的设计界面如图 16-23 所示。

图 16-23  Bookslist.aspx 最后的设计界面

(11) 在文档窗口底部单击【源】标签，切换到源代码视图，观察系统为以上操作自动生成的代码。

(12) 保存并运行 Bookslist.aspx。

 **练习 4：创建网上书店书籍详细信息页面(独立练习)**

**开发任务：**

创建网上书店书籍详细信息页面 BookDetails.aspx。运行效果如下图 16-24 所示。

图 16-24  书籍详细信息页面的运行效果

(1) 在网上书店主页右侧窗口书籍清单中单击某一本书的书名链接，如，本练习单击书名为"C#.NET 程序设计教程"的书籍，则页面显示该书的具体内容，包括书名、作者、出版社、单价、内容简介。

(2) 单击【购买】链接，则进入购物车界面，并将该书籍直接添加到购物车。

**解决方案：**

该 ASP .NET Web 页面利用网上书店母版页面 Bookshop.master，并使用表 16-9 所示的 Web 服务器控件完成指定的开发任务。

表 16-9　书籍详细信息页面的控件

| 类　型 | ID | 说　　明 |
|---|---|---|
| DataList | DataList1 | 分类书籍一览列表 |
| SqlDataSource | SqlDataSource1 | DataList 数据源 |
| Image | Image1 | 显示书籍图像文件 |
| HyperLink | HyperLink1 | 超链接到添加到购物车页面 AddToCart.aspx |
| TextBox | TextBox1 | 多行文本框的形式显示书籍的内容简介 |

**操作提示：**

(1) 参照书籍一览页面 Bookslist.aspx 的实现方法，创建书籍详细信息页面 BookDetails.aspx。其中：

① DataList 控件的自定义 Select SQL 语句为 "SELECT BookID, Bookname, Author, Publisher, UnitCost, Description, BookImage FROM Books WHERE (BookID = @BookID)"。其中 "@BookID" 绑定到 QueryString(BookID)。

② DataList 控件的项模板(ItemTemplate)中添加一个 1 行 2 列的表格(每个单元格的 valign 均为 top)。

③ 项模板中 Image 控件的 ImageUrl 绑定属性为"BookImages/" + Eval("BookImage")。

④ 项模板中【购买】HyperLink 的 NavigateUrl 绑定属性为"AddToCart.aspx?BookID=" & Eval("BookID")。

⑤ 项模板中用于显示内容简介的 TextBox 的 Text 绑定属性为 Eval("Description")、TextMode 为 "MultiLine"、Width 为 "284px"、Height 为 "372px"。

(2) 书籍详细信息设计页面参见图 16-25 所示。

图 16-25　书籍详细信息的设计页面

(3) 在文档窗口底部单击【源】标签，切换到源代码视图，观察系统为以上操作自动生成的代码。

(4) 保存并运行 BookDetails.aspx。

**操作步骤：**

参照任务 4 自行完成。

## 任务 5：创建网上书店书籍信息查询页面

**开发任务：**

创建网上书店书籍信息查询页面 SearchResults.aspx。

(1) 只要"书名(Bookname)"或"内容简介(Description)"中包含所要查找的字符串即显示该书籍的书名和单价信息。

(2) 图 16-26 的运行效果即为输入"程序设计",并单击【查找】按钮,则页面显示所有有关"程序设计"的书籍信息。

(3) 书籍查找结果清单借助 DataList 控件实现。

**解决方案：**

该 ASP .NET Web 页面利用网上书店母版页面 Bookshop.master,并增加表 16-10 所示的 Web 服务器控件完成指定的开发任务。

表 16-10 书籍信息查询页面增加的控件

| 类型 | ID | 说明 |
| --- | --- | --- |
| Label | Label1 | 显示找不到相应书籍的提示信息 |

图 16-26 书籍信息查询页面的运行效果

**操作步骤：**

(1) 创建书籍信息查询页面。将 C:\ASPNET\Chapter16 网站中的书籍详细信息页面 Bookslist.aspx 另存为 SearchResults.aspx,在此基础上进行修改,创建书籍信息查询页面,如图 16-27 所示。

(2) 自定义 DataList 控件的 Select SQL 语句。重新配置数据源,在【定义自定义语句或存储过程】配置数据源向导中,自定义 Select SQL 语句:"SELECT Bookname, UnitCost, Description, BookID,BookImage FROM Books WHERE (Bookname like @txtSearch) OR (Description like @txtSearch)",只要"书名(Bookname)"或"内容简介(Description)"中包

含所要查找的字符串,即查询显示该书籍的书名和单价信息。

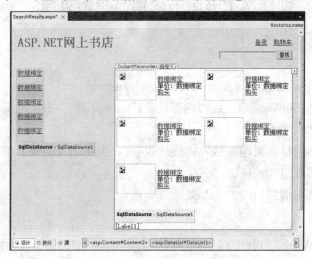

图 16-27　书籍信息查询的设计页面

(3) 建立 DataList 控件与查询 TextBox 控件的参数传递关系。随后打开【定义参数】配置数据源向导,在【参数源】下拉列表中选择"QueryString"选项,在【QueryStringField】文本框中输入"txtSearch",如图 16-28 所示,建立 DataList 与查询 TextBox 所输入的查找字符串的参数传递关系。注意:最后提示是否重置时,单击【否】按钮。

图 16-28　建立 DataList 控件与查询 TextBox 控件的参数传递关系

(4) 在文档窗口底部单击【源】标签,切换到源代码视图,观察系统为以上操作自动生成的代码。

(5) 在 SqlDataSource1_Selected 事件中添加下列加粗阴影代码,如果"书名(Bookname)"和"内容简介(Description)"中均不包含所要查找的字符串,即显示找不到相应书籍的提示信息。

```
protected void SqlDataSource1_Selected(object sender, SqlDataSourceStatus
```

```
EventArgs e)
{
    if (e.AffectedRows > 0)
        Label1.Text = "";
    else
        Label1.Text = "对不起！没有找到符合查询条件的书籍！";
}
```

(6) 保存并运行 SearchResults.aspx。

##  任务 6：创建网上书店购物车管理页面

**开发任务：**

创建网上书店购物车管理页面 ShoppingCart.aspx。

(1) 每个登录用户拥有一个购物车，选中的书籍通过单击【购买】超链接，自动放入购物车。

(2) 购物车管理页面：显示购物车的内容；用户可以修改选购书籍的数量、删除已经选购的书籍。

(3) 如果用户没有登录，则自动跳转到登录页面；注册用户一旦登录后，自动返回购物车管理页面，同时显示该登录用户的购物车清单。

(4) 利用 GridView 控件实现购物车管理页面。

**解决方案：**

该 ASP .NET Web 页面利用网上书店母版页面 Bookshop.master，并使用表 16-11 所示的 Web 服务器控件完成指定的开发任务。

表 16-11 购物车管理页面的控件

| 类型 | ID | 说明 |
| --- | --- | --- |
| GridView | GridView1 | 购物车列表 |
| SqlDataSource | SqlDataSource1 | GridView 数据源 |

**操作步骤：**

(1) 基于母版页(Bookshop.master)新建"单文件页模型"的 Web 窗体(购物车管理页面)：ShoppingCart.aspx。

(2) 设计购物车管理页面。在 "Content-Content1(Custom)" 中添加一个 GridView 控件，用于显示放入购物车中的所有书籍的书号、书名、作者、数量、单价和金额信息一览，并提供对记录的编辑和删除的功能。

(3) 配置 GridView 数据源。自定义 SQL 语句：SELECT ShoppingCart.CartID, ShoppingCart.BookID, Books.Bookname, Books.UnitCost, ShoppingCart.Quantity, Books.UnitCost * ShoppingCart.Quantity AS Amount FROM ShoppingCart INNER JOIN Books ON ShoppingCart.BookID = Books.BookID

WHERE (ShoppingCart.CartID = @CartID); UPDATE 语句: UPDATE ShoppingCart SET Quantity = @Quantity WHERE (CartID = @CartID) AND (BookID = @BookID); DELETE 语句: DELETE FROM ShoppingCart WHERE (CartID = @CartID) AND (BookID = @BookID)。其中@CartID 绑定到 Session(CartID)。

(4) 启用 GridView 的排序、编辑和删除功能。在设计视图中，选择 GridView1 控件，单击按钮，在【GridView 任务】菜单中分别勾选【启用排序】、【启用编辑】和【启用删除】复选框。

(5) 编辑数据源的列。在【GridView 任务】菜单中选择【编辑列】命令，在随后出现的【字段】对话框中，对数据源可用的字段进行选定和编辑。

① 在【选定的字段】下拉列表中，只添加/保留 BookID、Bookname、Quantity、UnitCost 以及 Amount 字段，并调整字段的显示次序。

② BookID 字段的 HeaderText 改为"书号"；ReadOnly 为"True"。

③ Bookname 字段的 HeaderText 改为"书名"；ReadOnly 为"True"。具体可参见图 16-29 所示。

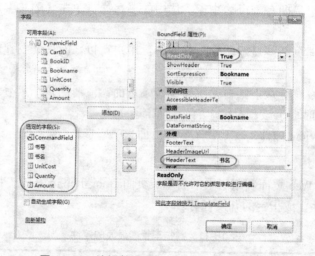

图 16-29 编辑数据源的 BookName 书名字段

④ UnitCost 字段的 HeaderText 改为"单价"；ReadOnly 为"True"；DataFormatString 为"{0:f2}"。

⑤ Quantity 字段的 HeaderText 改为"数量"；ReadOnly 为"False"。

⑥ Amount 字段的 HeaderText 改为"金额"；ReadOnly 为"True"；DataFormatString 为"{0:f2}"。

(6) 设置 GridView1 控件的 EmptyDataText 属性为"购物车为空！"。

最终的设计界面参见图 16-30 所示。

(7) 在文档窗口底部单击【源】标签，切换到源代码视图，观察系统为以上操作自动生成的代码。

(8) 保存 ShoppingCart.aspx。

## 第 16 章 综合应用：网上书店

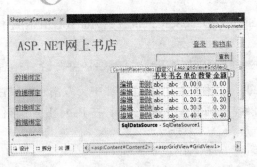

图 16-30 购物车管理最终的设计页面

 **练习 5：创建网上书店添加到购物车页面**

**开发任务：**

创建网上书店添加到购物车页面 AddToCart.aspx。运行效果如图 16-31(a)和图 16-31(b)所示。

(a) 准备更新购物车的内容

(b) 购物车成功更新(更新了数量，删除了其中 1 本书)

图 16-31 购物车运行效果

(1) 在图 16-16 所示的书籍一览页面和图 16-24 所示的书籍详细信息页面，均可以单击【购买】链接，进入如图 16-31 所示的购物车界面，并将该书籍直接添加到购物车。

(2) 添加到购物车页面的功能是：将选中的书籍添加到购物车中，然后直接跳转到购物车管理页面 ShoppingCart.aspx。

**操作提示：**

(1) 基于母版页(Bookshop.master)新建"单文件页模型"的 Web 窗体(添加到购物车页面)：AddToCart.aspx。

(2) 引用名称空间 System.Data.SqlClient。在 AddToCart.aspx 代码的头部添加下列粗体阴影语句。

```
<%@ Import Namespace="System.Data.SqlClient" %>
```

(3) 生成 Page_Load 事件代码。在设计视图中，双击页面空白处，自动生成页面的主事件 Load 的处理过程 Page_Load；在源视图中，在 Page_Load 事件函数体中加入如下粗体阴影代码。

```
protected void Page_Load(object sender, EventArgs e)
{
    string strBookID = Request.QueryString["BookID"];
    string strCartID = Session["CartID"].ToString();
    //连接到数据库 BooksDB
    SqlConnection con = new SqlConnection(@"Data Source=.\SQLExpress;Initial Catalog=BooksDB;Integrated Security=True");
    //创建插入 ShoppingCart 表的 SQL 命令
    string strInsert = "Insert into ShoppingCart(CartID,BookID,Quantity) Values(@CartID,@BookID,0)";
    SqlCommand cmdInsert = new SqlCommand(strInsert, con);
    cmdInsert.Parameters.AddWithValue("@CartID", strCartID);   //设置参数
    cmdInsert.Parameters.AddWithValue("@BookID", strBookID);   //设置参数
    try
    {
        con.Open();
        cmdInsert.ExecuteNonQuery();
        Response.Redirect("~/ShoppingCart.aspx");  //跳转到购物车
    }
    catch (Exception ex)
    {
        //如果购物车已存在该商品,则数量+1
        string strUpdate = "Update ShoppingCart set Quantity=Quantity+1 where CartID=@CartID and BookID=@BookID";
        SqlCommand cmdUpdate = new SqlCommand(strUpdate, con);
        cmdUpdate.Parameters.AddWithValue("@CartID", strCartID);   //设置参数
        cmdUpdate.Parameters.AddWithValue("@BookID", strBookID);   //设置参数
        cmdUpdate.ExecuteNonQuery();
        Response.Redirect("~/ShoppingCart.aspx");  //跳转到购物车
    }
    finally
    {
        con.Close();
    }
}
```

(4) 保存 AddToCart.aspx，运行默认主页 Default.aspx，并测试购物车的功能。

## 任务7：发布和测试网上书店 ASP .NET 应用程序

**开发任务：**

发布和测试网上书店 ASP .NET 应用程序。

**操作步骤：**

(1) 发布网上书店应用程序到 Web 服务器，如 C:\Bookshop 上。

```
xcopy C:\ASPNET\Chapter16 C:\Bookshop /s
```

(2) 创建 Web 虚拟目录。使用【Internet 信息服务(IIS)管理器】管理控制台，创建虚拟目录 Bookshop，指向 C:\Bookshop。

(3) 测试网上书店应用程序。在 IE 地址栏中输入 "http://localhost/Bookshop"，运行并测试。

本章中您学习了：
(1) 网上书店系统的开发过程。
(2) 创建默认主页。
(3) 创建书籍一览页面。
(4) 创建书籍详细信息页面。
(5) 创建书籍信息查询页面。
(6) 创建购物车页面。
(7) 创建新用户注册页面。
(8) 创建已注册用户的登录页面。
(9) 网上书店系统的配置和发布。
(10) 配置网上书店系统。
(11) 发布网上书店系统。
(12) 测试网上书店系统。
(13) 本章实现了网上书店系统的基本功能，其他功能，如购物车结帐、订单处理等。由于篇幅关系，尚未展开阐述。

# 参 考 文 献

[1] 江红. ASP.NET 动态网页设计案例教程(Visual Basic .NET 版)[M]. 北京：北京大学出版社，2009.
[2] 江红，余青松. C#.NET 程序设计教程[M]. 北京：清华大学出版社，2010.
[3] 江红，余青松. C#.NET 程序设计实验指导[M]. 北京：清华大学出版社，2010.
[4] Alex Mackey. Introducing.NET 4.0 With Visual Studio 2010. Apress.
[5] Microsoft Corporation. C# 语言规范 4.0 版. http://www.microsoft.com.

# 北京大学出版社本科计算机系列实用规划教材

| 序号 | 标准书号 | 书名 | 主编 | 定价 | 序号 | 标准书号 | 书名 | 主编 | 定价 |
|---|---|---|---|---|---|---|---|---|---|
| 1 | 7-301-10511-5 | 离散数学 | 段禅伦 | 28 | 38 | 7-301-13684-3 | 单片机原理及应用 | 王新颖 | 25 |
| 2 | 7-301-10457-X | 线性代数 | 陈付贵 | 20 | 39 | 7-301-14505-0 | Visual C++程序设计案例教程 | 张荣梅 | 30 |
| 3 | 7-301-10510-X | 概率论与数理统计 | 陈荣江 | 26 | 40 | 7-301-14259-2 | 多媒体技术应用案例教程 | 李建 | 30 |
| 4 | 7-301-10503-0 | Visual Basic 程序设计 | 闵联营 | 22 | 41 | 7-301-14503-6 | ASP .NET 动态网页设计案例教程(Visual Basic .NET 版) | 江红 | 35 |
| 5 | 7-301-10456-9 | 多媒体技术及其应用 | 张正兰 | 30 | 42 | 7-301-14504-3 | C++面向对象与 Visual C++程序设计案例教程 | 黄贤英 | 35 |
| 6 | 7-301-10466-8 | C++程序设计 | 刘天印 | 33 | 43 | 7-301-14506-7 | Photoshop CS3 案例教程 | 李建芳 | 34 |
| 7 | 7-301-10467-5 | C++程序设计实验指导与习题解答 | 李兰 | 20 | 44 | 7-301-14510-4 | C++程序设计基础案例教程 | 于永彦 | 33 |
| 8 | 7-301-10505-4 | Visual C++程序设计教程与上机指导 | 高志伟 | 25 | 45 | 7-301-14942-5 | ASP .NET 网络应用案例教程(C# .NET 版) | 张登辉 | 33 |
| 9 | 7-301-10462-0 | XML 实用教程 | 丁跃潮 | 26 | 46 | 7-301-12377-5 | 计算机硬件技术基础 | 石磊 | 26 |
| 10 | 7-301-10463-7 | 计算机网络系统集成 | 斯桃枝 | 22 | 47 | 7-301-15208-9 | 计算机组成原理 | 娄国焕 | 24 |
| 11 | 7-301-10465-1 | 单片机原理及应用教程 | 范立南 | 30 | 48 | 7-301-15463-2 | 网页设计与制作案例教程 | 房爱莲 | 36 |
| 12 | 7-5038-4421-3 | ASP .NET 网络编程实用教程(C#版) | 崔良海 | 31 | 49 | 7-301-04852-8 | 线性代数 | 姚喜妍 | 22 |
| 13 | 7-5038-4427-2 | C 语言程序设计 | 赵建锋 | 25 | 50 | 7-301-15461-8 | 计算机网络技术 | 陈代武 | 33 |
| 14 | 7-5038-4420-5 | Delphi 程序设计基础教程 | 张世明 | 37 | 51 | 7-301-15697-1 | 计算机辅助设计二次开发案例教程 | 谢安俊 | 26 |
| 15 | 7-5038-4417-5 | SQL Server 数据库设计与管理 | 姜力 | 31 | 52 | 7-301-15740-4 | Visual C# 程序开发案例教程 | 韩朝阳 | 30 |
| 16 | 7-5038-4424-9 | 大学计算机基础 | 贾丽娟 | 34 | 53 | 7-301-16597-3 | Visual C++程序设计实用案例教程 | 于永彦 | 32 |
| 17 | 7-5038-4430-0 | 计算机科学与技术导论 | 王昆仑 | 30 | 54 | 7-301-16850-9 | Java 程序设计案例教程 | 胡巧多 | 32 |
| 18 | 7-5038-4418-3 | 计算机网络应用实例教程 | 魏峥 | 25 | 55 | 7-301-16842-4 | 数据库原理与应用 (SQL Server 版) | 毛一梅 | 36 |
| 19 | 7-5038-4415-9 | 面向对象程序设计 | 冷英男 | 28 | 56 | 7-301-16910-0 | 计算机网络技术基础与应用 | 马秀峰 | 33 |
| 20 | 7-5038-4429-4 | 软件工程 | 赵春刚 | 22 | 57 | 7-301-15063-4 | 计算机网络基础与应用 | 刘远生 | 32 |
| 21 | 7-5038-4431-0 | 数据结构(C++版) | 秦锋 | 28 | 58 | 7-301-15250-8 | 汇编语言程序设计 | 张光长 | 28 |
| 22 | 7-5038-4423-2 | 微机应用基础 | 吕晓燕 | 33 | 59 | 7-301-15064-1 | 网络安全技术 | 骆耀祖 | 30 |
| 23 | 7-5038-4426-4 | 微型计算机原理与接口技术 | 刘彦文 | 26 | 60 | 7-301-15584-4 | 数据结构与算法 | 佟伟光 | 32 |
| 24 | 7-5038-4425-6 | 办公自动化教程 | 钱俊 | 30 | 61 | 7-301-17087-8 | 操作系统实用教程 | 范立南 | 36 |
| 25 | 7-5038-4419-1 | Java 语言程序设计实用教程 | 董迎红 | 33 | 62 | 7-301-16631-4 | Visual Basic 2008 程序设计教程 | 隋晓红 | 34 |
| 26 | 7-5038-4428-0 | 计算机图形技术 | 龚声蓉 | 28 | 63 | 7-301-17537-8 | C 语言基础案例教程 | 汪新民 | 31 |
| 27 | 7-301-11501-5 | 计算机软件技术基础 | 高巍 | 25 | 64 | 7-301-17397-8 | C++程序设计基础教程 | 郗亚辉 | 30 |
| 28 | 7-301-11500-8 | 计算机组装与维护实用教程 | 崔明远 | 33 | 65 | 7-301-17578-1 | 图论算法理论、实现及应用 | 王桂平 | 54 |
| 29 | 7-301-12174-0 | Visual FoxPro 实用教程 | 马秀峰 | 29 | 66 | 7-301-17964-2 | PHP 动态网页设计与制作案例教程 | 房爱莲 | 42 |
| 30 | 7-301-11500-8 | 管理信息系统实用教程 | 杨月江 | 27 | 67 | 7-301-18514-8 | 多媒体开发与编程 | 于永彦 | 35 |
| 31 | 7-301-11445-2 | Photoshop CS 实用教程 | 张瑾 | 28 | 68 | 7-301-18538-4 | 实用计算方法 | 徐亚平 | 24 |
| 32 | 7-301-12378-2 | ASP .NET 课程设计指导 | 潘志红 | 35 | 69 | 7-301-18539-1 | Visual FoxPro 数据库设计案例教程 | 谭红杨 | 35 |
| 33 | 7-301-12394-2 | C# .NET 课程设计指导 | 龚自霞 | 32 | 70 | 7-301-19313-6 | Java 程序设计案例教程与实训 | 董迎红 | 45 |
| 34 | 7-301-13259-3 | VisualBasic .NET 课程设计指导 | 潘志红 | 30 | 71 | 7-301-19389-1 | Visual FoxPro 实用教程与上机指导（第2版） | 马秀峰 | 40 |
| 35 | 7-301-12371-3 | 网络工程实用教程 | 汪新民 | 34 | 72 | 7-301-19435-5 | 计算方法 | 尹景本 | 28 |
| 36 | 7-301-14132-8 | J2EE 课程设计指导 | 王立丰 | 32 | 73 | 7-301-19388-4 | Java 程序设计教程 | 张剑飞 | 35 |
| 37 | 7-301-21088-8 | 计算机专业英语(第2版) | 张勇 | 42 | 74 | 7-301-19386-0 | 计算机图形技术(第2版) | 许承东 | 44 |

| 75 | 7-301-15689-6 | Photoshop CS5 案例教程（第2版） | 李建芳 | 39 | 81 | 7-301-20630-0 | C#程序开发案例教程 | 李挥剑 | 39 |
| --- | --- | --- | --- | --- | --- | --- | --- | --- | --- |
| 76 | 7-301-18395-3 | 概率论与数理统计 | 姚喜妍 | 29 | 82 | 7-301-20898-4 | SQL Server 2008 数据库应用案例教程 | 钱哨 | 38 |
| 77 | 7-301-19980-0 | 3ds Max 2011 案例教程 | 李建芳 | 44 | 83 | 7-301-21052-9 | ASP.NET 程序设计与开发 | 张绍兵 | 39 |
| 78 | 7-301-20052-0 | 数据结构与算法应用实践教程 | 李文书 | 36 | 84 | 7-301-16824-0 | 软件测试案例教程 | 丁宋涛 | 28 |
| 79 | 7-301-12375-1 | 汇编语言程序设计 | 张宝剑 | 36 | 85 | 7-301-20328-6 | ASP.NET 动态网页案例教程（C#.NET版） | 江红 | 45 |
| 80 | 7-301-20523-5 | Visual C++程序设计教程与上机指导(第2版) | 牛江川 | 40 | 86 | 7-301-16528-7 | C#程序设计 | 胡艳菊 | 40 |

# 北京大学出版社电气信息类教材书目(已出版)
## 欢迎选订

| 序号 | 标准书号 | 书名 | 主编 | 定价 | 序号 | 标准书号 | 书名 | 主编 | 定价 |
|---|---|---|---|---|---|---|---|---|---|
| 1 | 7-301-10759-1 | DSP 技术及应用 | 吴冬梅 | 26 | 38 | 7-5038-4400-3 | 工厂供配电 | 王玉华 | 34 |
| 2 | 7-301-10760-7 | 单片机原理与应用技术 | 魏立峰 | 25 | 39 | 7-5038-4410-2 | 控制系统仿真 | 郑恩让 | 26 |
| 3 | 7-301-10765-2 | 电工学 | 蒋中 | 29 | 40 | 7-5038-4398-3 | 数字电子技术 | 李元 | 27 |
| 4 | 7-301-19183-5 | 电工与电子技术(上册)(第2版) | 吴舒辞 | 30 | 41 | 7-5038-4412-6 | 现代控制理论 | 刘永信 | 22 |
| 5 | 7-301-19229-0 | 电工与电子技术(下册)(第2版) | 徐卓农 | 32 | 42 | 7-5038-4401-0 | 自动化仪表 | 齐志才 | 27 |
| 6 | 7-301-10699-0 | 电子工艺实习 | 周春阳 | 19 | 43 | 7-5038-4408-9 | 自动化专业英语 | 李国厚 | 32 |
| 7 | 7-301-10744-7 | 电子工艺学教程 | 张立毅 | 32 | 44 | 7-5038-4406-5 | 集散控制系统 | 刘翠玲 | 25 |
| 8 | 7-301-10915-6 | 电子线路 CAD | 吕建平 | 34 | 45 | 7-301-19174-3 | 传感器基础(第2版) | 赵玉刚 | 30 |
| 9 | 7-301-10764-1 | 数据通信技术教程 | 吴延海 | 29 | 46 | 7-5038-4396-9 | 自动控制原理 | 潘丰 | 32 |
| 10 | 7-301-18784-5 | 数字信号处理(第2版) | 阎毅 | 32 | 47 | 7-301-10512-2 | 现代控制理论基础(国家级十一五规划教材) | 侯媛彬 | 20 |
| 11 | 7-301-18889-7 | 现代交换技术(第2版) | 姚军 | 36 | 48 | 7-301-11151-2 | 电路基础学习指导与典型题解 | 公茂法 | 32 |
| 12 | 7-301-10761-4 | 信号与系统 | 华容 | 33 | 49 | 7-301-12326-3 | 过程控制与自动化仪表 | 张井岗 | 36 |
| 13 | 7-301-19318-1 | 信息与通信工程专业英语(第2版) | 韩定定 | 32 | 50 | 7-301-12327-0 | 计算机控制系统 | 徐文尚 | 28 |
| 14 | 7-301-10757-7 | 自动控制原理 | 袁德成 | 29 | 51 | 7-5038-4414-0 | 微机原理及接口技术 | 赵志诚 | 38 |
| 15 | 7-301-16520-1 | 高频电子线路(第2版) | 宋树祥 | 35 | 52 | 7-301-10465-1 | 单片机原理及应用教程 | 范立南 | 30 |
| 16 | 7-301-11507-7 | 微机原理与接口技术 | 陈光军 | 34 | 53 | 7-5038-4426-4 | 微型计算机原理与接口技术 | 刘彦文 | 26 |
| 17 | 7-301-11442-1 | MATLAB 基础及其应用教程 | 周开利 | 24 | 54 | 7-301-12562-5 | 嵌入式基础实践教程 | 杨刚 | 30 |
| 18 | 7-301-11508-4 | 计算机网络 | 郭银景 | 31 | 55 | 7-301-12530-4 | 嵌入式 ARM 系统原理与实例开发 | 杨宗德 | 25 |
| 19 | 7-301-12178-8 | 通信原理 | 隋晓红 | 32 | 56 | 7-301-13676-8 | 单片机原理与应用及 C51 程序设计 | 唐颖 | 30 |
| 20 | 7-301-12175-7 | 电子系统综合设计 | 郭勇 | 25 | 57 | 7-301-13577-8 | 电力电子技术及应用 | 张润和 | 38 |
| 21 | 7-301-11503-9 | EDA 技术基础 | 赵明富 | 22 | 58 | 7-301-20508-2 | 电磁场与电磁波(第2版) | 邬春明 | 30 |
| 22 | 7-301-12176-3 | 数字图像处理 | 曹茂永 | 23 | 59 | 7-301-12179-5 | 电路分析 | 王艳红 | 38 |
| 23 | 7-301-12177-1 | 现代通信系统 | 李白萍 | 27 | 60 | 7-301-12380-5 | 电子测量与传感技术 | 杨雷 | 35 |
| 24 | 7-301-12340-2 | 模拟电子技术 | 陆秀令 | 28 | 61 | 7-301-14461-9 | 高电压技术 | 马永翔 | 28 |
| 25 | 7-301-13121-3 | 模拟电子技术实验教程 | 谭海曙 | 24 | 62 | 7-301-14472-5 | 生物医学数据分析及其 MATLAB 实现 | 尚志刚 | 25 |
| 26 | 7-301-11502-2 | 移动通信 | 郭俊强 | 22 | 63 | 7-301-14460-2 | 电力系统分析 | 曹娜 | 35 |
| 27 | 7-301-11504-6 | 数字电子技术 | 梅开乡 | 30 | 64 | 7-301-14459-6 | DSP 技术与应用基础 | 俞一彪 | 34 |
| 28 | 7-301-18860-6 | 运筹学(第2版) | 吴亚丽 | 28 | 65 | 7-301-14994-2 | 综合布线系统基础教程 | 吴达金 | 24 |
| 29 | 7-5038-4407-2 | 传感器与检测技术 | 祝诗平 | 30 | 66 | 7-301-15168-6 | 信号处理 MATLAB 实验教程 | 李杰 | 20 |
| 30 | 7-5038-4413-3 | 单片机原理及应用 | 刘刚 | 24 | 67 | 7-301-15440-3 | 电工电子实验教程 | 魏伟 | 26 |
| 31 | 7-5038-4409-6 | 电机与拖动 | 杨天明 | 27 | 68 | 7-301-15445-8 | 检测与控制实验教程 | 魏伟 | 24 |
| 32 | 7-5038-4411-9 | 电力电子技术 | 樊立萍 | 25 | 69 | 7-301-04595-4 | 电路与模拟电子技术 | 张绪光 | 35 |
| 33 | 7-5038-4399-2 | 电力市场原理与实践 | 邹斌 | 24 | 70 | 7-301-15458-8 | 信号、系统与控制理论(上、下册) | 邱德润 | 70 |
| 34 | 7-5038-4405-8 | 电力系统继电保护 | 马永翔 | 27 | 71 | 7-301-15786-2 | 通信网的信令系统 | 张云麟 | 24 |
| 35 | 7-5038-4397-6 | 电力系统自动化 | 孟祥忠 | 25 | 72 | 7-301-16493-8 | 发电厂变电所电气部分 | 马永翔 | 35 |
| 36 | 7-5038-4404-1 | 电气控制技术 | 韩顺杰 | 22 | 73 | 7-301-16076-3 | 数字信号处理 | 王震宇 | 32 |
| 37 | 7-5038-4403-4 | 电器与 PLC 控制技术 | 陈志新 | 38 | 74 | 7-301-16931-5 | 微机原理与接口技术 | 肖洪兵 | 32 |

| 序号 | 标准书号 | 书　名 | 主编 | 定价 | 序号 | 标准书号 | 书　名 | 主编 | 定价 |
|---|---|---|---|---|---|---|---|---|---|
| 75 | 7-301-16932-2 | 数字电子技术 | 刘金华 | 30 | 95 | 7-301-18314-4 | 通信电子线路及仿真设计 | 王鲜芳 | 29 |
| 76 | 7-301-16933-9 | 自动控制原理 | 丁红 | 32 | 96 | 7-301-19175-0 | 单片机原理与接口技术 | 李升 | 46 |
| 77 | 7-301-17540-8 | 单片机原理及应用教程 | 周广兴 | 40 | 97 | 7-301-19320-4 | 移动通信 | 刘维超 | 39 |
| 78 | 7-301-17614-6 | 微机原理及接口技术实验指导书 | 李干林 | 22 | 98 | 7-301-19447-8 | 电气信息类专业英语 | 缪志农 | 40 |
| 79 | 7-301-12379-9 | 光纤通信 | 卢志茂 | 28 | 99 | 7-301-19451-5 | 嵌入式系统设计及应用 | 邢吉生 | 44 |
| 80 | 7-301-17382-4 | 离散信息论基础 | 范九伦 | 25 | 100 | 7-301-19452-2 | 电子信息类专业MATLAB实验教程 | 李明明 | 42 |
| 81 | 7-301-17677-1 | 新能源与分布式发电技术 | 朱永强 | 32 | 101 | 7-301-16914-8 | 物理光学理论与应用 | 宋贵才 | 32 |
| 82 | 7-301-17683-2 | 光纤通信 | 李丽君 | 26 | 102 | 7-301-16598-0 | 综合布线系统管理教程 | 吴达金 | 39 |
| 83 | 7-301-17700-6 | 模拟电子技术 | 张绪光 | 36 | 103 | 7-301-20394-1 | 物联网基础与应用 | 李蔚田 | 44 |
| 84 | 7-301-17318-3 | ARM 嵌入式系统基础与开发教程 | 丁文龙 | 36 | 104 | 7-301-20339-2 | 数字图像处理 | 李云红 | 36 |
| 85 | 7-301-17797-6 | PLC原理及应用 | 缪志农 | 26 | 105 | 7-301-20340-8 | 信号与系统 | 李云红 | 29 |
| 86 | 7-301-17986-4 | 数字信号处理 | 王玉德 | 32 | 106 | 7-301-20505-1 | 电路分析基础 | 吴舒辞 | 38 |
| 87 | 7-301-18131-7 | 集散控制系统 | 周荣富 | 36 | 107 | 7-301-20506-8 | 编码调制技术 | 黄平 | 26 |
| 88 | 7-301-18285-7 | 电子线路CAD | 周荣富 | 41 | 108 | 7-301-20763-5 | 网络工程与管理 | 谢慧 | 39 |
| 89 | 7-301-16739-7 | MATLAB基础及应用 | 李国朝 | 39 | 109 | 7-301-20845-8 | 单片机原理与接口技术实验与课程设计 | 徐憧理 | 26 |
| 90 | 7-301-18352-6 | 信息论与编码 | 隋晓红 | 24 | 110 | 301-20725-3 | 模拟电子线路 | 宋树祥 | 38 |
| 91 | 7-301-18260-4 | 控制电机与特种电机及其控制系统 | 孙冠群 | 42 | 111 | 7-301-21058-1 | 单片机原理与应用及其实验指导书 | 邵发森 | 44 |
| 92 | 7-301-18493-6 | 电工技术 | 张莉 | 26 | 112 | 7-301-20918-9 | Mathcad在信号与系统中的应用 | 郭仁春 | 30 |
| 93 | 7-301-18496-7 | 现代电子系统设计教程 | 宋晓梅 | 36 | 113 | 7-301-20327-9 | 电工学实验教程 | 王士军 | 34 |
| 94 | 7-301-18672-5 | 太阳能电池原理与应用 | 靳瑞敏 | 25 | 114 | 7-301-16367-2 | 供配电技术 | 王玉华 | 49 |

请登录www.pup6.cn免费下载本系列教材的电子书(PDF版)、电子课件和相关教学资源。

欢迎免费索取样书，并欢迎到北京大学出版社来出版您的著作，可在www.pup6.cn在线申请样书和进行选题登记，也可下载相关表格填写后发到我们的邮箱，我们将及时与您取得联系并做好全方位的服务。

联系方式：010-62750667，pup6_czq@163.com，szheng_pup6@163.com，linzhangbo@126.com，欢迎来电来信咨询。